DICTIONNAIRE

D'ASTRONOMIE.

DICTIONNAIRE

D'ASTRONOMIE

A L'USAGE

DES GENS DU MONDE,

D'APRÈS

W. ET J. HERSCHEL, LAPLACE, ARAGO, DE HUMBOLDT, FRANCŒUR, MITCHELL ET AUTRES SAVANTS FRANÇAIS ET ÉTRANGERS,

Avec Figures et un Planisphère.

Précédé de l'exposition d'un nouveau système sur les formations planétaires,

PAR A. M. A. GUYNEMER.

PARIS,

CHEZ FIRMIN DIDOT FRÈRES, ÉDITEURS,

IMPRIMEURS DE L'INSTITUT DE FRANCE,

RUE JACOB, 56.

1852.

ERRATA.

Page 29, ligne 1, *au lieu de* : soulèvements, *lisez* : affaissements.
— 36, — 4, *au lieu de* : décomposer, *lisez* : décompose.
— Id., — 12, *au lieu de* : sa hauteur étant donnée, *lisez* : l'un de ses éléments étant donné.
— 47, — 27, *au lieu de* : de leurs, *lisez* : des.
— 70, — 16, *au lieu de* : anglaise, *lisez* : angulaire.
— 71, — 15, *au lieu de* : de la lyre, *lisez* : d'Ophiucus.
— 79, — 5, *au lieu de* : dans, *lisez* : avec.
— 93, — 27, *au lieu de* : alentour, *lisez* : autour.
— 125, — 2, *au lieu de* : $\frac{1}{305}$, *lisez* : $\frac{1}{308 \cdot 65}$.
— Id., — Id., *au lieu de* : diamètre, *lisez* : demi-diamètre.
— 133, — 11, *entre* distance *et* au, *ajoutez* : du pôle.
— Id., — 23, *au lieu de* : 28 myr., *lisez* : 58 myr.
— 136, — 8, *après* : 0422, *ajoutez* : ou 18 ans 15 j. 10 h. environ.
— 168, — 31, *après* : ourse, *ajoutez* : était.
— Id., — 32, *après* : grandeur, *ajoutez* : elle.
— 182, — 27, *après* : deux, *ajoutez* : demi.
— 235, — 12, *après* : 4000 mètres, *ajoutez* : par seconde.
— 240, — 27, *après* : planche 1re, *ajoutez* : figurant notre satellite d'après Mitchell, Bond, etc.
— 266, — 27, *au lieu de* : trente-six millions, *lisez* : dix-huit cent mille (années).
— 274, — 12, *après* : confirmation, *lisez* : ainsi que pour un anneau très-incliné aperçu par deux observateurs.
— 279, — 4, *au lieu de* : modifient, *lisez* : modifie (l'attraction du soleil).
— 293, — 12, *au lieu de* : côté du triangle, *lisez* : angle.
— 346, — 11, *au lieu de* : 4 s., *lisez* : 4 m.
— 352, — 25, *au lieu de* : trente, *lisez* : dix=huit cent (mille années).

PRÉFACE.

Toutes les sciences, tous les arts et les métiers ont leurs diction-
naires, que chacun peut consulter à l'instant sur le sujet qui a fixé
l'attention.

Comment l'astronomie n'avait-elle pas encore le sien?

Faut-il attribuer cette lacune à l'indifférence de la société pour des
connaissances considérées trop généralement comme inutiles?

Aucune science cependant n'est plus nécessaire à la civilisation, et
ne lui a rendu de plus importants services.

Comment réglerait-on sans elle le cours du temps et des saisons,
les actes de la vie publique, les jours de repos, les heures du travail,
des affaires ou des plaisirs?

Pourrait-on prévoir, sans ses calculs, la hauteur des marées, qu'il
est si utile de connaître à l'avance?

N'a-t-elle pas délivré les peuples des terreurs occasionnées jadis
par les météores, les éclipses et les comètes, que l'ignorance et la
superstition faisaient envisager comme des signes de la colère divine, comme des précurseurs de disette, d'épidémies et de malheurs
publics?

N'est-ce pas la véritable astronomie qui a dissipé les rêves et les
mensonges de l'astrologie judiciaire, les craintes et les prédictions
intéressées et si fréquemment répandues sur la fin du monde?

Ne guide-t-elle pas nos voyageurs dans le désert, nos vaisseaux vers
les régions lointaines, dont les productions alimentent le commerce
et l'industrie, en répandant dans toutes les classes la richesse et le
bien-être?

On se trompe aussi généralement, en croyant que les questions astronomiques sont trop difficiles à concevoir.

Il faut sans doute des facultés supérieures et de longues études
pour atteindre les hauteurs de la science, annoncer l'instant précis et

la durée des occultations, calculer la distance des étoiles, indiquer la place où de légères perturbations signalent dans l'espace la présence d'un nouveau monde; mais tout esprit capable d'attention peut comprendre l'exposé de ces problèmes, ainsi que les moyens et les progrès qui en amènent la solution.

Devons-nous supposer que des préventions religieuses pèsent encore sur les connaissances qui paraissaient contraires aux textes mal interprétés des saintes Écritures? L'Église elle-même a cependant reconnu les lois qui régissent l'univers; la vraie religion ne peut être intéressée à perpétuer l'erreur; et si, dans les temps de simplicité primitive, la Sagesse divine, *pour se faire mieux comprendre*, a dû parler *selon les apparences*, soyons certains qu'elle s'expliquerait autrement aujourd'hui.

En acquérant des notions plus exactes de l'univers, les fidèles se fortifient dans leurs croyances; la grandeur et les magnificences de la nature font admirer davantage la puissance du Créateur.

Aussi, d'un bout de l'Europe à l'autre, aux États-Unis comme aux Indes, de la pointe de l'Afrique à l'Océanie, s'élèvent partout des observatoires et se forment des astronomes, qui ne laisseront pas un point inexploré dans l'espace. L'Angleterre, l'Allemagne et la Russie, luttent de zèle et de sacrifices pour se devancer mutuellement dans la carrière des découvertes.

La France seule, l'aînée de la civilisation, ne partage pas cette noble ardeur; nos classes sociales, absorbées par la politique ou des intérêts matériels, semblent rester étrangères aux progrès intellectuels des autres peuples.

Même dans les rangs les plus favorisés, parmi ceux que l'éducation devrait en affranchir, on ne rencontre que trop souvent des préjugés et des erreurs.

Toutes les branches des connaissances naturelles ont cependant chez nous de savants interprètes; l'astronomie surtout peut s'enorgueillir de ses travaux et de ses maîtres, des traités et des œuvres qui immortaliseront leurs auteurs : mais ces ouvrages volumineux, trop chargés de formules et de signes algébriques, rebutent les gens du monde, où l'on veut aujourd'hui trouver la science toute faite; à sa portée, à sa mesure et à son heure.

Ce n'est donc qu'en la simplifiant et en la dépouillant des difficultés qui l'entourent, qu'on pourrait en inspirer le goût et la répandre plus généralement.

Il y a tant de choses dans les cieux, que chacun, selon ses penchants, sa position et ses aptitudes, peut y trouver des sujets inépuisables de distractions ou de travail.

Nos puissantes lunettes offrent à la curiosité le spectacle toujours varié du mouvement des planètes et de leurs satellites; les taches et les révolutions de notre soleil; la constitution physique de la lune; la vue des étoiles multiples changeantes et de toutes couleurs, des comètes télescopiques, et des nébuleuses de toutes les formes.

L'observateur patient et attentif, en sondant la profondeur des cieux, peut encore y découvrir un nouveau monde qui éternisera son nom.

Pour ceux auxquels les investigations pratiques sont difficiles ou trop coûteuses, voici les travaux et les observations que tous les astronomes du globe offrent aux yeux de l'intelligence, à la méditation de tous les esprits. D'importants problèmes sont encore à résoudre, des faits et des matériaux sont encore à réunir et à combiner, pour en faire jaillir d'heureuses conséquences.

L'imagination, déployant ses ailes, veut-elle s'élancer dans la carrière des conjectures et des hypothèses? voilà des espaces sans limites à parcourir, des régions *éthérées*, où des agents inconnus transforment sans cesse la matière primitive selon des lois encore ignorées; où des soleils apparaissent tout à coup et s'éteignent insensiblement; où des lueurs polaires, des lumières équatoriales, des forces répulsives rebelles aux lois de l'attraction, appellent de nouvelles conceptions.

Ainsi l'astronomie a des plaisirs, des études et des récompenses pour tous les goûts et tous les travailleurs; c'est en se généralisant qu'elle rencontrerait les natures d'élite, les génies supérieurs auxquels une première idée révèle leur vocation, et qui deviennent ensuite les guides de la science : le grand Herschel ne fut-il pas d'abord un médiocre musicien?

Nous n'avons pas dans cet ouvrage la prétention de faire des astronomes, mais seulement de leur préparer des disciples, en éveillant la curiosité et l'attention sur les phénomènes, les merveilles et les vérités astronomiques.

Ainsi que nous l'avons énoncé au titre de ce dictionnaire, la rédaction de chaque article a été faite suivant les doctrines généralement
adoptées par les princes de la science; nous avons puisé aux meilleures
sources françaises ou étrangères, anciennes ou modernes, en n'affir-
mant que ce qui est prouvé, en indiquant comme douteux les points
sur lesquels nos plus illustres maîtres ne sont pas encore d'accord.

Nos nouvelles hypothèses sur les formations planétaires, exposées
dans la seconde partie de l'introduction, sont encore soumises à notre
premier corps savant; mais, en attendant le rapport de sa commission,
nous les livrons à l'appréciation des lecteurs qui seraient déjà versés
dans la connaissance des choses célestes.

A l'exception de ces idées cosmogoniques, notre travail s'est borné
à choisir et apprécier dans toutes les publications ce qu'elles contiennent de plus curieux ou de plus intéressant sur chaque sujet ayant
un rapport plus ou moins direct avec l'astronomie.

Le cadre d'un dictionnaire nous a permis d'utiliser les ouvrages
les plus récents, et d'y donner de courtes biographies sur les hommes
qui dans tous les temps ont le plus illustré la science.

Nous avons désiré surtout rectifier les fausses idées répandues sur
toutes les questions qui tiennent à l'astronomie, en cherchant à les
faire comprendre même des personnes les plus étrangères aux mathématiques.

Dans l'état actuel des connaissances, peut-être est-il plus utile de
les étendre à la surface que d'en élever encore le niveau, où déjà si
peu d'esprits peuvent atteindre.

INTRODUCTION.

PREMIÈRE PARTIE.

REVUE ASTRONOMIQUE.

L'astronomie, cette reine des sciences, remonte à l'établissement des premières sociétés ; la contemplation du ciel fit connaître à quelques hommes, plus attentifs, les étoiles qui étaient sur l'horizon quand les pluies ou les inondations allaient interrompre tous les travaux.

Ils purent ainsi prévoir et annoncer des phénomènes d'un intérêt si général, et furent alors considérés comme des esprits supérieurs, qu'on devait consulter en toute occasion.

Les chefs et les législateurs des plus anciens peuples n'eurent sans doute pas une autre origine.

Le pouvoir et les honneurs qui s'attachaient aux connaissances physiques et célestes les firent soigneusement cultiver dans la suite par les corporations religieuses, qui en conservaient le dépôt au moyen de signes allégoriques, de figures et de caractères intelligibles aux seuls initiés.

Les contrées de l'Orient et du midi de l'Asie, où s'établirent les associations dont les travaux et les connaissances nous sont parvenus, furent certainement habitées très-anciennement ; mais bien des circonstances se réunissent pour démontrer que là ne fut pas le berceau du genre humain.

Ainsi que la nôtre, toutes les planètes aplaties aux pôles de rotation ont été malléables et incandescentes ; la terre, après de longues périodes de refroidissement, de retraits et de dislocations, ne fut d'abord habitable ni vers les régions où la per-

manque des rayons solaires entretenait davantage [...]
primitive, ni vers les régions polaires, six mois privées d[...]

Ce fut sous les latitudes moyennes que les hommes ont dû
naître, après que les animaux et les plantes gigantesques dont [les]
débris se retrouvent enfouis dans les couches du globe, [...]
purifié sa surface et son atmosphère.

Les plateaux élevés des pays hyperboréens, de l'Asie et de
l'Abyssinie, paraissent être les lieux où s'établirent et se multi-
plièrent les premières populations qui se répandirent ensuite dans
les plaines de la Chine par les montagnes de la Tartarie, sur la
Perse et dans les Indes par le Caucase, en Égypte par l'Éthiopie.

Les peuples que nous regardons comme les plus anciens ne
seraient alors que les successeurs mélangés des émigrations et des
envahissements successifs des peuples du Nord, auxquels de longues périodes antérieures de civilisation avaient donné des notions astronomiques *plus avancées* que celles acquises dans des
pays plus récemment habités.

Les Chaldéens et les Phéniciens, les collèges et les corporations
de l'Égypte et de l'Inde ont gardé le souvenir et les traces de ces
conquérants, dont le nom s'est conservé dans l'Asie et même dans
la Grèce, comme ceux des Goths, des Huns et des Normands
dans l'Europe méridionale.

Les recherches du savant Bailly prouvent que la science des
prêtres égyptiens, révélée aux philosophes de la Grèce, n'était pas
seulement le fruit de leurs observations, mais une partie des notions contenues dans des livres devenus inexplicables pour ces
castes dégénérées.

Aristote, auquel un lieutenant d'Alexandre avait envoyé les observations de dix-neuf cents ans faites à Babylone, mentionne
des *connaissances plus anciennes et perdues*. Il parle d'une
conférence de la terre dont la mesure se rapporte exactement [à la]
Tartarie, tandis que les Chinois, qui ont gardé le souvenir d'une
telle opération, n'en connaissaient pas le résultat; ces peuples [...]

quels *Fohi* apprit les mouvements célestes, et qui calculaient l'obliquité de l'écliptique onze cent cinquante ans avant notre ère, se sont bornés depuis à d'insignifiantes observations.

Avant l'école d'Alexandrie, tous les peuples connaissaient cependant le nom des sept planètes qui présidaient aux jours de la *semaine*.

Les Chaldéens avaient trouvé, en outre de leur période nommée *Saros*, qui fut depuis adoptée dans la Grèce, un cycle de six cents ans, dont Josèphe attribue la découverte aux patriarches ; un autre de seize cents ans, et même une période de vingt-cinq mille neuf cents ans, qui est la durée de révolution des étoiles fixes.

La fondation de Persépolis l'an 3209 avant notre ère, au jour où le soleil, entrant dans le Bélier, commençait une année de *trois cent soixante-cinq jours un quart*, atteste dans les conquérants une astronomie *déjà fort avancée*, et bien plus ancienne que celle des Perses à peine civilisés.

Le culte du soleil, répandu chez ces peuples ainsi qu'en Egypte, n'a certainement pas commencé sous des latitudes brûlées de ses feux, mais dans les régions boréales, où la présence de cet astre est un bienfait.

Platon mentionne fort au long l'irruption des peuples de l'Atlantide dans toutes les contrées méridionales alors connues ; les noms des dieux de la Fable se retrouvent dans la théogonie des peuples du Nord.

Quoi qu'il en soit de l'origine des sciences, il est certain que l'astronomie était la principale occupation des chefs politiques et religieux aux temps historiques les plus éloignés. Des philosophes tels que Zoroastre et Confucius, et plus tard Thalès, Pythagore, Eudoxe et Anaximandre, allaient s'instruire en Égypte et dans l'Inde auprès des dépositaires des anciennes sciences, dont certaines notions ne pouvaient plus cependant s'interpréter par eux.

Les écoles ionienne et pythagoricienne enseignèrent ensuite une partie de ces mystérieuses connaissances dans les républiques de la Grèce; toutefois, avec les réserves que commandaient les lois existantes.

Des sphères, des zodiaques, et d'autres instruments astronomiques, furent transportés à Athènes et à Lacédémone.

Possidonius mesura la distance de Rhodes à Alexandrie par la hauteur comparée de l'étoile Canopus, et il en déduisit la circonférence de la terre à peu près exactement.

Ératosthène ainsi qu'Aristarque de Samos calculèrent les distances à la lune et au soleil; leurs évaluations, fort approximatives pour la première, s'éloignaient beaucoup de la vérité pour le soleil, mais elles en donnaient cependant une idée plus satisfaisante que les traditions juives le faisaient supposer.

La durée de l'année solaire, fixée à trois cent soixante-cinq jours un quart par Eudoxe, est à peu près celle indiquée par la science moderne.

Aristille et Timocharis entreprirent des catalogues d'étoiles, au temps d'Ératosthène, cent cinquante ans avant Hipparque. Celui-ci les augmenta considérablement, à l'occasion d'un de ces astres qui parut tout à coup.

Pithéas de Marseille, contemporain d'Aristote, poussa ses voyages au nord jusqu'en Islande, où il vit que le soleil ne quittait pas l'horizon.

Sous Marc-Aurèle, Ptolémée fit graver dans le temple d'Alexandrie toutes les connaissances recueillies dans l'Almageste, livre précieux que les Arabes nous ont heureusement conservé.

Dans le système connu sous le nom de cet astronome, la terre était au centre du monde, malgré les opinions adoptées par les pythagoriciens et les autres philosophes, qui reconnaissaient le mouvement de notre globe sur lui-même et autour du soleil.

Le christianisme, vainqueur avec Constantin, proscrivit les enseignements astronomiques qui semblaient contredire quelques passages des saintes Écritures, et de longs siècles d'ignorance se succédèrent alors dans le Bas-Empire.

Théophraste, Plutarque, Sénèque et Cicéron citent bien quelques documents sur le mouvement réel des planètes ; mais ce fut chez les Arabes que se conservèrent les connaissances de l'école d'Alexandrie.

L'astronomie florissait chez ces conquérants pendant le moyen âge ; un observatoire existait au treizième siècle à Méragha, près de Tauris ; des astronomes tels qu'Almanoum, Ulug-Beig, Ebn-Junis, Abu-Bekri, perfectionnèrent les tables de Ptolémée, et poussèrent l'exactitude dans leurs observations célestes bien plus loin qu'on ne l'avait fait jusqu'alors ; leurs travaux perfectionnés conduisent la science jusqu'à sa résurrection dans l'Occident, à l'époque de Copernic.

Remontant aux anciennes sources, ce moine de Thorn découvrit, ou plutôt retrouva, le vrai système du monde ; mais quoique présenté au pape Paul III comme une simple hypothèse, il n'en fut pas moins condamné par l'inquisition.

Galilée mourut, comme Jordan Bruno, victime de la vérité ; mais ce grand génie avait déjà trouvé les lois de la chute des graves, et ses premières lunettes lui avaient révélé les taches du soleil, les phases de Vénus, l'anneau de Saturne et les satellites de Jupiter.

Tycho-Brahé, par ses nombreuses observations, facilita les travaux de Képler, et la découverte des lois éternelles qui régissent tous les corps célestes.

Descartes explique les forces centrifuges ; mais il s'égare dans un système de tourbillons où les comètes ne peuvent se mouvoir.

Halley précède le grand Newton, qui étend la pesanteur à toutes les distances et à tous les corps célestes.

Bacon annonce et Roëmer mesure la vitesse de la lumière ; Bradley trouve l'aberration ; Clairault, Euler, Flamstead, la Caille, les Cassini, d'Alembert, Lagrange et bien d'autres savants continuent les travaux et les découvertes astronomiques.

W. Herschel survient avec ses énormes objectifs.

Il entreprend et exécute sur une grande étendue le *jaugeage* des cieux dans notre hémisphère; il en décrit toutes les régions, en compte les étoiles; indique l'état, la forme et la position des nébuleuses; il ajoute enfin un nouveau monde, entouré de six satellites, au cortége de notre soleil.

Le siècle présent s'ouvre par la découverte d'une huitième planète, à laquelle s'ajoutent bientôt trois autres, trouvées entre Mars et Jupiter.

L'illustre Laplace établit les lois de la mécanique céleste, il explique les irrégularités et les perturbations qui inquiétaient les savants sur la stabilité et la durée de notre monde solaire.

Ses conceptions cosmogoniques remplacent les théories précédentes.

Les astronomes modernes ajoutent sans cesse de nouvelles richesses à celles qui sont acquises. Les instruments d'observations les font pénétrer de plus en plus dans les profondeurs de l'espace; la distance réelle de quelques étoiles est enfin obtenue; leurs mouvements et leurs variations constatés révèlent la translation, la direction et la vitesse de notre soleil vers le point qui l'attire actuellement, avec tous les corps soumis à sa puissance.

Dix nouvelles planètes, dont l'une cent fois plus grosse que la terre, reculant de *quatre cent millions de lieues* les bornes de cette puissance, augmentent ses richesses.

Si maintenant nous voulons nous arrêter dans cette rapide esquisse de l'histoire astronomique, et porter nos regards sur le vaste théâtre ouvert à notre admiration, la curiosité la plus ardente peut se satisfaire.

Elle ne trouvera plus, il est vrai, notre chétive demeure au centre de l'univers, comme le but et le principal objet de la création; mais, en voyageant dans l'espace, combien le spectacle s'est agrandi pour nous !

Des deux luminaires qu'on nous disait de grandeur à peu près égale, et faits pour nous éclairer alternativement, l'un, soixante-dix millions de fois moins gros, reste invisible la moitié des nuits, et reçoit de notre globe quinze fois plus de lumière qu'il ne nous en transmet; l'autre partage ses rayons entre plus de quarante corps planétaires, *cent fois, sept cents fois, quatorze cents fois* plus considérables que le nôtre.

Les étoiles, ces milliers de points lumineux, ne sont plus fixées à *notre firmament* pour charmer notre vue; ce sont autant de soleils séparés les uns des autres par des distances infinies, et circulant dans la profondeur des cieux.

Par delà ces astres lointains sont encore, vers tous les points, d'autres milliards de soleils restés inconnus à toutes les générations qui nous ont précédés sur la terre, et que l'arrangement *fortuit* de deux verres nous a fait découvrir.

Parfois de nouveaux astres viennent tout à coup nous apparaître : les uns, avec l'éclat et la fixité apparentes des plus belles étoiles, brillent à nos yeux pendant quelques années, puis s'éloignent ou s'éteignent insensiblement; d'autres corps, précédés ou suivis de nébulosités changeantes, s'approchent de nous et du soleil avec une rapidité prodigieuse, et disparaissent de même; ces comètes, en partie soumises au calcul, n'inspirent plus maintenant que la curiosité.

Des myriades d'étoiles filantes traversent l'espace en quelques secondes, soit isolément, soit par groupes, et par pluies inconcevables.

Les aurores boréales nous illuminent de leurs feux magnétiques. Un immense et mystérieux fuseau lumineux précède quelquefois le soleil, ou se montre après que cet astre a disparu.

Tantôt notre satellite, entièrement éclairé, se cache dans l'ombre de la terre; tantôt il fait un anneau lumineux du soleil, ou l'éclipse tout à fait : alors deviennent visibles autour du disque obscur des crêtes allongées ou des masses isolées, qui semblent faire partie de son atmosphère; des couronnes éclatantes d'où partent des jets, des aigrettes, et des rayons plus vifs.

Ce n'est pas tout encore! regardez dans ce tube gigantesque dont le foyer brille de tout l'éclat du jour : cette lueur blanchâtre que vos yeux peuvent distinguer à peine sur le ciel obscur s'y réfléchit maintenant, avec ses fourmilières d'étoiles de toutes grandeurs et de toutes les nuances.

Voici d'autres nébuleuses, dont les formes allongées et irrégulières semblent des amas confus de points plus brillants dans une poussière étincelante : vues dans une direction plus favorable, ces masses étoilées vous offriraient des dispositions régulières, contournées en spirales, s'enroulant autour d'un ou de plusieurs centres, ou disposées en anneaux lumineux, qui contiendraient dans leur vide intérieur tous les corps de notre système, notre soleil, et dix fois plus encore.

Maintenant remarquez ces vapeurs nébuleuses qui vont se peindre successivement dans le miroir magique : là, des nuages indécis vont se séparer, mais ils se tiennent encore par un mince filet ; d'autres se sont groupés plus ou moins distinctement, leurs formes plus arrondies laissent deviner déjà le pouvoir de concentration qui les anime ; ici, les contours sont encore plus prononcés, un noyau plus lumineux se forme au milieu de la matière nébuleuse ; voilà des masses tout à fait circulaires, dont l'éclat diminue graduellement du centre à la circonférence : ce sont des étoiles nébuleuses, des nébuleuses stellaires ; enfin, voici de véritables étoiles, ou de nouveaux soleils.

Ainsi, vous pouvez assister à la formation des astres, non pas en observant sur un seul ses transformations successives, dont l'accomplissement exige des périodes séculaires ; mais, ainsi que dans une forêt, vous pouvez reconnaître, sur des sujets de différents âges, tous les degrés de développement qui ont produit les arbres les plus anciens.

Ces astres innombrables ne se forment pas, ou ne sont pas inutilement allumés dans l'espace ; autour de chacun circulent sans doute des corps opaques, des satellites aussi nombreux et aussi divers que ceux de notre monde solaire : essayons de pénétrer les mystères de leur formation.

DEUXIÈME PARTIE.

NOUVELLE THÉORIE DES FORMATIONS DE NOTRE MONDE SOLAIRE.

Nous avons indiqué les modifications que paraît subir la matière nébuleuse, pour passer de l'état élémentaire à celui de perfection, dans l'un de ces soleils lointains, foyers de chaleur et de lumière pour des mondes comme le nôtre.

Voici maintenant les bases des nouvelles hypothèses que nous avons conçues :

Il est généralement admis que l'astre radieux qui nous éclaire est un corps opaque, enveloppé d'une atmosphère nuageuse très-profonde, surmontée d'une photosphère de gaz lumineux, dont les couches supérieures, plus rares et plus subtiles, peuvent seulement s'apercevoir dans les courts instants des éclipses totales.

La masse de toutes ces matières solides, ou vaporeuses, est douze fois moins dense que Mercure, quatre fois moins que Vénus, la Terre et Mars ; la densité du soleil est presque égale à celle de Jupiter, et un peu plus forte que les densités de Saturne et de Neptune.

Toutes les planètes, avec leurs satellites, réunies en un seul volume, ne seraient pas la *sept centième* partie du soleil ; toutes sont renflées à l'équateur et aplaties vers les pôles, proportionnellement à leur vitesse de rotation.

Les satellites, les anneaux de Saturne, ainsi que la lune, présentent toujours la même face à leurs planètes.

La lune est criblée d'excavations, de cratères volcaniques maintenant éteints, et de montagnes bien plus hautes que les nôtres.

La surface de notre globe garde aussi la trace de nombreux volcans, dont quelques-uns encore en activité ; la chaleur de son intérieur s'accroît à mesure que l'on pénètre dans des couches plus profondes ; toutes ses substances sont vitrifiables, ou peuvent se volatiliser.

Tous ces phénomènes indiquent avec certitude :

1° Une origine commune,

2° Un état de fluidité primitive.

En effet, les mouvements de tous les corps planétaires ont lieu dans la même direction que la rotation du soleil ; les satellites d'Uranus *paraissant* seuls se diriger dans un sens opposé.

Les orbites planétaires sont peu inclinées sur le plan de l'équateur du soleil, à l'exception de quelques-unes que décrivent les plus petits de ces corps.

L'inclinaison des axes est, au contraire, très-différente pour toutes les planètes, au moins pour les cinq que l'on a pu reconnaître.

La durée des révolutions est proportionnelle aux distances du soleil, mais non la vitesse rotative.

Les densités, les masses, les volumes et les distances n'ont entre eux aucun rapport proportionnel.

Toutes les surfaces planétaires qu'on peut apprécier ont, comme notre globe et son satellite, des inégalités qui attestent de grandes convulsions intérieures.

L'ensemble de ces faits indique, dans les formations de notre monde solaire, *des causes et des impulsions de même nature*, en même temps que l'influence *de forces perturbatrices*.

Parmi les systèmes proposés pour expliquer l'origine de notre monde particulier, les théories de Buffon et de Laplace ont seules mérité l'examen sérieux de la science moderne.

Nous allons brièvement les faire connaître, avec les objections qu'on peut justement leur opposer.

Selon le grand naturaliste :

« Une comète tombant obliquement sur le soleil en a chassé
« des torrents de matières incandescentes, où se sont formés tous

« les corps planétaires, dont les mouvements dans le même sens
« ont été produits par la même force impulsive.

« L'anneau de Saturne et les autres satellites sont des parties
« de matière que l'obliquité du choc ou la vitesse de rotation ont
« détaché des équateurs planétaires. »

On oppose à ces suppositions :

1° Que les comètes presque vaporisées, lorsqu'elles s'approchent
du soleil, ne peuvent détacher la moindre partie de sa masse, qui
est solide et seulement entourée d'atmosphères gazeuses.

2° Qu'un choc peut bien donner à plusieurs corps le même mouvement de translation, mais que la rotation dans le même sens
ne s'ensuit pas nécessairement.

Suivant Laplace,

« Une chaleur excessive avait dilaté l'atmosphère du soleil
« au delà des limites où se meuvent aujourd'hui les planètes les
« plus éloignées, et elle s'est ensuite resserrée successivement
« jusqu'à ses limites actuelles ; ce qui peut avoir eu lieu par les
« mêmes causes qui ont fait briller pendant seize mois la fameuse
« étoile de Cassiopée, en 1572.

« Cette atmosphère s'est condensée en accélérant sa vitesse pri
« mitive..... Les molécules élevées dans la région équatoriale jus
« qu'au point où la force attractive du noyau était balancée par
« la force centrifuge, ont dû se refroidir, et se séparer en anneaux
« qui se sont ensuite rompus les uns après les autres, et dont la
« masse la plus forte attirant les plus faibles a formé successive
« ment toutes les planètes.

« Chacune de ces planètes à l'état de vapeurs, et par les mêmes
« causes, a produit, soit les anneaux de Saturne, soit les satellites.
« Les comètes qui ont pénétré dans l'atmosphère ainsi dilatée
« sont tombées sur le soleil par des spirales, et ont dérangé les
« orbites planétaires, qui *sans cela* auraient exactement coïncidé
« avec son plan équatorial. »

Sans trop nous arrêter sur cette *chaleur excessive* et la cause

inconnue qui aurait dilaté *l'atmosphère du soleil*; faisons seulement remarquer qu'alors cette atmosphère aurait contenu des
matières douze fois plus denses que le noyau même du soleil; circonstance contraire aux lois de l'attraction, qui dans la condensation primitive de la nébuleuse solaire ont dû attirer au noyau
toutes les matières les plus denses.

Quelle serait aussi la loi physique dont l'action eût séparé les
molécules, *qui se refroidissaient successivement*, par anneaux
sphériques épais de 30, 19, 9, et 5 fois la distance de la terre au
soleil, pour former Neptune, Uranus, Saturne, et Jupiter?

C'est à mesure qu'elles parvenaient à l'élévation où la force
centrifuge pouvait s'en emparer, que les molécules refroidies *devaient se séparer*, c'est-à-dire à chaque instant, et par d'innombrables filets concentriques, ne formant ainsi que des multitudes
de petits corps planétaires.

L'intervention des comètes pour justifier le défaut de parallélisme des orbites est tout aussi inexplicable.

Puisque les planètes se formaient *les unes après les autres*,
lors même qu'on admettrait l'action perturbatrice de ces amas de
vapeurs, combien faudrait-il en supposer pour que l'un d'eux ait
pu seulement rencontrer Neptune dans l'orbite de *six milliards* de
lieues que cette planète, *cent dix fois* plus grosse que la terre,
décrit en *cent soixante-six ans*?

Comment aussi expliquer, dans un état de condensation pai-
sible et régulière, le mouvement rétrograde des satellites d'U-
ranus?

Bien d'autres impossibilités se trouvent encore dans un tel
mode de formations, où tous les rapports devaient être proportionnels, tandis que dans notre système solaire tous les faits sont
irréguliers, et en contradiction avec les règles qu'on veut y établir.

La grande simplicité des théories de Laplace est assurément
bien digne de la nature; mais les causes indiquées ne suffisent pas
à l'explication des effets connus.

Les molécules d'un corps qui se resserre en se condensant tournent nécessairement de plus en plus vite ; et cette loi physique rend bien compte des mouvements de translation et de rotation, ainsi que de la direction dans le même sens de tous les corps planétaires ; mais là manque encore une des causes premières : *la puissance impulsive*, la force énergique que nous voyons se manifester, sous toutes les formes, dans les cieux, comme dans notre atmosphère et à la surface de notre globe.

« Hook avait très-bien vu, dit cependant l'illustre auteur de la « *Mécanique céleste*, que les mouvements des corps planétaires « sont le résultat d'*une force primitive de projection*, combinée « avec celle attractive du soleil. »

« Les formations célestes, écrit aussi M. de Humboldt, ont « été produites par le *conflit de forces multiples* agissant dans « des conditions inconnues........ Il a fallu que des *actions bien* « *énergiques* aient dirigé les mouvements des satellites d'Uranus « dans le sens inverse de la planète..... »

C'est en combinant les idées des deux cosmogonies précédemment exposées, avec les récentes observations des savants modernes, que nous croyons être parvenus à expliquer nos formations d'une manière plus vraisemblable.

Si l'on a reconnu, dans les formes progressivement plus régulières des nébuleuses, l'action des lois éternelles qui président à la création des astres que la nature sème incessamment dans l'espace, on concevra :

Qu'une région de la voie lactée, où gravite actuellement notre système solaire, s'est d'abord condensée sur quelques points éloignés, dont les masses, se rapprochant insensiblement de celle la plus forte et la plus centrale, ont déterminé le mouvement primordial de toutes les molécules ; peu à peu les matières en mouvement se sont resserrées, la forme sphérique s'est prononcée davantage, toute la nébuleuse s'est animée d'une vitesse progressive, en se concentrant autour du noyau qui se formait : selon les lois de la

dynamique, ces océans de molécules fluides ont dû se former et
s'élever plus fortement vers l'équateur de l'axe général de rotation.

Toutes les substances, tous les éléments de ces masses fluides
de vapeurs, où devaient s'exercer les actions de l'électricité et du
magnétisme, du calorique et de la lumière, des affinités et des
répulsions de toute nature, ont alors éprouvé des effervescences
d'une puissance prodigieuse.

Aux régions équatoriales, où la force centrifuge était la plus
grande, ainsi que l'élévation des matières, les effets des convulsions intérieures se sont manifestés avec la plus extrême violence.

C'est alors, et dans la direction de cette zone, que des parties,
obliquement soulevées, ont pu se séparer de la masse principale,
en continuant à circuler avec la vitesse originaire de leurs molécules.

La nébuleuse continuant à se condenser et à se concentrer, des
soulèvements semblables ont eu lieu à différentes distances, avec
des circonstances variables.

Et si l'on se rappelle que la masse totale de tous les corps planétaires qui se seraient ainsi formés ne représente pas la *sept-
centième* partie de notre soleil actuel, on admettra sans peine de
telles projections.

Les groupes les plus denses ou les plus considérables attirant
à eux les plus petits, en ravageant, pour ainsi dire, leurs zones
de circulation, ont produit d'abord les grosses planètes d'une
densité généralement très-faible, et successivement les plus petites
et les plus denses, parce que les soulèvements qui ont donné ces
dernières n'ont eu lieu que lorsque la nébuleuse solaire était déjà
très-concentrée, et qu'ainsi les molécules chassées des régions
équatoriales avaient une densité plus grande.

Les mêmes effets se reproduisant dans les masses de matières
où se sont formées les planètes principales, ont donné tous leurs
satellites ainsi que les anneaux de Saturne, suite de petits corps
qui se sont agrégés, allongés et soudés ensemble.

Les régions de la voie lactée, environnant l'espace où s'est condensée notre nébuleuse stellaire, ont dû se mettre en mouvement de tous les points, se condenser isolément, et former ainsi les nombreux corps cométaires, décrivant dans toutes les directions des ellipses très-allongées, dont cependant notre soleil, centre originaire le plus proche et le plus puissant, occupe toujours l'un des foyers.

Des parcelles soulevées postérieurement à la masse où s'est concentré Jupiter se sont écartées plus obliquement, et, ne s'étant pas réunies en un seul corps, ont produit tous les astéroïdes déjà trouvés ainsi que ceux qu'on trouvera sans doute encore dans cette zone céleste.

D'autres, encore plus petites, circulent dans l'espace, et sous le nom d'étoiles filantes deviennent visibles pour nous, suivant notre position et la direction de leurs mouvements, qui sont d'une rapidité prodigieuse.

Les matières les plus subtiles, qui semblent participer de la nature des corps opaques et lumineux, formeraient, selon les opinions de Laplace, la lumière zodiacale qu'on aperçoit le soir ou le matin à certaines époques.

Il paraît aussi, d'après les observations faites pendant les dernières éclipses totales de soleil, que des corps opaques, que l'action de la photosphère gazeuse et incandescente de cet astre rend de la couleur des corps ignés, flottent dans cette atmosphère, ou circulent au-dessous des vapeurs subtiles qui forment les auréoles et les jets lumineux, toujours remarqués dans les courts instants des éclipses solaires.

Les théories que nous venons d'exposer peuvent expliquer toutes les anomalies et les irrégularités existant dans notre monde particulier, tandis qu'elles sont incompatibles avec la supposition que nos planètes se seraient formées dans une atmosphère dilatée, se condensant de nouveau et se resserrant paisiblement.

2.

Dans notre hypothèse, en effet, les soulèvements ont pu se produire sur une étendue et avec une force plus ou moins grande, ainsi que sous une obliquité différente relativement au plan équatorial.

Et non-seulement l'*impulsion et l'attraction réciproque des parties projetées ont pu changer la direction de leurs mouvements en éloignant leur périhélie du soleil*, ainsi que Laplace l'a reconnu pour les projections supposées dans le système de Buffon; mais, de même que les anneaux du grand géomètre, les masses soulevées comme nous le concevons ont dû circuler avec les vitesses originaires de leurs molécules, accélérées par la force d'impulsion que ces masses ont pu recevoir ou acquérir.

Aux périodes successives des soulèvements, la nébuleuse à l'état de vapeurs n'avait pas d'ailleurs la force attractive du soleil actuel.

Le déplacement de cet astre aujourd'hui reconnu a pu changer aussi les distances périhélies des corps planétaires; et, lors même qu'*à l'origine* leurs ellipses auraient eu de plus grandes excentricités, la persistance des effets de l'attraction, pendant les *milliers de siècles* qui ont amené l'état actuel, a nécessairement diminué ces excentricités, comme elle a balancé les mouvements des satellites de Jupiter, ajusté les anneaux de Saturne, et modifié, même *depuis les temps historiques*, les mouvements moyens de Mercure et de notre satellite.

Le plan invariable présentement établi dans notre monde solaire n'a certainement pas été fait tout à coup et d'un seul jet.

La révolution des satellites d'Uranus, qui a lieu presque perpendiculairement à l'écliptique, indique que cette planète a son axe de rotation à peu près couché sur cette ligne, par suite d'une violente projection, ou plutôt d'une convulsion intérieure; les satellites ont suivi le mouvement de l'axe, qui, en *se renversant de plus de 90 degrés*, n'a pas changé la direction rotative des molécules, mais nous la fait paraître en sens inverse.

Si enfin les princes de la science, qui ont admis provisoirement les conjectures de Laplace comme les plus mathématiques et les plus vraisemblables entre toutes celles proposées, persistaient à voir dans les anneaux de l'illustre géomètre l'origine de nos corps planétaires, il faudrait *tout au moins placer, dans chacun de ces anneaux de refroidissement, les causes de perturbation que nous avons conçues*, afin d'expliquer un peu mieux les irrégularités reconnues dans notre monde solaire.

Les degrés de circonférence mentionnés dans cet ouvrage sont de 27 lieues 775 de quatre mille mètres, quantité à laquelle toutes les distances ainsi exprimées ont été réduites.

Suivant l'usage, un zéro (°) placé en haut du dernier chiffre désigne les degrés, une virgule (') les minutes, et deux virgules (") les secondes de degré.

Les heures, les minutes et les secondes *de temps* sont indiquées de même par la première lettre de ces fractions.

La désignation de quelques étoiles a été faite, d'après les auteurs modernes, par numéro, quand les lettres de l'alphabet grec n'ont pas été employées.

Leurs positions et grandeurs relatives, ainsi que les constellations principales visibles sous l'horizon de Paris, sont d'ailleurs indiquées dans le planisphère ajouté à la suite de ce dictionnaire.

DICTIONNAIRE
D'ASTRONOMIE.

A

ABAISSEMENT DES PÔLES.

La terre tourne régulièrement sur elle-même, en circulant autour du soleil ; et, dans ce double mouvement, son axe, à cause du prodigieux éloignement des étoiles, semble toujours diriger ses deux extrémités vers les deux mêmes points opposés de l'espace.

Il en résulte que les régions polaires ont constamment les mêmes étoiles à leur zénith, tandis que les habitants de l'équateur voient toujours ces étoiles à l'horizon.

A Paris, l'étoile voisine du pôle boréal est à 48° 50' 14" au-dessus du plan horizontal ; mais si l'on marche vers le midi, on remarque que cette étoile *s'abaisse* de plus en plus, tandis que les étoiles de l'hémisphère austral *s'élèvent* de la même quantité.

En continuant de voyager dans la même direction, celles-ci seraient au zénith, quand l'étoile polaire aurait disparu depuis longtemps, et que de nouveaux astres lumineux se seraient élevés pour *s'abaisser* à leur tour.

C'est donc l'inclinaison, c'est-à-dire l'abaissement ou l'élévation des pôles, qui marque la latitude du lieu où l'on se trouve sur la surface de la terre. *Voyez* LATITUDE.

ABERRATION DE LA LUMIÈRE.

Nous n'apercevons les corps que par les rayons lumineux qui nous transmettent leurs images ; et comme la lumière traverse l'espace avec une vitesse d'environ 31,000 myriamètres (75,500 lieues) par seconde, l'image du soleil ne peut nous parvenir que $8^{m}\ 16^{s}$ après son émission.

Mais pendant cette durée la terre s'est avancée de $20'' \frac{1}{4}$ de degré dans son orbite ; de sorte que le soleil nous paraît toujours *de cette quantité plus loin qu'il n'est réellement* : c'est ce phénomène, reconnu par Bradley, qui constitue l'*aberration de la lumière*.

On peut matériellement reconnaître un effet semblable si l'on est dans une voiture ouverte par devant, et qui soit rapidement emportée pendant la pluie ; alors cette pluie pénètre dans l'intérieur, qui en serait garantie si la voiture était en repos. On conçoit ainsi qu'une pierre détachée de haut, quand nous passons précisément au-dessous, tombe derrière nous, à une distance proportionnelle au temps de sa chute. C'est encore pour la même cause qu'un bon chasseur vise toujours un peu *en avant* du gibier qu'il veut atteindre.

L'aberration se calcule aussi pour les étoiles, dont chacune paraît décrire un petit cercle annuel autour du point où elle serait, si notre planète n'était pas en mouvement et ne modifiait ainsi continuellement la ligne de vision.

La rotation diurne ajoute très-peu à cet effet, auquel les astronomes sont obligés d'avoir égard dans la direction des instruments d'observation.

Ce phénomène, si peu important en apparence, est cependant la preuve mathématique du mouvement de la terre et de la vitesse de propagation des rayons lumineux.

ACCÉLÉRATION.

Selon les principes de la mécanique, un corps sphérique tourne de plus en plus vite en se resserrant.

Si tous ceux de notre monde solaire ont été primitivement en état d'incandescence, ils ont éprouvé depuis des retraits de refroidissement, et par conséquent une diminution de volume qui a dû *accélérer* leur mouvement de rotation. La persistance des effets de l'attraction tend aussi à diminuer l'excentricité des orbes planétaires, et produit nécessairement *une accélération* dans la translation de tous ces corps autour du soleil.

Par les observations d'éclipses au temps d'Hipparque, on a pu s'assurer que la vitesse moyenne de la lune s'était accélérée sensiblement, et que ce satellite est aujourd'hui de deux dégrés en avance de la place qu'il occuperait, si cette accélération n'avait pas eu lieu.

Une semblable accélération a été constatée dans le mouvement moyen de Mercure. Sans aucun doute il en a été ainsi pour la terre, dont l'année était originairement plus longue.

L'accélération des fixes est produite par l'axe de la terre, dont le balancement l'a fait procéder, contre l'ordre des signes du zodiaque, dans une période d'environ *vingt-six mille années.*

Laplace, croyant à la combustion du soleil, pensait que sa masse devait diminuer avec le temps, et qu'ainsi sa rotation et son mouvement de translation, maintenant reconnus, devaient s'accélérer proportionnellement; mais les idées plus modernes sur la nature de

la lumière ne permettent pas d'adopter les opinions
de l'illustre géomètre à cet égard.

ACHARNAR.

Étoile primaire de la constellation de l'Éridan, au-
dessous d'Orion, à 30° du pôle austral, et qu'ainsi
nous ne pouvons apercevoir sans nous avancer vers
l'équateur.

ACHROMATISME.

Ce perfectionnement dans la construction des lunettes consiste dans un verre placé entre l'objectif et
l'oculaire.

Auparavant cette découverte de Dollond, l'irisation
des images augmentait avec la force des lentilles ; pour
éviter cet inconvénient, que Newton avait déclaré insurmontable, on avait imaginé de placer les verres sur
des supports à de grandes distances, et même de construire des lunettes de cent mètres de longueur, qu'il était
presque impossible de manœuvrer.

L'*achromatisme* a permis de pousser le grossissement
à une puissance inespérée ; et nos lunettes de spectacle
valent mieux que celles avec lesquelles Galilée a fait
ses premières découvertes. *Voyez* Lunettes.

ACRONIQUE.

Le lever et le coucher des astres sont dits acroni-
ques quand ils ont lieu le soir, après la disparition du
soleil.

ADAHER ou BETELGEUSE.

Belle étoile primaire, située à l'angle supérieur et à
gauche du quadrilatère d'*Orion*. *Voyez* ce mot.

AÉROLITHES.

Pierres tombées du ciel après l'apparition de quelque météore, et qui sont d'une nature particulière ; le fer et le nickel s'y trouvent à l'état métallique, ce qui n'a pas lieu dans les autres agrégations terrestres.

Laplace les attribuait aux volcans de la lune ; mais comme elle a perdu son atmosphère, ces petits corps résulteraient alors d'anciennes projections, ayant circulé autour de la terre jusqu'à ce qu'un choc les amenant dans son atmosphère, ils deviennent un instant visibles pour nous, en s'enflammant par la prodigieuse vitesse dont ils sont animés. Leur chute a lieu d'ordinaire dans une direction opposée au mouvement de notre globe, et leur abondance à certaines époques a fait penser, surtout depuis la découverte de nombreuses petites planètes, que ces aérolithes, qu'on désigne aussi sous le nom de bolides ou d'étoiles filantes, pourraient être des astéroïdes tourbillonnant par milliers dans l'espace, et traversant l'écliptique près des points où se trouve la terre.

On cite des aérolithes fort extraordinaires par leur nombre. Le sixième volume des *Transactions philosophiques* rapporte qu'un de ces corps, dont le volume fut estimé à plus de soixante millions de quintaux métriques, est passé à 36 kilomètres de la terre, avec une vitesse de 28 kilomètres par seconde : le choc d'une telle masse aurait eu certainement de graves conséquences.

AÉROSTATION.

Les progrès obtenus dans cette science, et l'impulsion qu'elle a reçue dans ces derniers temps, font espérer qu'elle pourra devenir utile à l'astronomie, en permettant des expériences sur les réfractions à de grandes hauteurs, et particulièrement sur celles qui doivent se manifester dans le cône d'ombre projeté par la lune pendant les éclipses de soleil.

On obtiendra sans doute aussi des observations exactes sur les dégradations des couches d'air qu'on suppose se continuer au delà des limites où l'on n'a pu encore parvenir dans notre atmosphère.

ÂGE DU MONDE.

La géologie moderne reporte à des temps illimités l'origine de notre planète, et par conséquent aussi la création de tous les corps de notre univers.

Les premiers législateurs ne connaissaient du ciel que les apparences ; ils croyaient la terre une surface plate, de quelques centaines de lieues d'étendue, où vivaient des milliers d'hommes et quelques espèces d'animaux sous un dôme de cristal azuré, autour duquel le soleil, la lune et les étoiles tournaient pour nous éclairer.

Ils ignoraient nos océans, et les terres qu'ils séparent ; les grands fleuves, les plus hautes montagnes, et les régions polaires.

Ils ne pouvaient apercevoir la multitude de planètes et les innombrables étoiles que nos instruments vont découvrir dans les profondeurs les plus éloignées de l'espace.

Aujourd'hui la science a reconnu la forme et toute la surface de notre demeure ; elle a compté les siècles de convulsions inscrits sur les nombreuses couches de laves émises par les volcans ; elle a calculé par année la longue formation des deltas du Nil, du Gange et des autres grands fleuves ; elle voit des périodes d'existence dans les soulèvements multipliés et successifs qui ont modifié l'enveloppe primitive du globe, et dont les plus récents ne sont pas même restés dans la mémoire des peuples les plus anciens.

Les glaces maintenant éternelles des pôles, où dans l'origine l'incandescence a dû être la même qu'à l'équateur, attesteraient seules des temps incalculables de refroidissement et de vieillesse.

Si, négligeant ces indices naturels d'antiquité, on veut seulement consulter sur l'âge de notre planète les monuments de la civilisation échappés aux ravages de la guerre et de la barbarie, les zodiaques indiens et égyptiens, expliqués par le lever *cosmique* des figures qui y sont sculptées, donnent, suivant la *précession des équinoxes*, au moins quinze mille années d'existence à ces représentations de l'état du ciel.

En admettant même que les constellations soient figurées à leur lever *acronique*, ce serait encore quatre mille cinq cents ans qu'il faudrait accorder à ces monuments astronomiques.

Mais pour que les hommes, de l'état sauvage aient pu arriver par l'observation aux connaissances que fait supposer une telle représentation allégorique combien de siècles ne faut-il pas ajouter à l'ancienneté de l'édification !

Les roches de la Thébaïde dont on a construit les temples égyptiens conservent encore, vives et rosées, les entailles des outils qui en ont séparé des blocs, à côté d'autres parties recouvertes d'un vernis noir et luisant : quel temps a-t-il donc fallu pour donner un tel aspect aux masses intactes, si des entailles de *trente siècles* paraissent encore si récentes ?

On distingue aussi dans la base des pyramides les

formes des coquilles dont les pierres sont formées; il faut donc ajouter à la date déjà si ancienne de leur construction les longues périodes employées par la nature *à la pétrification* de ces matériaux!

Les débris fossiles des végétaux et des animaux gigantesques qui ont précédé l'apparition de la race humaine sur la terre, sont autant de preuves matérielles que nos traditions sur l'âge du monde n'approchent pas même de la réalité.

Selon les savantes recherches de Bailly, tous les peuples connus, même les Chaldéens et les Indiens, qui possèdent des documents historiques de la plus haute antiquité, ne seraient que les successeurs de peuples plus anciens et plus instruits, venus du nord par la Tartarie dans l'Asie méridionale, ou descendus des montagnes de l'Éthiopie dans la haute Égypte, et plus tard dans le delta du Nil.

Avant d'être envahies par les glaces, les contrées hyperboréennes étaient tempérées et habitables, tandis que les pays équatoriaux, toujours brûlés du soleil, avaient dû conserver une incandescence primitive qui ne permettait pas aux hommes de s'y établir et de s'y multiplier.

Voulez-vous d'ailleurs interroger l'astronomie sur l'âge de l'univers? La science moderne va vous répondre par des chiffres irrécusables, en vous montrant une nébuleuse au foyer de ses lunettes : *La lumière de cette étoile voyage dans l'espace depuis au moins cinq cent mille années!*

AIGLE (L').

Constellation placée au sud du Cygne et de la Lyre; elle se distingue par trois étoiles voisines et sur la même ligne ; celle du milieu, nommée *Altaïr*, est de première grandeur, et passe au méridien vers le 1er septembre, à neuf heures du soir.

AIGUILLE AIMANTÉE.

On connaissait à la Chine, 250 ans avant notre ère, la propriété qu'a l'aimant de tourner vers le nord les pointes qui en sont chargées ; Thalès la connaissait six cents ans auparavant ; mais ce ne fut qu'en 1150 qu'on en fit usage en Europe pour s'orienter.

On obtient la méridienne avec une boussole, si l'on fait correspondre la pointe aimantée au degré du cadran qui indique le nord suivant la déclinaison du lieu : à Paris cette déclinaison était de 20° 30′ 40″ au 4 décembre 1850, et son inclinaison, qui varie de trois minutes de degré par année, était de 66° 37′ au 28 novembre de la même année.

Les zones de déclinaison de la boussole sont maintenant généralement connues, et paraissent dépendre des courants magnétiques annuellement variables selon la position de la terre, relativement au soleil. *Voyez* Déclinaison.

AIR.

Ce milieu fluide qui enveloppe la terre ne se rapporte à l'astronomie que par l'influence qu'il exerce sur les phénomènes lumineux et les instruments d'observation ; il est naturellement bleu, parce que ses molécules sphériques ont l'épaisseur qui satisfait à la réflexion du rayon bleu de la lumière.

Son poids à la température de zéro est de 1gr.,293,187 pour un litre, et fait à Paris équilibre à une colonne de mercure de 76 centimètres environ. Cette propriété

élastique de l'air, qui décroît proportionnellement avec
l'élévation au-dessus du niveau des mers, sert à mesurer la hauteur des montagnes : ainsi au sommet du
Puy-de-Dôme le baromètre s'abaisse à 70 centim. 1/2,
et à 42 centim. à la cime du mont Blanc. *Voyez* Atmosphère.

AIRE.

C'est l'espace parcouru dans un temps donné par le
rayon d'un cercle ou d'une ellipse autour du soleil.
Suivant la première des lois de Kepler, les rayons
vecteurs décrivent des *aires proportionnelles aux temps*;
comme il est toujours facile de reconnaître le mouvement d'un corps céleste, on obtient ainsi sa distance
moyenne au centre du soleil.

ALBATEGNIUS.

Prince et astronome arabe très-savant, qui réforma
une partie des travaux de Ptolémée. Il indiqua qu'une
seule loi régissait les corps célestes, et fit un traité de
la science des étoiles... On ne connaît que l'époque
de sa mort, qui se rapporte à l'an 929 de notre ère.

ALCYONE.

Étoile de troisième grandeur (tertiaire), la plus brillante des Pléiades, marquée η dans les cartes célestes.
Mädler et d'autres astronomes modernes indiquent
cette étoile comme le centre de gravité autour duquel
notre monde solaire circulerait dans l'espace; mais
l'observation des mouvements propres et arbitraires
des étoiles n'est pas encore assez ancienne pour adopter cette idée; c'est au temps à la confirmer ou à la
modifier.

ALDÉBARAN.

Étoile de première grandeur, d'une teinte un peu rouge, placée dans les planisphères à l'œil du Taureau. Elle se trouve à l'extrémité de la ligne inférieure d'un V oblique formé par les cinq étoiles des Hyades, sur la direction qui, partant du pôle boréal, passe entre Persée et la Chèvre.

ALGÉNIB.

Étoile secondaire, au sud du grand carré de Pégase, sur le prolongement de la ligne qui des gardes de la grande Ourse passe par le pôle boréal et par Cassiopée.

ALGOL.

Étoile *changeante*, entourée d'un groupe de petites étoiles au-dessous de l'arc de Persée, et indiquée β dans cette constellation sur les cartes qui la représentent.

Pendant 2^j 13^h 1/2 on la voit de deuxième grandeur ; ensuite elle descend à la quatrième en 3^h 1/2, y reste un quart d'heure, et revient progressivement à la deuxième en 3^h 1/2. La période totale est de 2^j 20^h 49^m ; mais, d'après les récentes observations de Goudrieke, elle tend à s'abréger graduellement pour s'accélérer sans doute de nouveau, comme dans d'autres combinaisons stellaires.

Un aussi court intervalle dans la diminution d'intensité lumineuse fait nécessairement supposer qu'un corps opaque et planétaire vient, pendant ce temps, s'interposer sur une partie du disque de cette étoile.

Les variations de cette changeante furent reconnues à l'œil nu par un fermier près de Dresde, nommé Palitzch, qui s'était rendu familière la situation des astres en les observant avec assiduité. Ce fut lui qui découvrit à la vue simple la comète de Halley en 1756, un mois avant tous les astronomes, qui, les yeux à leurs lunettes, épiaient vainement son retour.

ALIDADE.

Règle munie de deux pinnules, et mobile autour d'un cercle gradué ; la ligne de vision indique ainsi les degrés angulaires.

ALMAGESTE.

Résumé des connaissances géométriques et astronomiques des temps antérieurs à Ptolémée sous Marc-Aurèle, et qu'il fit graver dans un temple d'Alexandrie pour les conserver à la postérité. Frédéric II fit traduire ce livre de l'arabe en latin vers l'an 1230 ; il l'avait été du grec en arabe vers l'année 800, par l'ordre du calife Alma-Moun.

Cette collection était d'autant plus précieuse, que pendant longtemps elle fut le seul document scientifique qu'on croyait échappé à la destruction des barbares.

ALMANACH.

Dans tous les temps ces publications annuelles ont joui d'une grande faveur, parce qu'elles contiennent des recettes, des conseils et surtout des prédictions, auxquelles le vulgaire croit bien plutôt qu'aux préceptes de la vraie science et aux sages leçons de l'expérience.

Les calendriers romains étaient déjà accompagnés de pronostics sur le temps, d'après des observations et des remarques puériles et contradictoires, que Pline nous a transmises. Ils indiquaient les jours *néfastes*,

comme ceux d'aujourd'hui les jours bons pour semer
ou se mettre en voyage !

L'astrologie, longtemps en possession d'expliquer
seule les phénomènes célestes, composait ces almanachs,
qu'une seule prédiction favorisée par le hasard rendait
à jamais célèbres.

Ceux de Regiomontanus, de Nostradamus, et surtout de Matthieu Lansberg, publiés à Liége, eurent une
grande vogue.

Sous ce nom, devenu populaire, la propagande politique s'introduit maintenant dans nos campagnes les
plus éloignées, pour y porter ses erreurs, ses discordes
et ses déceptions.

ALPHONSE.

Ce roi de Castille, grand amateur de la science astronomique, frappé des irrégularités contraires à la simplicité et à la grandeur des lois qui ont dû présider à
la création, déclara, dit-on, dans une assemblée scientifique, que si Dieu l'avait appelé à son conseil, les choses
de ce monde eussent été mieux ordonnées.

Il fut accusé d'impiété et détrôné à cause de ces
paroles, mal interprétées par les inquisiteurs d'alors.

ALTAÏR.

Étoile primaire de la constellation de l'Aigle ; elle se
trouve entre deux tertiaires formant une ligne oblique,
dirigée au nord vers la Lyre. *Voyez* AIGLE.

AMPLIFICATION.

L'art des verriers modernes produit des objectifs et
des lentilles qui grossissent ou rapprochent les objets
beaucoup plus que le grand télescope d'Herschell, dont

3.

l'amplification pouvait être portée jusqu'à six mille fois.

Déjà l'un des télescopes établi à Parsontown par lord Rosse a fait découvrir des particularités nouvelles, et décomposer en étoiles des nébuleuses que le grand astronome croyait uniquement formées de matière diffuse et phosphorescente. *Voyez* GROSSISSEMENT DES LUNETTES.

AMPLITUDE.

C'est l'étendue de la courbe décrite par un astre depuis le point où il se lève jusqu'à celui où il se couche, et dont le milieu indique le méridien.

ANALÈME.

Cette expression est employée comme projection de la sphère, et désigne les problèmes à résoudre sur la hauteur, l'heure ou l'azimut d'un astre, sa hauteur étant donnée.

ANAXAGORE DE CLAZOMÈNE.

Ce philosophe de l'école Ionique s'est beaucoup occupé d'astronomie, de physique, et de la recherche des causes premières ; il expliquait les éclipses, et disait que le soleil était plus grand que le Péloponnèse, opinion taxée par Xénophon *de ridicule exagération*. Il enseignait que le mouvement de la sphère céleste, de *l'est à l'ouest*, était produit par l'action des forces centrifuges, qui occasionnaient aussi la chute des aérolithes. Ces premières idées sur les forces de la nature, ainsi que d'autres que ce philosophe émettait sur l'unité de Dieu et un esprit distinct de la matière, lui suscitèrent de nombreux ennemis, parmi lesquels Démocrite se faisait remarquer ; sa sentence de mort fut commuée en celle de l'exil par l'influence de Périclès.

ANAXIMANDRE.

Philosophe grec, disciple de Thalès, chef de l'école Ionienne, né à Milet 611 ans avant J.-C.

On lui a attribué l'invention de la sphère céleste, parce qu'il en transporta une d'Égypte avec un zodiaque à Lacédémone.

Il fit aussi établir le premier gnomon d'après les connaissances qu'il avait acquises dans ses voyages.

Il disait que les planètes étaient habitées comme la terre, et que les étoiles étaient des soleils qui éclairaient d'autres mondes.

ANDROMÈDE.

Constellation comprenant trois étoiles de deuxième grandeur, équidistantes, disposées en ligne courbe sur le prolongement de la diagonale du carré de Pégase, allant ensuite jusqu'à Persée, au-dessous de Cassiopée : la première, qui complète le carré de Pégase, se nomme *Sirrah* ou *Alpherat*; celle du milieu β s'appelle *Mirach*, et la troisième γ *Alamak*. Cette constellation passe au zénith de Paris le 1er novembre, vers neuf heures du soir.

ANGLE.

Lorsque deux lignes se rencontrent en un point, l'espace qui existe entre elles forme l'angle qu'elles sous-tendent. A quelque distance que les lignes soient prolongées, la mesure de l'angle est

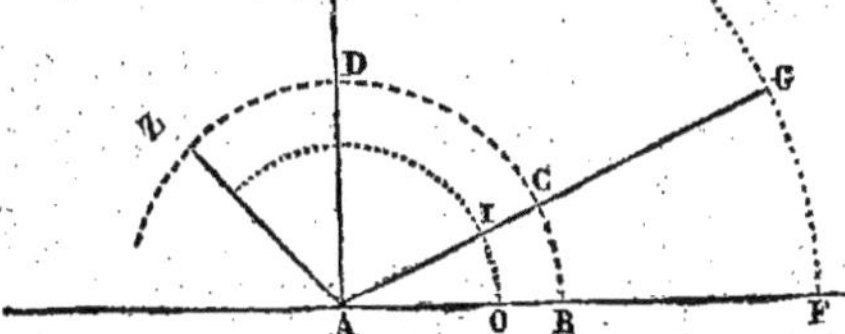

toujours la même, c'est-à-dire du même nombre de degrés, sur les circonférences ou les arcs qu'on peut tracer autour du même centre, qui est le point de rencontre. L'angle *droit* BAD est de 90°; BAG, qui a moins de 90°, est un angle *aigu*; BAZ, qui a plus de 90°, est un angle *obtus*; les angles OAI, BAG, FAG ont la même mesure, malgré la différence de leurs côtés.

C'est au moyen de cette figure qu'on peut évaluer le diamètre et la distance des objets les plus éloignés.

On obtient la distance, qu'on ne peut mesurer directement à cause d'un obstacle interposé, en cherchant 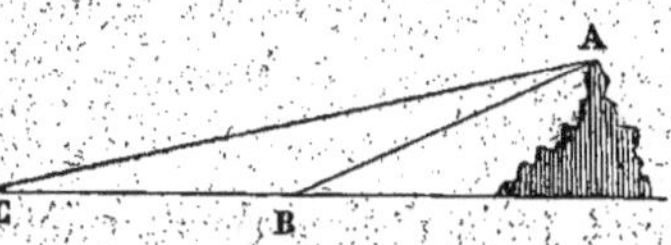 d'abord avec le graphomètre, ou tout autre instrument convenable, l'angle que l'objet A, dont il s'agit d'apprécier l'éloignement, sous-tend d'un point B, derrière lequel on puisse s'éloigner dans la même direction, jusqu'à ce que l'objet ne sous-tende plus que la moitié de l'angle trouvé d'abord. En mesurant l'espace libre entre les deux points d'observation B et C, on aura nécessairement la distance du premier point à l'objet, puisqu'elle sera la moitié proportionnelle indiquée par un angle moitié plus petit.

On a ainsi reconnu qu'à 57 mèt. 30 cent. un objet qui a un mètre de hauteur ou de diamètre sous-tend ou mesure un angle de 1°, c'est-à-dire la trois cent soixantième partie du cercle dont le rayon serait la distance de cet objet à l'observateur. Si l'angle n'est que d'une minute, ou de la soixantième partie d'un degré, la distance sera soixante fois plus grande, ou de 3,438 mèt.; pour une seconde cette distance sera 206,280 mèt.

On voit donc qu'on peut obtenir exactement la distance d'un corps céleste dont on connaît le diamètre, et réciproquement le diamètre d'une planète dont on connaît la distance.

D'autres propriétés des angles, ainsi que les rapports qui existent entre les angles d'un triangle, ont permis de mesurer la distance de la terre aux corps célestes dont on ne pouvait connaître le volume, par exemple, l'éloignement où nous sommes de la lune et du soleil. *Voyez* TRIANGLE et PARALLAXE.

ANNEAUX DE SATURNE.

Corps opaques et irréguliers dont l'équateur de Saturne paraît entouré comme d'une immense couronne, à la distance d'environ 3,200 myriam. (8,000 lieues).

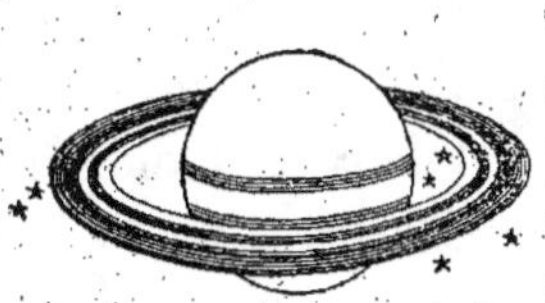 Cette couronne est formée de deux parties concentriques, séparées par un intervalle à travers lequel on peut apercevoir les étoiles dans la région opposée; l'épaisseur totale est d'environ 4,800 myriamètres (12,000 lieues); mais sa largeur, ou plutôt sa tranche, à peine visible avec de très-fortes lunettes, est tout au plus de 40 myriamètres (100 lieues).

Short a distingué plusieurs bandes ou parties plus obscures dans l'épaisseur de cette ceinture, ce qui ferait croire encore à de plus grandes divisions, ou même à une suite d'agglomérations de satellites unis et étendus ensemble lors de leur projection en état de fluidité primitive.

Quoi qu'il en soit, ces espèces d'anneaux circulent autour de la planète précisément dans le même temps, et en lui présentant toujours la même face allongée vers elle, ainsi que la lune relativement à la terre. De récentes observations semblent indiquer qu'ils sont environnés d'une atmosphère qui rend visibles les parties non éclairées, par l'effet de ses réfractions.

On peut se représenter ce singulier phénomène par une roue en mouvement, dont les rais, disparaissant tout à coup, seraient remplacées par la force invisible de l'attraction universelle, qui unirait seule alors les jantes et le moyeu.

ANNÉE.

Les astronomes en ont plusieurs de différente durée, dont aucune cependant ne peut s'appliquer exactement à la révolution de la terre dans son orbite : 1° *L'année tropique*, qui se compte entre deux passages du soleil par le même point : elle est de 365 ᵏ 5 ʰ 48 ᵐ 51 ˢ quant à présent; car le changement d'obliquité de l'écliptique et la précession des équinoxes la diminue insensiblement; elle se trouve aujourd'hui de 12 secondes plus courte que du temps d'Hipparque, il y a *deux mille ans*.

Cette petite différence accumulée par les siècles fait des heures et des jours, dont il faut tenir compte dans les observations comparatives pour vérifier les faits et les phénomènes d'une autre époque.

Les anciens peuples qui voulurent fixer la longueur de l'année par l'ombre des gnomons, la trouvèrent d'abord de 365 jours; mais à chacune des années suivantes l'ombre s'éloignait du premier point, et ce ne fut, à la quatrième année, que le trois cent soixante-sixième jour qu'elle y revint; ils firent donc l'année de 365 ᵏ 1/4. Cette mesure n'était encore qu'une approximation; et plus tard elle fut fixée plus exactement. Alne-Wahendi, astronome arabe, la fixa vers l'an 800 à 365 ᵏ 242181, résultat d'une grande précision.

2° *L'année civile* se corrige en intercalant un jour au mois de février tous les quatre ans. Ainsi, les années de 365 jours sont comptées comme courantes et non pas comme écoulées. — Cette intercalation un peu trop forte donnant encore six heures de trop tous les cent ans, le pape Grégoire XIII ordonna la suppression des bissextiles séculaires, sauf pour celles multiples de quatre : ainsi l'année 2000 sera bissextile, et non 1900. Avec cette correction il y aura encore près d'un jour de trop par trente siècles, ce qu'on eût pu faire disparaître en déclarant que chaque quatre millième année serait de 365 jours. Les Russes, qui n'ont pas admis la réforme Grégorienne, ont maintenant une année qui commence douze jours après la nôtre, et dans cinquante ans elle sera de treize jours en retard.

3° *L'année sidérale*, c'est-à-dire le temps du retour à la même étoile, est de 365^{j} 6^{h} 9^{m} 11^{s} 5^{t}.

4° *L'année anomalistique* est le temps du retour à l'apside, et surpasse l'année tropique de 25^{m} 7^{s} 2^{t}, durée que la terre met à décrire la portion de son orbite, dont l'apogée et l'équinoxe se sont éloignés.

5° Douze lunaisons de 29^{j} 12^{h} 14^{m} 2^{s}, terme moyen, composent *l'année lunaire*, qui a par conséquent environ 11 jours de moins que l'année solaire. Après dix-neuf années et une heure et demie à peu près, il faut donc sept lunaisons de plus pour revenir à la même position du ciel.

C'est cette période qui constituait le cycle de Méton ou le *nombre d'or*, dont toutes les phases et les éclipses devaient se représenter dans le même ordre pendant les périodes suivantes. Comme elle n'était pas rigoureusement exacte, on fut obligé de la rectifier.

6° *L'année vague* en usage chez les Égyptiens était de 365 jours, tandis que l'année solaire avait environ six heures de plus, il en résultait que les saisons ne correspondaient plus aux mêmes dates après un certain nombre de révolutions, et qu'après la période *sothiaque* de mille quatre cent soixante années vagues, chaque jour était passé successivement par toutes les saisons.

ANNUAIRE.

Un grand nombre de corps savants publient chaque année des recueils d'observations, de tables et de notices qui se rapportent plus ou moins à l'astronomie.

Celui que le Bureau des Longitudes fait imprimer en France depuis l'année 1798 est fort utile aux marins, astronomes et même à différentes professions, qui y trouvent des tableaux de réductions et de conversions, des calculs tout faits, des relevés officiels sur la population, la mortalité, etc., etc. Ces annuaires sont souvent enrichis par M. Arago de notices qui intéressent, surtout quand elles ont rapport à des phénomènes physiques ou astronomiques, à des questions industrielles ou scientifiques, toujours traitées d'une manière supérieure, et avec une clarté qui les fait comprendre de tout lecteur un peu attentif.

Ce sont de précieux documents que la science recueille soigneusement, et dont nous avons souvent profité dans la rédaction de cet ouvrage, où, à l'exemple du maître, nous avons voulu mettre chaque sujet à la portée de toutes les intelligences, sans les calculs et les chiffres qui les embarrassent dans presque tous les traités astronomiques.

ANNULAIRE.

Lorsque sous la forme d'un anneau lumineux le soleil éclipsé déborde autour du disque de la lune, on dit que l'éclipse est ANNULAIRE, comme on a pu le voir le 9 octobre 1847 à Paris et en divers lieux. Cette année 1851 on pourra en observer une au cap de Bonne-Espérance et à la Nouvelle-Orléans.

ANOMALIE.

On exprime ainsi la distance d'une planète, vue du soleil à son aphélie; l'anomalie vraie s'obtient par des corrections sur les anomalies moyennes et excentriques.

ANTARCTIQUE.

Le pôle de ce nom est le pôle sud ou austral, qui ne peut être visible pour nous.

ANTARÈS.

Étoile primaire placée au cœur du Scorpion, et formant un grand triangle avec Wéga de la Lyre et Arcturus du Bouvier; elle est aussi le centre d'une ligne courbe de cinq étoiles de diverses grandeurs dirigée vers la Balance.

ANTINOÜS.

Petite constellation de quatre tertiaires à peu près disposées en carré, au midi de l'Aigle.

ANTIPODES.

La terre est un globe suspendu dans l'espace; il n'y a donc ni haut ni bas en réalité. Les antipodes de chaque lieu ne sont que le point opposé où aboutirait une ligne tirée de ce lieu, et passant par le centre de la terre, dont tous les habitants sont retenus à la surface *par la force de pesanteur.*

Cette difficulté apparente était opposée à Galilée, quand il soutenait la rotation diurne de la terre, que Pythagore avait annoncée. Newton en a fait connaître les lois universelles, sans néanmoins pouvoir en expliquer la cause.

APHÉLIE.

Terme synonyme d'apogée. *Voyez ce mot.*

APIS.

Plutarque a écrit que le bœuf Apis était le symbole de la conjonction du soleil et de la lune, et qu'il mourait au bout de vingt-cinq ans; ce qui voulait dire que le cycle lunaire était compris dans cette période pour les Égyptiens; on trouve, en effet, que 25 fois 365 jours donnent le même nombre que 309 lunaisons de 29 ʲ· 5307443, durée de la révolution synodique de la lune *à cette époque.*

APLATISSEMENT DE LA TERRE.

On a mesuré géométriquement la longueur de plusieurs méridiens sous des latitudes différentes, et l'on a ainsi reconnu que notre globe est un ellipsoïde de révolution autour de l'axe des pôles qui est le plus petit.

A 45° de latitude, le demi-diamètre de la terre est de 635 myr. 2,286 mèt. (1,432 lieues 7/10); sous l'équateur, il est de 636 myr. 2,507 mèt. (1,435 lieues); et sous les pôles, de 634 myr. 2,065 mèt. (1,430 lieues 4/10) seulement.

L'aplatissement est donc de 2 myr. 441 mèt. (4 lieues 6/10), ou de 1/309 de différence entre le plus grand et le plus petit rayon.

Le ralentissement du pendule sous l'équateur donne la même différence, en admettant que la densité du globe augmente progressivement de la surface au centre.

Les lois de la dynamique, combinées avec les effets de la force centrifuge, démontrent, en effet, que la vitesse de rotation a dû élever de cette quantité les molécules fluides de la terre vers ses régions équatoriales, dans les premiers temps de sa formation.

On voit alors qu'on ne peut admettre l'opinion d'un choc qui aurait changé la position de l'axe de rotation, à moins de supposer en même temps que depuis cette époque notre globe serait revenu à sa position primitive, ou encore que les parties solides et refroidies de l'équateur ancien se sont déplacées pour reprendre leur position actuelle.

Toutes les planètes que l'on a pu observer exactement présentent leurs pôles aplatis proportionnellement à leur vitesse de rotation. Le soleil semblait présenter une exception à cette loi générale ; mais en outre que sa rotation est comparativement fort lente, cette anomalie peut s'attribuer aux effets de la dilatation de l'air dans le tube des lunettes employées aux observations des diamètres solaires, l'image verticale étant alors amplifiée dans le foyer à travers le cône lumineux qui traverse le tube quand l'effet contraire a lieu dans le sens horizontal.

APOGÉE.

La terre est à son apogée, ou *aphélie*, vers le 1ᵉʳ juillet, c'est-à-dire qu'elle est au point le plus éloigné où elle puisse se trouver du soleil. Cette distance est alors de 15,592,000 myriam. (38,980,000 lieues).

On se sert également de ce mot pour désigner le point le plus éloigné dont un corps céleste puisse s'écarter du soleil, qui le retient dans son attraction.

APSIDE.

La terre décrit autour du soleil une courbe elliptique dont le foyer se déplace continuellement; au solstice d'été elle arrive au point le plus éloigné dans cette orbite, c'est-à-dire à son apogée; elle est au point le plus rapproché du soleil, soit au périgée, vers le solstice d'hiver; ce sont ces deux points qu'on nomme *les apsides* : la différence est de 1/30, ou de 464,000 myr. (1,160,000 lieues).

Ainsi nous sommes plus près du foyer l'hiver; mais l'obliquité de notre position nous empêche d'en éprouver aussi longtemps et aussi fortement la chaleur.

La précession des équinoxes fait varier constamment les apsides, c'est-à-dire la place où ces deux points extrêmes vont répondre dans le ciel; il en résulte que l'époque des saisons est insensiblement modifiée.

L'an 4089 avant notre ère, l'un des apsides, celui d'hiver, se trouvait au point alors désigné par l'équinoxe d'automne. En 6480, il répondra au point où se trouve aujourd'hui l'équinoxe de printemps.

ARATUS.

Poëte astronome, né à Solis, dans l'Asie Mineure, 276 ans avant notre ère. Il fit un poëme en trois parties, intitulé *les Phénomènes*, dans lequel il décrivait, d'après Eudoxe de Cnide, les figures et la situation relative des constellations, l'origine de leurs noms en Grèce et en Égypte, les fables qui s'y rapportaient, le lever et le coucher des étoiles. Ce poëme fut traduit par Cicéron et Germanicus. Saint Paul le cite dans son Épître aux Athéniens : il n'en reste que quelques fragments, où se trouvent les seuls écrits d'Hipparque qui nous soient parvenus.

ARC DU MÉRIDIEN.

Il a été reconnu par des opérations géodésiques que l'arc d'un degré du méridien sous les pôles est plus grand que celui de l'équateur d'environ 800 mètres, et que cette différence décroît proportionnellement aux latitudes intermédiaires.

On en a déduit l'aplatissement de la terre vers les pôles.

Le mètre, qui correspond à 3$^{pds.}$ 11$^{lig.}$,296, ancienne mesure, est la dix-millionième partie du quart du méridien passant par Paris. On est donc toujours assuré de retrouver le type d'une telle mesure de longueur, comme de toutes celles qui en dérivent.

ARC-EN-CIEL.

Les rayons de lumière décomposés par les globules aqueux que l'air tient en suspension se réfléchissent suivant leur nature particulière, et toujours dans le même ordre; savoir : rouge, orange, jaune, vert, bleu, indigo, et violet. Ce phénomène est souvent double et même quelquefois triple, par l'effet de réfractions différentes. Ces couleurs consistent dans la vitesse et la grandeur de leurs molécules constituantes, qui les rendent plus ou moins réfrangibles.

ARCHÉLAÜS.

Ce philosophe grec était surnommé le Physicien ; il a été le maître de Socrate, et il enseignait à Athènes, 444 ans avant J.-C., que le soleil n'était qu'une étoile plus grande ou plus proche que les autres.

ARCHIMÈDE.

Né à Syracuse 287 ans avant notre ère, et tué au siége de cette ville par Marcellus.

Ce premier des géomètres de l'antiquité construisit une sphère représentant tous les corps célestes alors connus, et se mouvant avec la vitesse particulière à chacun d'eux.

Il estimait le diamètre de la lune neuf fois plus grand que celui du soleil, ce qui était bien loin de la vérité, mais prouvait au moins que ce philosophe ne partageait pas les opinions vulgaires, qui, d'après le diamètre apparent et presque égal de ces deux *luminaires*, les plaçaient à la même distance de la terre.

ARCTIQUE (POLE).

C'est celui boréal, seul visible en Europe ; les glaces qui l'entourent doivent s'accroître de plus en plus par l'effet du refroidissement du globe. A une certaine époque de sa formation il est certain que la glace y était inconnue, et que les pôles pouvaient être occupés par les végétaux et les animaux qu'on trouve aujourd'hui dans les régions équatoriales.

ARCTURUS.

Étoile très-brillante de la constellation du Bouvier, et qu'on peut trouver sur la direction prolongée de la

queue de la grande Ourse, à 20° environ de distance.
— Depuis le temps d'Hipparque, la position de cette
étoile relativement aux plus petites qui l'avoisinent a
varié de deux fois et demie le diamètre de la lune,
c'est-à-dire de plus de 1° 15'. *Voyez* Bouvier.

ARISTARQUE.

L'astronome de ce nom, né à Samos, fit, suivant
l'Almageste de Ptolémée, une observation du solstice
d'été 280 ans avant J.-C. Comme Galilée dix-neuf
siècles plus tard, il fut persécuté pour enseigner que
la terre tournait sur elle-même, et que les étoiles *de
la même nature que le soleil* étaient seulement plus éloignées.

Il reste de lui un traité sur la grandeur et l'éloignement du soleil et de la lune relativement à la terre :
il estima que le premier en était dix-neuf fois plus loin
que la lune, appréciation encore bien loin de la vérité,
mais qui prouve au moins que ce philosophe avait
une idée plus grande et plus juste des corps célestes
que celle du vulgaire, motivée sur les apparences.

Pour obtenir cette distance relative, il avait imaginé
de saisir le moment de la quadrature, et de mesurer
l'angle d'élongation dont la lune est alors le sommet.

Il évaluait ainsi à 56 demi-diamètres de la terre la
distance de notre satellite; ce qui est à peu près exact.
Par l'ombre du cône de la terre à l'endroit où la lune
le traverse dans ses éclipses, il trouva que son diamètre était à peu près le tiers de celui de notre globe.

ARISTOTE.

Le plus savant des philosophes de l'antiquité, né à
Stagire en Macédoine 384 ans avant notre ère.

Il rejetait tout l'enseignement astronomique des pythagoriciens, et croyait à l'incorruptibilité des cieux,
c'est-à-dire à la fixité éternelle du soleil et des étoiles.

Son autorité, qui passait pour infaillible, fut longtemps opposée aux partisans du système de Copernic ;
mais elle commença à être ébranlée par l'expérience
publique que Galilée fit des lois de la pesanteur en faisant tomber des boules du haut de la tour de Pise. Le
Stagiriste affirme, en effet, que les corps tombent en
raison directe de leur poids, tandis que des boules de
même densité arrivaient en bas en même temps que
celles qui étaient doubles en poids et en volume.

Aristote adoptait, d'ailleurs, les inventions d'Eudoxe sur les sphères célestes de cristal, et prétendait
que chacune était dirigée par un génie qui y résidait,
comme l'esprit dans l'homme, pour diriger les mouvements de son corps.

On trouve dans ses ouvrages les premières idées sur
la théorie des ondulations de la lumière, actuellement
en faveur.

ARMILLE.

Instrument composé de cercles assemblés suivant
ceux qu'on supposait à la sphère céleste, et qui servait
autrefois, mais très-imparfaitement, à l'observation
des astres. *Voyez* ASTROLABE.

ARTÉMIDORE.

Né à Éphèse un siècle avant J.-C., ce philosophe,
au rapport de Sénèque, soutenait que le nombre des
planètes est infini, mais que la faiblesse de leur lumière, ainsi que leur éloignement, empêchaient de les
apercevoir.

Les nombreux corps planétaires que les instrumeñts
d'observation ont récemment fait découvrir, les nouvelles idées sur les étoiles filantes, sont venus, après
vingt siècles, confirmer les enseignements d'une science
imparfaite, mais où l'on retrouve cependant le germe
de toutes les vérités modernes.

ASCENSION DROITE.

C'est l'angle que fait avec le méridien le plan horaire d'une étoile ou de tout autre corps céleste à
l'instant où vient y passer le signe du Bélier, fixé dans
l'origine pour marquer l'équinoxe du printemps, ou
plutôt le point qui l'indique aujourd'hui.

Ainsi l'ascension droite du soleil à midi est l'heure
sidérale de son passage au méridien.

L'ascension droite ou longitude se compte d'occident
en orient depuis 0 jusqu'à 360°. Elle s'indique aussi
en *heures* à partir du même point de zéro à vingt-quatre,
à raison de 15° par heure (*voir* la planche III).

Cette position d'un astre étant indiquée, ainsi que
sa déclinaison, on peut toujours retrouver et marquer
sa place dans le ciel à un moment désigné.

ASTÉROÏDES.

On désignait ainsi les quatre petits corps planétaires
trouvés, au commencement de ce siècle, dans l'intervalle trop grand qui interrompait la série proportionnelle des distances relatives qu'on voulait établir
entre toutes les planètes et le soleil.

Képler avait, pour cette raison, soupçonné l'existence
d'une planète entre Mars et Jupiter ; au lieu d'une, on
en a déjà trouvé quinze, et probablement ce nombre
s'augmentera encore.

Les orbites de ces petites planètes ont des inclinaisons très-variées ; mais on a reconnu cependant qu'elles coupent l'écliptique à peu près au même point, ce qui a fait supposer qu'elles étaient les débris d'une plus grosse, éclatée par une cause fortuite.

On pense plus généralement aujourd'hui qu'elles ont été formées comme celles plus considérables, mais qu'au lieu de se concentrer en un seul corps, la masse originaire s'est divisée et dispersée par l'effet d'un choc ou d'une violente répulsion de ses molécules.

La durée moyenne de leurs révolutions est d'environ 1372 jours ; voici leurs noms, selon leur distance au soleil : Flore, Clio, Vesta, Iris, Métis, Hébé, Parthénope, Astrée, Junon, Irène, Cérès, Pallas, Hygie, Égérie, et Eunomia (la plus récemment découverte).

Leur apparence est celle d'une étoile, de 8me à 9me grandeur, visible seulement à l'aide d'une bonne lunette.

ASTRE.

On désigne généralement ainsi les corps célestes lumineux par eux-mêmes ; mais comme il n'est pas encore établi que les comètes n'ont pas de lumière propre ; que Vénus même ne possède pas une phosphorescence particulière, en outre de l'éclat qu'elle emprunte au soleil ; comme les étoiles filantes, les bolides, les météores brillent au moins quelques instants sans emprunter aucune lumière, on donne le nom d'astre à tous ces corps, même à la lune, qui cependant n'est visible que par les rayons qui l'éclairent directement, ou par la lumière que notre globe lui réfléchit.

ASTRÉE.

Petite planète trouvée, le 8 octobre 1845, par M. Henck de Driesen. Elle circule entre Mars et Jupiter, à une distance moyenne de 38 millions de myriamètres du soleil, dans une orbite inclinée de 5° 19″ sur l'écliptique, et la durée de sa révolution est de quatre ans 29 jours.

ASTROGNOSIE.

M. de Humboldt, dans son *Cosmos*, désigne ainsi les phénomènes qui se rapportent aux étoiles *fixes*, par opposition aux mouvements plus sensibles des étoiles *mobiles* ou *errantes*, comme les anciens nommaient les planètes de notre monde solaire.

ASTROLABE.

Instrument d'observations, formé d'abord de cercles disposés sur une surface plane où l'on projetait les constellations. Celui que Ptolémée fit construire à Alexandrie était disposé parallèlement à l'équateur, et la visée était alors à l'un des pôles; tous les méridiens passant sous ce point de mire étaient des lignes droites perpendiculaires au plan de projection, et les degrés pouvaient se subdiviser sur les bords d'une manière assez nette, mais ils se confondaient vers le centre; la grandeur de l'appareil ne remédiait que très-imparfaitement à cet inconvénient, et les constellations tracées sur ce planisphère étaient défigurées et méconnaissables.

Gemme-Frisius avait pris le méridien au solstice d'été pour plan de projection, c'était le précédent renversé; l'équateur était une ligne droite, et la visée était placée à l'intersection de cette ligne et de celle du zodiaque.

Jean de Royas, en disposant de même son astrolabe, imaginait que l'œil était placé à une distance infinie, de sorte que l'équateur et tous les degrés de latitude devenaient parallèles entre eux et perpendiculaires au plan de projection.

M. de la Hire a corrigé les défauts de ces instruments en plaçant l'œil sur un méridien prolongé de la valeur de son sinus de 45°; cela fait que la ligne tirée de ce point au milieu du quart de cercle passe précisément par le milieu du rayon qui lui répond.

De nos jours M. Parent a encore perfectionné cet instrument, dont on fait usage pour prendre la hauteur du pôle, du soleil ou d'une étoile. *Voyez* PLANIS-PHÈRE.

ASTROLOGIE.

Ce mot, qui signifie *interprétation des astres*, a été longtemps employé comme celui d'astronomie, avec lequel on le confondait. Les livres sacrés conservés par les Brahmes portent même que les actions des hommes sont gravées dans les astres, et pouvaient être annoncées par leurs mouvements et leur aspect.

Josèphe prétend que c'est aux enfants de Seth qui ont peuplé l'Asie qu'on doit les préceptes de cette science; qu'Adam ayant annoncé que la terre périrait par l'eau et par le feu, ses descendants avaient construit des colonnes de pierres et de briques, sur lesquelles ils avaient gravé leurs connaissances pour les transmettre à ceux qui survivraient à la conflagration, ou au déluge universel. Cet historien assure que, de son temps, ces colonnes se voyaient encore en Asie.

L'idée que les astres étaient en rapport avec les hommes et les empires est de toute ancienneté; les météores, les comètes, tous les phénomènes extraordinaires étaient considérés comme des effets ou des présages de la colère des dieux : c'est ce qui les a fait observer et recueillir plus soigneusement que d'autres auxquels l'ignorance et la superstition n'attachaient pas la même importance.

Ticho-Brahé s'occupait sérieusement de ces chimères, et Kepler, son disciple, fit aussi, mais sans y croire, des almanachs de prédictions; le célèbre Bacon y croyait fermement.

Cassini ne fut d'abord qu'un astrologue; mais bientôt, revenu de ses erreurs, il se consacra tout entier à la vraie science. Chacun connaît les superstitieuses croyances de Marie de Médicis aux rêves de l'astrologie judiciaire, et la colonne de Soissons qu'elle fit bâtir pour consulter les astres.

Cette aveugle confiance aux prédictions écrites dans les cieux a cependant servi l'astronomie, en faisant rechercher et conserver les anciennes observations.

Hippocrate, le père de la médecine, range l'astrologie parmi les sciences les plus utiles au médecin.

L'astrologie *naturelle*, qui se borne à prévoir le temps, les maladies, les bonnes ou mauvaises récoltes, etc., est un peu moins vaine que l'astrologie *judiciaire*, qui prétend connaître la destinée des hommes et des nations.

Les faits ayant toujours des causes naturelles, on peut croire que l'observation attentive des circonstances qui les ont déjà produits doit aider à prédire leur prochain retour; mais ces causes sont si indirectes et si variables, elles dépendent de phénomènes si nombreux, si imprévus et si fortuits, que le *plus savant* des astronomes modernes est forcé de convenir qu'il ne peut connaître le temps qu'il fera, seulement vingt-quatre heures d'avance.

ASTRONOMÈTRE.

On désigne ainsi tous les appareils employés à l'appréciation de l'intensité lumineuse des corps célestes, et particulièrement des étoiles.

Il n'existe pas cependant encore un instrument qui puisse mesurer la lumière avec la précision désirable. *Voyez* PHOTOMÉTRIE.

ASTRONOMIE.

Chez tous les anciens peuples cette science des astres a été considérée comme la première et la plus importante. Les chefs religieux en faisaient leur principale occupation, et célébraient par des fêtes les principales époques astronomiques.

Ils en conservaient les connaissances dans des livres sacrés écrits en caractères hiéroglyphiques.

Des zodiaques, des figures allégoriques sculptés dans les temples et les monuments, devaient en perpétuer la mémoire. Selon Suidas et Diodore de Sicile, Bélus, roi d'Assyrie, Atlas et Uranus auraient les premiers fait connaître les mouvements des corps célestes.

Philon rapporte que Moïse en fut instruit par les prêtres égyptiens; mais plusieurs passages de ses livres semblent démentir ce fait, ou indiquent, tout au moins, que ses professeurs n'étaient pas alors fort savants.

Avant le déluge, dont il raconte les circonstances, on avait fait cependant de bonnes observations astronomiques, puisque la Genèse suppute les années du monde par mois de trente jours, et que les sept jours de

la création se rapportent évidemment à la division de
la semaine d'après les sept planètes connues des Indiens,
des Chinois et des Égyptiens.

Les observations chaldéennes trouvées par Alexandre
à Babylone remontent jusqu'à cent quinze années,
après celle assignée à ce cataclysme, c'est-à-dire à quinze
années depuis la tour de Babel et la confusion des lan-
gues; mais ces événements n'y sont pas même mentionnés.

Le silence des quatre livres sacrés des Indiens et
de leurs tables astronomiques, encore plus anciennes,
n'est pas non plus en faveur de la chronologie du législateur des Juifs.

Il paraît seulement qu'il existait encore en Asie des
colonnes sur lesquelles étaient gravées les connaissances acquises depuis longtemps par les populations
primitives, et dont la tradition, suivant Aristote, était
déjà perdue. C'est probablement à cet exemple que
les Égyptiens ont construit les pyramides qui subsistent
aujourd'hui.

L'observation citée par Ptolémée, dans l'Almageste,
d'un lever héliaque de Sirius *le quatrième jour après le
solstice d'été*, remonte à 2500 ans avant notre ère;
c'est ainsi que l'astronomie donne le moyen de constater les époques historiques où se trouve mêlé quelque
phénomène céleste.

L'astronomie primitive a dû faire croire que la création avait eu la terre pour but, puisque tous les corps
célestes paraissaient tourner autour d'elle et qu'elle seule
semblait immobile dans ce mouvement général; aussi
l'esprit humain a-t-il eu besoin de longs efforts pour
détruire cette illusion des sens. (*Voyez* l'Introduction,
première partie.)

ATLAS.

Roi des temps fabuleux, que Manéthon et Dicéarque font naître d'Uranus, inventeur de l'astronomie; il aurait régné sur les Atlantes 3800 ans avant l'ère chrétienne; les traditions indiennes lui attribuent l'invention de la sphère, et une partie des connaissances astronomiques recueillies et conservées par les Brahmes.

L'Éthiopie s'appelait alors les Indes, et tenait à l'Asie, suivant Strabon, par le détroit de Bab-el-Mandeb, que la mer Rouge n'avait pas encore creusé pour envahir cette partie de l'Arabie.

Platon, ami d'Eudoxe, astronome de l'antiquité, Plutarque, Diodore de Sicile et autres historiens les plus anciens, citent les Atlantes et l'île Atlantide.

Les montagnes s'étendant au nord de l'Afrique ont encore le nom d'Atlas, qui, selon les Grecs, portait le monde.

Toutes ces traces attestent au moins l'existence d'un chef, honoré pour les connaissances célestes qu'il a répandues chez un grand peuple aux temps les plus reculés, et dont l'histoire a gardé le souvenir.

ATMOSPHÈRE.

Notre globe est pressé de toutes parts par un fluide composé de parties aqueuses et gazeuses, dont les combinaisons multiples produisent les phénomènes physiques qui frappent nos yeux ou échappent encore à nos investigations. L'étendue de cette enveloppe paraît s'élever à environ 6 myr. (15 lieues) au-dessus de la mer, avec une densité finale très-faible et inappréciable. À 16,000 mèt. (4 lieues) les nuages ne peuvent plus s'y soutenir, et la densité de cette zone est huit fois plus faible qu'à la surface.

On a calculé que le volume de cette atmosphère pouvait représenter le vingt-neuvième du volume de la terre, et sa masse le vingt-troisième de la masse du globe.

Le mercure s'y abaisse dans le tube du baromètre en proportion arithmétique, tandis que l'échelle des hauteurs croît en proportion géométrique ; au sommet du mont Blanc, cet instrument ne marque plus que la moitié de la hauteur ordinaire à Paris, et le ciel y paraît presque noir.

Sans l'atmosphère, le jour et la nuit se succéderaient tout à coup, aussitôt que le soleil paraîtrait sur l'horizon ou arriverait au-dessous de ce plan ; mais la réfraction des rayons lumineux nous donne des dégradations insensibles, dont la durée dépend de l'obliquité relative des lieux et des saisons : sous l'équateur, où le soleil paraît se lever et se coucher perpendiculairement à l'horizon, l'aurore et le crépuscule y sont beaucoup plus courts que dans nos climats ; sous les pôles, ces demi-jours durent près de trois mois.

Comme on connaît toujours la position relative du soleil, on a pu calculer la hauteur des dernières couches de l'atmosphère qui nous réfléchissent les rayons de cet astre : c'est ainsi qu'on a obtenu le minimum de 6 myr. indiqué précédemment. Quand le soleil est à 18° au-dessous de l'horizon, l'obscurité devient totale ; vers le solstice d'été, époque à laquelle cet astre paraît remonter avant d'être descendu à cette limite, l'aurore suit immédiatement le crépuscule, et il n'y a pas de nuit.

Laplace a démontré que l'atmosphère terrestre, malgré ses courants et sa mobilité, avait une certaine influence sur l'axe de rotation, comme si elle formait une masse solide et adhérente à notre globe.

L'atmosphère du soleil paraît composée de deux enveloppes (peut-être d'un plus grand nombre), dont l'extérieure, plus lumineuse, est celle qui nous éclaire; comme l'atmosphère de tout corps céleste ne peut s'étendre au delà des limites où circulerait un autre corps dans un temps moindre que la rotation du premier, on peut croire qu'aucune planète dont la révolution se ferait en moins de 25^j 1/2 n'existe autour du soleil.

La lune n'a point d'atmosphère : elle ne saurait donc avoir des végétaux et des animaux de la même nature que ceux de notre planète, auxquels l'air est indispensable.

Toutes les autres planètes, ainsi que les satellites qu'on a pu observer convenablement, paraissent entourées de nébulosités, dont quelques-unes très-intenses.

ATOMES.

Des philosophes épicuriens, tels que Leucippe et Démocrite, avaient imaginé que des *atomes* imperceptibles, agissant au hasard et dans tous les sens, produisaient un mouvement moyen et vertical qui disposait tous les corps, et les retenait à la surface de la terre.

Descartes avait renouvelé ces idées dans son système des tourbillons, renversé bientôt par les lois de Kepler, le mouvement des comètes et l'attraction newtonienne.

Lesage (de Genève), perfectionnant les théories émises par Varignon, Fatio de Duillier et Rédéker, publia en 1758 un nouveau système, dont voici quelques aperçus :

1° S'il grêlait de toutes parts sur la terre, d'une hauteur supérieure à la lune, celle-ci serait poussée vers nous; les eaux de l'Océan, éprouvant partout ailleurs une forte pression, s'élèveraient successivement *sous ce bouclier mobile*, et les marées seraient ainsi *ma-thématiquement expliquées*, même en substituant à la grêle tout autre fluide.

2° Une matière *éthérée* dont le mouvement serait rectiligne et d'une vitesse prodigieuse, dont les corpuscules, infiniment petits et isolés, se succédant sans cesse, viendraient frapper les corps célestes de tous les points de l'espace, sauf dans la direction de leurs centres, les pousserait les uns vers les autres, *en raison de leurs surfaces et de leurs distances.*

3° Le fluide magnétique, l'électricité, la lumière, l'air et le calorique circulent dans tous les corps et dans l'atmosphère sans se faire obstacle; il en serait de même du fluide gravifique supposé.

4° Les effets de l'attraction newtonienne ont lieu sous une cloche, sous les voûtes les plus épaisses : l'impulsion gravifique des atomes se manifesterait de même à travers les corps, qui *tous* sont reconnus poreux et perméables.

Huyghens et autres savants du dernier siècle ont adopté et défendu ces idées, qui viennent d'être reproduites aux États-Unis par M. Buisson, mais avec certaines modifications. *Ses atomes ultramondains* agiraient diversement dans l'espace et sur les planètes; l'impulsion gravifique tendrait, comme dans les théories de Lesage, à rapprocher tous les corps célestes; mais la pesanteur serait occasionnée par le choc des atomes sur l'enveloppe atmosphérique des planètes, qu'ils ne pénétreraient pas, mais où ils produiraient *une oscillation moléculaire* se propageant de proche en proche et dans tous les corps jusqu'au centre de ces planètes.

Si l'on pouvait concevoir l'existence de ces atomes, leur nature et la source de leur éternelle émission, on comprendrait mieux leur action que la vertu magique de l'attraction newtonienne, aujourd'hui cependant généralement adoptée.

Il est vrai que nous ne connaissons pas mieux la nature du magnétisme et de l'électricité qui agissent sous nos yeux, et que sans pouvoir encore l'expliquer nous sommes certains d'être en communication, non-seulement avec notre soleil et les autres corps célestes de notre système particulier, mais encore avec les innombrables étoiles que nous pouvons apercevoir dans toutes les profondeurs et sur tous les points de l'espace.

Que des *atomes imperceptibles*, ou bien une force attractive inhérente à la matière, soient les agents du pouvoir suprême qui régit l'univers, les résultats sont les mêmes, et les causes restent aussi impénétrables dans les deux systèmes. *Voyez* ATTRACTION, GRAVITÉ.

ATTRACTION.

On désigne ainsi la force invisible et universelle en vertu de laquelle toutes les molécules de la matière s'attirent réciproquement, en proportion de leur masse et de leur distance. La vitesse de cette attraction est évaluée par Laplace à plus de cinquante millions de fois celle de la lumière; elle tendrait à réunir tous les corps célestes en une seule masse, si les forces de projection qui leur ont imprimé un mouvement contraire, lors de leur formation, venaient à cesser.

La combinaison de ces deux forces opposées a produit le mouvement circulaire ou elliptique, selon que l'une des forces a prédominé sur l'autre.

Le soleil, comme la masse la plus forte, attire vers son centre toutes les planètes, et celles-ci leurs satellites.

A mesure qu'une des deux forces s'accroît, l'autre diminue proportionnellement. Ainsi la terre, parcourant son ellipse, éprouve vers son périhélie une attraction plus grande, et son mouvement s'accélère; plus ensuite elle s'éloigne de ce point, plus sa vitesse se ralentit, parce que la force centrifuge augmente et agit davantage à son tour. L'effet contraire a lieu vers l'apogée ou l'aphélie.

Les mêmes causes produisent éternellement les mêmes effets, soit pour notre globe, soit pour tous les autres corps qui circulent dans les cieux.

L'esprit humain, qui peut concevoir et comprendre les forces impulsives, n'a pu s'expliquer encore celles de l'attraction inhérentes à chaque particule de matière, et s'ajoutant les unes aux autres par le rapprochement et l'agglomération.

Au moyen d'atomes circulant directement dans tous les sens et de toutes les directions, certains géomètres réussissent à ramener l'attraction à une *impulsion*, et à expliquer physiquement les effets de la pesanteur universelle; mais la difficulté de concevoir l'origine et l'émission incessante de ces atomes a empêché jusqu'ici d'en adopter les théories.

Les savants actuels paraissent croire que la matière avait originairement la vertu attractive que Newton a proclamée comme la loi universelle de la nature, en expliquant toutefois, dans son livre des *Principes*, qu'il ne faut pas entendre par le mot *attraction* un mode d'action, mais que les mots *impulsion* et *propension* peuvent indiquer les mêmes effets.

Cette attraction, dite newtonienne, est donc admise aujourd'hui, non *par conviction*, mais comme *un fait* qui s'accorde exactement avec les mouvements des corps célestes, dont l'infatigable génie de Kepler a trouvé les lois.

Il en a été ainsi du système de Ptolémée, fondé sur les apparences, et qui a régi notre univers pendant quatorze siècles. Qu'un autre Copernic vienne révéler la véritable cause de l'impulsion, et prouver que l'attraction n'est qu'une chimère, le monde savant sera tout étonné de sa longue erreur.

Notre soleil n'est qu'une étoile de la même nature que toutes les autres, dont les milliards projettent incessamment leur lumière et leurs émanations de tous les points de l'espace vers toutes les directions : là est sans doute le fluide impulsif et encore inconnu que la mystérieuse nature met en action pour régulariser la marche de toutes les créations célestes, et produire la stabilité dans tous les mondes.

C'est à dégager cet inconnu que les savants modernes devraient, surtout, appliquer leurs méditations et leurs efforts.

M. de Humboldt (vol. III du *Cosmos*) s'exprime ainsi :

« Si les courants électriques développent les forces
« magnétiques ; si le soleil lui-même, suivant une hypó-
« thèse d'Herschell, est dans un état perpétuel d'aurore
« boréale, c'est-à-dire dans un orage électro-magné-
« tique, il ne paraîtra pas trop hasardé de supposer que
« dans l'espace aussi la lumière du soleil soit accompa-
« gnée de courants magnétiques. »

Les lois de l'attraction, ou de l'impulsion, sont aujourd'hui reconnues comme régulateurs des mouvements entre les soleils doubles et multiples semés dans l'espace.

Il faut que cette force soit bien extraordinaire pour

agir sur Neptune à une distance trente fois plus grande
que celle de la terre au soleil, et même à une distance
vingt-huit fois plus considérable encore que cette dernière, puisqu'elle a ramené dans notre système solaire la
grande comète de 1680, qui s'en était éloignée de 11,800
millions de myriamètres (28,500 millions de lieues).

La 61e étoile du Cygne indique que la même loi
régit son mouvement à une distance de 18240 fois celle
de Neptune au soleil.

L'action de la chaleur rayonnante est considérée
comme moins problématique que les agents de l'élec-
tro-magnétisme s'exerçant dans l'espace. La chaleur
émise par les étoiles est une ancienne opinion, et a conduit quelques savants modernes à l'appréciation de la
température de l'espace; mais, quant à présent, les résultats annoncés diffèrent trop pour y avoir confiance.

Les inégalités qui affectent les mouvements planétaires avaient d'abord été objectées aux lois de Kepler;
mais Laplace a prouvé qu'elles en étaient, au contraire,
confirmées, parce que ces perturbations provenaient
des attractions mutuelles et réciproques des planètes
selon leurs positions relatives, le mouvement des unes
s'augmentant quand celui des autres diminue.

Ce sont de longues périodes, après lesquelles l'ordre primitif se rétablit, pour être troublé de nouveau
par les mêmes causes et avec les mêmes effets, qui se
succèdent éternellement.

L'attraction de la lune, qui agit fortement sur les
grandes masses d'eau comme celles de l'Océan, a peu
d'effet sur les mers resserrées, et encore moins sur les
éléments gazeux de notre atmosphère.

Les grandes masses de montagnes faisant dévier le
fil à plomb, on en conclut leur densité comme pour

les planètes dont les forces perturbatrices ont pu être observées. *Voyez* Atome, Pesanteur, Gravité.

AURÉOLE.

Les corps lumineux paraissent entourés d'une auréole dont l'intensité et l'étendue dépendent de l'état atmosphérique au moment de l'observation de ce phénomène.

Les couronnes colorées sont très-fréquentes autour de la lune, et sont engendrées par les vapeurs humides en suspension ; les mêmes causes produisent aussi les halos solaires ; mais les auréoles qui ont surtout fixé l'attention des astronomes sont les couronnes, simples ou doubles, observées pendant les éclipses totales de soleil.

Alors le disque de la lune est débordé par un cercle lumineux dont l'intensité s'affaiblit de plus en plus vers les limites mal terminées, et sillonnées de rayons d'un éclat plus vif ; lors de l'éclipse du 8 juillet 1842, cette auréole paraissait séparée en deux parties concentriques, dont l'intérieure était plus éclatante et presque uniforme, tandis que la couronne extérieure s'affaiblissait insensiblement vers les bords les plus éloignés du centre.

Dans l'éclipse du 28 juillet 1851, l'auréole n'a pas paru divisée en deux zones, mais s'affaiblir insensiblement depuis le disque de la lune jusqu'aux bords extérieurs.

AURORE.

Sa durée varie, comme celle du crépuscule, suivant les lieux et les saisons ; à Paris, vers le 25 juin au solstice d'été, elle succède immédiatement à celui-ci, parce que le soleil ne descendant pas alors à plus de 17° et demi sous l'horizon, les couches supérieures de l'atmosphère peuvent encore nous en réfléchir la lumière. Les astronomes arabes avaient calculé que cet effet de réfraction commençait quand le soleil était encore à 19° sous l'horizon. *Voyez* CRÉPUSCULE.

AURORE BORÉALE.

On croit que ce phénomène lumineux, presque journalier aux régions polaires, est produit par le dégagement de l'électricité dans l'atmosphère.

Les lueurs blanchâtres et parfois rosées de cette illumination semblent généralement partir des couches inférieures de l'horizon, et se diriger obliquement vers le nord-est en larges traînées ascendantes, quelquefois en aigrettes plus brillantes qui se détachent sur le fond moins éclairé ou tout à fait obscur du ciel.

Parfois aussi les jets lumineux se produisent des hautes couches vers l'horizon.

A Paris, mais rarement, on a le spectacle de cet étrange phénomène, imitant la lueur d'un incendie lointain.

Aux États-Unis, où ces phénomènes ont été soigneusement observés, on a reconnu qu'en moyenne, en 1849 comme en 1848, sur cent nuits, il y en a eu trente-neuf avec des aurores plus ou moins intenses; qu'elles sont presque journalières en novembre, ne se montrent pas en juin, et ne descendent pas vers l'orient aussi bas que vers l'occident, où elles ne dépassent guère le 40ᵉ degré de latitude.

Les phénomènes *ordinaires* commencent à la fin du crépuscule sous l'aspect d'une lueur uniforme, et durent jusqu'à dix ou onze heures du soir; mais les aurores à effets *extraordinaires* persistent quelquefois toute la nuit; leurs ondes inférieures précèdent les jets, les arches et les couronnes qui les distinguent.

L'étendue, la vitesse des mouvements, leur apparition *à la même heure* pour des *longitudes* bien différentes, ont fait penser à M. Olmsted que ces aurores boréales sont produites par un corps nébuleux, demi-transparent, inflammable et de nature magnétique, existant autour du soleil, ainsi que dans certaines régions interplanétaires.

La rotation diurne de la terre amènerait alors chaque point des mêmes zones en vue de l'un de ces amas de substances aurorales circulant dans l'espace, et dont l'origine cosmique serait ainsi hors de notre atmosphère.

La nature des matières météoriques, dont la chute a peut-être de l'analogie avec ces phénomènes, semble favorable à cette opinion; néanmoins quelques circonstances, et surtout le bruit qui accompagne souvent ces clartés, ainsi que les décharges électriques, les font considérer comme étant plutôt le résultat de courants magnétiques dirigés de l'équateur vers les pôles par les hautes régions de l'atmosphère, et y revenant par l'intérieur du globe.

AUSTRAL.

Côté de la sphère céleste opposé à celui boréal. L'on dit ainsi : l'hémisphère, les pôles, les constellations australes, pour désigner ces objets invisibles pour nous.

AUTOMNE.

Lorsque, par suite de la translation de la terre autour du soleil, cet astre paraît arriver au point indiqué par le signe de la Balance, les jours sont égaux aux nuits;

c'est l'équinoxe d'automne vers le 22 septembre. Alors commence cette saison, qui nous prépare à l'hiver comme le crépuscule à la nuit.

AVANCE DES ÉTOILES.

Si l'on observe chaque jour le passage du soleil au méridien, on reconnaît que dans vingt-quatre heures il a retardé de quatre minutes environ sur une étoile prise à volonté. Après cent quatre-vingts passages cet astre sera donc d'environ douze heures en retard, et l'étoile de comparaison sera au méridien quand le soleil passera au point opposé, c'est-à-dire au point du ciel répondant aux antipodes du lieu des observations.

Après trois cent soixante-cinq jours un quart la différence est de vingt-quatre heures, et l'étoile aura passé au méridien une fois de plus que le soleil; c'est en quoi consiste l'*avance* des étoiles, qui en réalité n'est qu'une illusion produite par la translation annuelle de la terre, d'où l'on voit changer progressivement la position relative du soleil et des étoiles.

Il en serait de même pour un voyageur qui, faisant le tour du globe, reviendrait au lieu du départ un jour plus tôt ou un jour plus tard, selon qu'il aurait marché pendant une année vers l'orient ou vers l'occident.

Par la même raison une montre réglée au soleil doit avancer de quatre minutes par degré, ou d'une heure par quinze degrés si on la transporte à l'est; elle retarde de la même quantité *sur le soleil* en la portant à l'ouest. Au moyen de chronomètres, c'est-à-dire de montres bien réglées, on peut donc savoir chaque jour de combien de myriamètres on s'est écarté du point de départ, en comparant l'avance ou le retard qu'elles présentent à midi sur le soleil. *Voyez* RETARD.

AXE.

Matériellement, c'est une tige autour de laquelle tourne un globe ou un corps à peu près sphérique.

Astronomiquement, c'est une ligne *supposée* passant par deux points immobiles et par le centre d'un corps céleste en mouvement sur lui-même.

Pour la terre ces points immobiles sont les pôles boréal et austral, à égale distance de son équateur ; l'axe terrestre prolongé va marquer dans le ciel les pôles célestes, autour desquels la rotation diurne de notre globe nous fait croire que toutes les étoiles accomplissent des révolutions journalières, en conservant leurs positions respectives.

Le pôle boréal, seul visible pour nous, est incliné sur l'écliptique de 66° 32′, et sur notre horizon de 48° 50′ 14″, latitude actuelle de Paris.

AZIMUT.

Valeur anglaise souvent employée dans les observations astronomiques.

L'azimut diffère de la hauteur méridienne en ce que celle-ci marque simplement l'élévation d'un astre au-dessus du plan de l'horizon, tandis que l'azimut exprime la mesure de l'angle que fait, à un moment donné avec le méridien du lieu, le plan vertical passant par l'objet dont on veut indiquer la position.

Les azimuts se comptent de 0 à 180° vers l'est ou vers l'ouest, en les rapportant au pôle visible ; ils déterminent les déviations du pendule, depuis les pôles jusqu'à l'équateur.

L'azimut du soleil étant connu, on peut en déduire la déclinaison de l'aiguille aimantée pour chaque lieu.

B

BAILLY (J. SYLVAIN).

Né en 1736, et mort en 1793 sur l'échafaud, après avoir joui d'une grande réputation comme savant, et d'une grande popularité comme maire de Paris.

On lui doit une bonne histoire de l'astronomie, continuée jusqu'en 1781.

Dans ses lettres à Voltaire sur l'origine des sciences et sur l'Atlantide de Platon, il cite un grand nombre de documents historiques et astronomiques qui placeraient dans le Nord la source des connaissances humaines, répandues ensuite, par les envahissements et les émigrations, chez les peuples que nous considérons à tort comme les premiers habitants du monde.

BALANCE (LA) ♎.

Constellation zodiacale, dont les *plateaux* sont indiqués par deux étoiles secondaires, situées à gauche de l'épi de la Vierge, dans la direction de la Lyre.

Cette constellation avait été instituée par les Égyptiens, lorsque, il y a trois mille ans, le soleil arrivait à l'équinoxe d'automne.

Par l'effet de la précession, cette époque remarquable n'a plus lieu que *dans la Vierge*, très-près du Lion.

BALÉINE (LA).

Constellation australe, au-dessous du Bélier ; elle comprend une étoile secondaire, *Menkab*, marquant l'angle d'un parallélogramme dont le petit côté inférieur est terminé par une *tertiaire*, et les autres côtés par deux quartaires; une troisième, de même grandeur, se trouve au milieu du grand côté à droite. Au-dessous de *Menkab* se trouve une autre tertiaire, et ensuite, dans la même direction, l'étoile changeante-nommée *Mira*, un peu au-dessous de l'équateur. Plus loin, sur la même ligne, on voit un grand quadrilatère irrégulier formé par quatre tertiaires; et encore au-dessous, à droite, une secondaire, *Diphda*, qui est à la queue de la Baleine, tournée vers *Fomalhaut*. Voyez Mira.

BANDES DES PLANÈTES.

On peut observer parallèlement à l'équateur de Jupiter deux bandes plus obscures qui se rompent et se dispersent quelquefois sur le disque, en y formant de grandes taches. Cette circonstance fait supposer que des nuages sont emportés dans cette zone par la rotation, et qu'il s'y forme des courants réguliers d'une extrême violence.

Mars et Saturne présentent aussi des lignes semblables.

BAROMÈTRE.

Instrument inventé par Toricelli pour mesurer la pesanteur de l'atmosphère; le mercure qu'il contient dans un tube de verre fait équilibre avec la colonne d'air qui le presse : sa hauteur varie donc suivant les lieux, l'état du calorique, et l'élasticité des couches atmosphériques.

À Paris, le mercure se soutient en moyenne à $0^m,758$ (28 pouces).

Cet appareil est surtout utile dans les observations ayant pour but la mesure des points élevés, ou la hauteur à laquelle on peut parvenir au moyen des aérostats.

Quant aux prédictions qu'on lui demande sur le temps, elles sont fort incertaines, même du jour au lendemain, parce que l'état de l'atmosphère dépend de causes fortuites et de phénomènes multiples qui peuvent *subitement* survenir; cet instrument n'est d'ailleurs pas sensible à certaines combinaisons de l'air occasionnant très-souvent la pluie.

BAYER.

Cet astronome d'Ausbourg a dressé des cartes célestes publiées de 1603 à 1627, et qui sont aujourd'hui très-précieuses, en facilitant l'observation des changements qui ont eu lieu depuis cette époque dans les régions étoilées.

BÉLIER (LE) ♈.

C'est la première des constellations du zodiaque, dont le signe annonçait autrefois l'équinoxe du printemps, qui a lieu maintenant dans le signe des Poissons; elle se distingue par deux tertiaires voisines situées au-dessous des étoiles d'Andromède, et dont la direction prolongée traverse la constellation du Cocher, au-dessous de la Chèvre.

BISSEXTILE (ANNÉE).

Depuis Jules César, qui avait admis une année solaire de trois cent soixante-cinq jours un quart, on intercalait un jour tous les quatre ans pour faire accorder l'année civile avec les phénomènes célestes; mais comme le rapport était de $10^m\ 48^s$ trop fort par année, ces bissextiles, après plusieurs siècles, avaient produit une grande discordance.

Pour y remédier, le pape Grégoire XIII, en 1582, ordonna de retrancher dix jours de cette année, et de supprimer à l'avenir la dernière bissextile de chaque siècle dont le nombre ne pouvait pas se diviser par quatre. Ainsi la bissextile de 1600 fut conservée, non celles de 1700, 1800 et 1900; mais celle de l'an 2000 sera maintenue, et ainsi par la suite.

Ces corrections approchent de l'exactitude, sans néanmoins y arriver complétement.

Il résulte de l'intercalation des bissextiles que la nouvelle année ne commence jamais en réalité, comme on le croit, après minuit le 31 décembre; ni le nouveau siècle à la fin de la dernière année du précédent; mais toujours quelques heures après.

Les Russes et les Grecs schismatiques, qui n'ont pas admis la réforme grégorienne, ont maintenant une année qui commence douze jours plus tard.

BOLIDE.

On désigne particulièrement ainsi les corps lumineux plus connus sous le nom d'étoiles filantes. Ces météores extra-atmosphériques paraissent d'une nature planétaire, et formés de molécules qui ne se sont pas originairement réunies aux masses des planètes principales.

Des chocs fortuits résultant de leur nombre prodigieux et de leur petitesse amènent quelquefois ces corps dans notre atmosphère, d'où ils tombent sur la terre, sous la forme de pierres, d'éclats ou de poussière. *Voyez* AÉROLITHES et ÉTOILES FILANTES.

BORÉAL.

Le pôle ainsi nommé est celui visible dans nos climats. Les constellations boréales paraissent tourner autour de l'étoile polaire, et sont plus ou moins longtemps sur l'horizon de Paris, selon qu'elles sont plus près ou plus loin de ladite étoile.

BOUSSOLE.

L'aiguille aimantée a la propriété de se diriger vers le nord avec des variations à peu près constantes pour un même lieu, dans la même année; la boussole, où l'on a disposé convenablement une de ces aiguilles au centre d'une rose des vents, cadran horizontal divisé en trente-deux parties égales, guide les marins dans leurs voyages, sert à obtenir la méridienne, et à beaucoup d'autres opérations géodésiques.

BOUVIER.

Cette constellation est remarquable surtout par son étoile de première grandeur, *Arcturus,* dont la queue de la grande-Ourse prolongée donne la position. Au nord-est de cette brillante étoile sont quatre tertiaires et une quartaire formant un pentagone irrégulier; une autre tertiaire, nommée *le Cœur de Charles,* située beaucoup plus à droite, vers la grande Ourse, marque le cou d'un des lévriers que le Bouvier tient en laisse, dans les figures représentant cette constellation.

BRADLEY.

L'un des premiers astronomes de l'Angleterre, né en 1692 et mort en 1762. C'est à lui qu'on doit la découverte des phénomènes de l'aberration et de la nutation.

Nommé directeur de l'Observatoire royal, il refusa

l'augmentation de traitement que la reine Anne voulait lui faire, parce que, disait-il, « si la place valait trop, ce ne serait plus un astronome qu'on choisirait pour la remplir ! »

C'

CADRANS SOLAIRES.

Le changement perpétuel de la déclinaison apparente du soleil rend un peu inégaux les angles horaires, si ce n'est aux solstices, seules époques où *midi soit le milieu du jour*.

La première moitié ; à l'équinoxe de printemps, est plus courte de $1^m 12^s$ que la deuxième ; à l'équinoxe d'automne, c'est le contraire ; c'est-à-dire qu'il s'écoule $1^m 12^s$ de moins ou de plus entre le moment où le soleil apparaît et celui où il est au méridien, qu'entre cet instant et le moment où il semble se coucher.

Au moyen d'un gnomon, ou tige fixée sur un plan horizontal, on peut reconnaître ces quatre époques par la grandeur de l'ombre donnée par cette tige à midi. Cette ombre est plus courte le jour du solstice d'été qu'à toute autre époque ; au solstice d'hiver l'ombre méridienne est, au contraire, la plus longue.

Si autour de ce gnomon on a tracé une ou plusieurs circonférences, qu'à droite et à gauche de la ligne marquée *par l'ombre à midi* on ait tiré des rayons, comprenant entre eux des arcs de 15° et autant de rayons intermédiaires, un tel cadran donnera les heures et les demi-heures avant comme après midi.

On connaît un grand nombre de procédés pour établir de tels instruments, soit sur des surfaces horizontales, soit sur des murs, soit sur des plaques portatives : pour ces dernières il faut avoir égard à la latitude du lieu où l'on veut les placer, afin d'en orienter la tige parallèlement à l'axe de la terre et dans le plan de la méridienne. L'ignorance de ces conditions rendit inutile à Rome celui que Valérius Messala y avait apporté, et qui avait été construit pour la ville de Catane en Sicile : en l'absence du soleil, les Romains ne connaissaient alors les heures qu'au moyen de sabliers et de clepsydres, d'un usage fort incertain.

Il n'est pas douteux que les Égyptiens et les autres anciens peuples ne connussent l'art de construire des cadrans, malgré qu'on n'en ait encore retrouvé aucune trace ; car Plutarque rapporte qu'ils se servaient, pour mesurer la hauteur du pôle, d'une tablette faisant un angle aigu sur un plan. On connaissait ces cadrans dans la Judée plus de 800 ans avant J.-C., puisque, selon Isaïe, *Dieu fit rétrograder l'ombre sur le cadran d'Achaz.*

On lit dans Hérodote que les cadrans solaires furent apportés de Babylone dans la Grèce ; c'est aussi de cette ville que, pendant leur captivité, les Juifs tirèrent leurs notions astronomiques.

Le *cadran équinoxial* se compose d'un plan parallèle à l'équateur et percé d'une tige perpendiculaire, dont l'ombre marque les heures sur le cercle, divisé de 15 en 15° en dessous comme au-dessus. Le jour des équinoxes le soleil à midi n'éclaire que le bord du cadran, et, selon que la déclinaison de l'astre est boréale ou australe, on lit les heures dessus ou dessous le cadran pendant toute la journée. Le plan de six heures est perpendiculaire à la méridienne, c'est-à-dire forme sur le cadran des angles droits de chaque côté avec cette ligne, qui est horizontale, puisque le méridien est un plan vertical.

Rien n'est plus simple que la construction d'un tel cadran sur un papier transparent ou sur une glace; pour s'en servir il faut le placer de manière que la tige soit parallèle à l'axe de la terre, c'est-à-dire qu'elle soit inclinée suivant la hauteur du pôle (à Paris de 48° 50′ 14″), et que l'ombre, *à midi*, tombe sur la ligne tracée perpendiculairement à celle de six heures. *Voyez* MACHINE PARALLACTIQUE.

CALENDES.

Chez les Romains le premier jour du mois se nommait calende, d'où est venu le nom de calendrier pour indiquer la répartition des jours et des fêtes de l'année.

Les *nones* étaient le 5, et les *ides* le 13; les autres jours se désignaient en rétrogradant. Ainsi l'on disait : le deuxième, le troisième jour des calendes d'avril, pour indiquer les 31, 30 mars, et de même jusqu'au 14, à l'exception des mois de mars, mai, juillet et octobre, où la rétrogradation n'avait lieu que jusqu'au seizième jour.

Le deuxième jour des nones était le 4, le troisième le 3, etc.

Le deuxième des ides était le 12, le troisième le 11, etc., etc. Dans les quatre mois ci-dessus les nones étaient le 7 et les ides le 15; on les comptait toujours de même en rétrogradant; les *calendes* seules ne changeaient pas de date; elles avaient seulement deux jours de moins dans les mois ci-dessus.

CALENDRIER.

Ptolémée attribue aux *anciens astronomes* une période de dix-neuf mille cent cinquante-six jours, pendant laquelle la lune avait à faire six cent soixante-neuf révolutions pour se rapporter à la même position dans le soleil.

Geminius, astronome du temps de Sylla, a laissé des éléments d'astronomie dans lesquels il fait remonter cette période aux Chaldéens, avant l'école d'Alexandrie.

Les Égyptiens ne comptant que trois cent soixante-cinq jours pour leur année civile, divisée en douze mois de trente jours, en ajoutaient cinq à la suite du dernier mois, comme on l'avait fait sous la première république française. Ils retrouvaient la différence d'environ six heures, négligée par année, après une période de quatorze cent soixante et un ans, dite *sothiaque*. Alors l'année civile et l'année solaire recommençaient en même temps.

Chez les Grecs on suivait une année *luni-solaire* de trois cent cinquante-quatre jours, avec des intercalations de trois mois en huit années, pour faire accorder les mouvements de la lune et du soleil.

La période de dix-neuf ans que Méton proposa aux Athéniens, et qu'on nomma le nombre d'or, avançait d'un jour sur le cours de la lune après soixante-seize ans; on la corrigea en établissant une autre grande période de quatre cycles.

Le calendrier musulman est lunaire, avec des mois de 29 et de 30 jours alternativement; mais on est obligé d'y intercaler onze jours en trente ans, en faisant de 30 jours les derniers mois de onze années.

Les Perses intercalaient huit jours tous les trente-trois ans, pour faire accorder l'année civile avec l'année solaire; ce qui suppose qu'ils donnaient à cette dernière année une valeur encore plus exacte que celle du calendrier grégorien.

Les Romains, sous Romulus, avaient une année de dix mois, auxquels Numa en ajouta deux avec des intercalations compliquées, qui les firent négliger de telle sorte que J. César, deux années après celle dite *de confusion*, fut obligé, pour rétablir la concordance, d'ajouter quatre-vingt-dix jours entre novembre et décembre; de sorte que cette année (celle 708 de Rome, 45 ans avant notre ère) fut de 445 jours. Trente-six ans après, Auguste fut obligé de retrancher d'une année douze jours pour autant de bissextiles intercalées de trop, depuis la réformation de J. César, par l'erreur des prêtres chargés de sa surveillance. Le calendrier *Julien* fut enfin réformé en 1582 par le pape Grégoire XIII, tel qu'il est maintenant en usage chez les chrétiens, sauf chez ceux du rit grec, dont l'année commence aujourd'hui douze jours plus tard. D'après cette réforme, il n'y a plus qu'une différence de trois jours en trop sur cent siècles entre les années civiles et celles astronomiques.

Avant Charles IX, l'année commençait le jour de Pâques, que les décisions de l'Église ont fixé au premier dimanche après la pleine lune de mars.

Pour établir notre calendrier, on prend d'abord la lettre *dominicale*, qui règle la dénomination de chaque jour; puis le *nombre d'or*, qui fait connaître *l'épacte*, d'où résultent les néoménies de mars et d'avril, et par conséquent le jour de Pâques; enfin on distribue les fêtes mobiles à la distance convenue.

CALORIQUE.

Le *calorique* est l'âme de la nature ; c'est la cause première de la vie et du mouvement dans tous les corps. Les rayons du soleil en sont les agents à la surface de la terre, où tout serait en congélation s'ils cessaient d'y arriver pendant quelques semaines, malgré la chaleur interne qui s'accroît d'un degré par environ trente-deux mètres de profondeur, sans qu'on puisse savoir à quel point s'arrête cette progression.

On a recherché si la température avait changé *depuis les temps historiques*, et l'on a employé à cet effet le thermomètre végétal, qui permettait ces observations : la comparaison des cultures de la Judée, de quelques points de l'Italie et de l'Espagne, semble répondre négativement.

Le mouvement moyen de la lune et la durée du jour sidéral ne paraissent pas avoir diminué non plus, comme cela aurait eu lieu si le volume de la terre avait subi cet effet inévitable du refroidissement, depuis les premières observations recueillies.

Il est généralement admis cependant que la formation des montagnes est plutôt l'effet des affaissements que des soulèvements à la surface du globe ; que des pays maintenant à sec, par la retraite des eaux qui les couvraient, *ne sont pas disloqués*, et qu'ainsi le niveau des mers a dû s'abaisser.

On comprend, d'un autre côté, que la haute température existant sur toute la terre à l'époque de sa consolidation, a éprouvé une décroissance progressivement plus forte depuis les contrées équatoriales jusqu'aux régions polaires, dont le rayon est moins considérable, et qui d'ailleurs sont alternativement privées du soleil pendant plusieurs mois ; tandis que sa présence continuelle aux régions tropicales y entretient la chaleur primitive, ou, tout au moins, en retarde un peu la déperdition.

Il est certain que la production des glaces, soit aux pôles, soit aux grandes élévations du globe, *n'est pas originaire;* que les contrées hyperboréennes sont, au contraire, celles où les végétaux, les animaux et la race humaine ensuite, ont dû primitivement s'établir et se multiplier, pour s'étendre plus tard vers les régions méridionales, devenues plus tempérées quand les pôles se furent refroidis dans une proportion beaucoup plus grande.

Par l'effet de la position, la température des pôles a pu s'abaisser, d'*un degré* par exemple, quand le climat de la Judée et des parties méridionales de l'Espagne ou de l'Italie ne s'affaiblissait pas d'*un trentième* de degré. Les cultures de ces pays peuvent donc être à peu près les mêmes aujourd'hui qu'il y a deux mille ans, sans que cette considération soit d'un grand poids contre le système du refroidissement général, et de la diminution successive dans le volume de notre planète.

Qu'est-ce, en effet, que cette courte durée d'observations incertaines, comparativement aux longues périodes que la géologie sait reconnaître et nous montrer dans la constitution physique de la terre ?

La même considération peut aussi répondre aux arguments tirés de la permanence des mouvements lunaires et du jour sidéral, depuis les observations auxquelles on compare celles d'aujourd'hui ; car, si peu sensibles que soient les différences, elles n'en sont pas moins réelles.

La stabilité du globe, depuis les traditions les plus

anciennes, ne dément pas davantage les cataclysmes antérieurs, dont les effets sont sous nos yeux dans les nombreux systèmes de montagnes, comme dans les végétaux fossiles dont l'apparition a précédé les premiers êtres organisés.

Ne sait-on pas, au surplus, que les glaces du Nord tendent à s'accroître, que la vie et la végétation y disparaissent insensiblement avec le calorique, et que ces contrées deviennent de plus en plus inhabitables?

La géologie a bien constaté que des *glaciers actuels* sont d'une date récente, et qu'ils ont eu plus d'extension dans les vallées des Alpes, des Pyrénées, des Vosges, de l'Écosse, même sur de hautes montagnes où l'on ne trouve plus que les traces irrécusables de leur existence; mais c'était à l'époque de la vie du globe où la quantité de neige tombée l'hiver dépassait la quantité qui se fondait pendant l'été.

Alors l'Europe était presque submergée, les montagnes formaient des îles où l'humidité et le froid étaient bien plus grands qu'après l'*émersion* de notre continent, par l'affaissement de certaines parties, la retraite des eaux dans des cavités, et l'*immersion* d'autres terres auparavant à sec.

De longues périodes pendant lesquelles se sont accomplis les grands changements à la surface de la terre, par suite de son refroidissement, ont précédé l'époque actuelle.

Des continents alternativement submergés et émergés, disloqués ou soulevés, gardent ainsi la trace des glaciers disparus sous les eaux, et reparus après leur dernière retraite. L'emplacement de ces glaciers, aujourd'hui cultivé et habité, n'en indique pas moins aux géologues leur ancienne existence.

Les *causes actuelles* continuent leur action, mais la masse intérieure, peut-être encore liquide et ardente, est maintenant enveloppée d'une croûte assez épaisse, assez consolidée pour qu'elle se maintienne à la même température, ou que les effets de son refroidissement ne se fassent pas sentir à la surface.

Les espaces raréfiés où la terre et toutes les planètes accomplissent leurs révolutions, s'emparent continuellement du *calorique* qu'elles laissent échapper ; la température, par cela seulement, doit s'y abaisser.

CANCER.

Le tropique de ce nom est un cercle imaginaire que le soleil paraît décrire *au solstice d'été*, à 23° 28′ du pôle boréal.

C'est l'époque où cet astre paraît à la plus grande hauteur pour notre hémisphère.

La constellation du Cancer, ou de l'Écrevisse, est la moins apparente du zodiaque ; une quartaire, *Sertan*, se trouve dans la direction qui va du cœur de l'Hydre aux têtes des Gémeaux ; plus haut sont deux autres quartaires, δ et ν, nommées les Anes, entre lesquelles, et au moyen d'une faible lunette, on peut distinguer un grand nombre de petites étoiles. — Ce groupe est désigné sous le nom de la *Ruche d'abeilles* ou de *l'Étable*, et ne présente à l'œil nu qu'une faible tache nébuleuse.

CANICULE.

Dans les temps anciens, le lever héliaque de Sirius, alors nommé Sothis, grand Chien, ou *Canicule*, annonçait aux Égyptiens la prochaine inondation du Nil, vers le 20 juin.

Aujourd'hui, par la précession des équinoxes, ce phénomène n'a lieu que vers le 1er août; 300 ans avant J.-C. il n'arrivait que vers le 20 juillet, époque à laquelle commençaient les jours qu'on appelait *caniculaires*.

CANOPUS.

Étoile de la constellation du Navire, et la plus belle de l'hémisphère austral : ainsi que Sirius, elle annonçait l'inondation du Nil par son lever héliaque avec les étoiles du Lion.

CAPRICORNE (LE).

Le tropique ainsi nommé est opposé à celui du Cancer, et à la même distance du pôle austral que ce dernier est du pôle boréal; il marque le *solstice d'hiver*, où le soleil paraît être vers le 25 décembre.

La constellation du Capricorne a deux étoiles de troisième grandeur très-voisines, sur la ligne qui unirait l'Aigle à la Lyre; la plus haute de ces étoiles, *Giédi*, est double. Une autre quartaire se trouve entre celles-ci et Fomalhaut du Poisson austral.

CARDINAUX (POINTS).

La ligne méridienne, c'est-à-dire la direction de l'ombre à midi, indique au côté opposé le nord, où se trouve à peu près l'étoile polaire. L'observateur qui regarde le midi, a l'orient à sa gauche et l'occident à sa droite.

Ces quatre points sont à 90° l'un de l'autre; les lignes qui les unissent sont donc perpendiculaires entre elles.

CARTES CÉLESTES.

Ces plans, ou projections astronomiques, ont pour objet la représentation exacte des étoiles ou des nébu-

leuses, dans la situation relative qu'elles occupent.
Quand ces cartes sont bien établies, elles donnent le
moyen de reconnaître plus tard tous les changements
qui ont pu s'effectuer dans la position ou la forme de
ces objets célestes. Ce furent Aristille, Timocharis et
ensuite Hipparque qui entreprirent les premières cartes,
lesquelles, malgré leur imperfection, sont aujourd'hui
très-précieuses.

Le dernier de ces astronomes a fait aussi une carte
du monde alors connu, d'après une précédente d'Ératosthène et ses propres observations.

Des cartes plus modernes et plus exactes ont déjà fait
connaître des modifications importantes survenues dans
le mouvement des étoiles et dans la forme de certaines
nébuleuses.

Les cartes du soleil et de la lune indiquent, jour par
jour, la place occupée par ces astres, les inégalités de
leurs mouvements, et tout ce qui peut intéresser les
marins et les astronomes.

Au moyen des lunettes dont on peut disposer aujourd'hui, il a été fait des *cartes* topographiques où les
moindres particularités de la constitution de la lune
sont indiquées. Ainsi l'on pourra constater à l'avenir
toute espèce de changements, s'il en survenait à la surface de notre satellite. *Voy.* pl. Ire, fig. 2.

CASSINI (DOMINIQUE).

Né en 1625, et sous Louis XIV le premier directeur
de l'Observatoire, où il fit de nombreuses et importantes découvertes.

Son fils et son petit-fils se firent aussi connaître par
des travaux remarquables : c'est à ce dernier qu'on
doit les cartes de France connues sous ce nom.

CASSIOPÉE (LA CHAISE).

Cette constellation est toujours en opposition à la grande Ourse, et de l'autre côté de l'étoile polaire.

Elle a une étoile de première grandeur, quatre tertiaires et une quartaire, disposées en forme de chaise renversée, ou plutôt de deux triangles ayant un angle commun.

CASTOR.

Étoile primaire de la constellation des Gémeaux, située au nord et à la tête de l'une de ces figures, dans les cartes qui les représentent.

Cette belle étoile fait avec Aldébaran et la Chèvre un grand triangle presque isocèle, dont la dernière occupe le sommet de l'angle obtus.

CATALOGUES.

Afin de reconnaître les changements opérés dans les cieux après un certain temps, les astronomes se sont dévoués dès la plus haute antiquité à des travaux immenses pour constater le nombre, l'intensité lumineuse et la position des étoiles, que l'on considérait comme fixées à la voûte mobile que l'on voyait tourner chaque nuit d'un point de l'horizon au point opposé.

Aristote avait déclaré les cieux *incorruptibles*, c'est-à-dire non sujets à se modifier dans la forme et la nature des astres, dont le mouvement paraissait si régulier.

Cependant une très-brillante étoile qui se montra tout à coup du temps d'Hipparque, 138 ans avant notre ère, lui fit consacrer la plus grande partie de sa vie à composer un catalogue que Ptolémée a inséré dans l'Almageste, et qui comprend mille vingt-cinq étoiles et cinq nébuleuses.

Ce nombre n'est qu'à peu près le quart des étoiles qu'on pouvait voir à l'œil nu, sous le parallèle d'Alexandrie; mais il est à peu près complet pour celles de la première à la quatrième grandeur.

Ce catalogue avait trois divisions pour chaque grandeur, que les astronomes modernes distinguent par 10⁰ˢ.

Aristylle et Timocharis paraissent avoir précédé Hipparque dans cette entreprise, mais avec beaucoup moins d'exactitude.

Le catalogue qu'Ulug-Beg, astronome arabe, fit en 1437, constatait déjà d'importants changements avec les tables de Ptolémée.

En 1600, Ticho-Brahé, avant l'invention des lunettes, et à l'occasion de l'étoile qui parut de son temps dans la constellation de Cassiopée, avait établi un catalogue plus complet que tous les précédents.

Dans ces derniers temps, les travaux se sont étendus et perfectionnés; maintenant les cartes célestes contiennent plus de *cent mille étoiles* des deux hémisphères jusqu'à la dixième grandeur, de sorte que le déplacement des plus petites peut être aussitôt reconnu. C'est ainsi que les petites planètes, ayant en général l'apparence d'étoiles de *neuvième* grandeur et qui ne pouvaient être aperçues autrefois, sont aujourd'hui successivement découvertes par d'infatigables observateurs.

Les catalogues de nébuleuses dressés par Herschel, Messier et autres astronomes, contiennent plus de deux mille quatre cents de ces amas de matière diffuse, que les instruments actuels changent presque tous en étoiles distinctes groupées sous des formes différentes, mais dans lesquelles cependant on entrevoit des dispositions à s'arranger autour d'un ou de plusieurs centres de gravité.

Il existe aussi des *catalogues* de toutes les comètes qui ont pu être observées, et dont sept ou huit seulement ont des éléments assez bien déterminés pour en prédire le retour.

CAVENDISH.

Célèbre chimiste anglais, né en 1753, auquel on doit les belles expériences d'où l'on a pu déduire la densité moyenne de la terre.

CENTRE DE GRAVITÉ.

Lorsqu'un corps tourne autour d'un autre, ce mouvement s'effectue suivant les lois de la mécanique, proportionnellement aux poids et aux masses respectives.

Ainsi la terre étant la 355e millième partie de la masse solaire, le centre de sa gravité, c'est-à-dire le point immuable autour duquel a lieu sa circulation, se trouve placé à 38^{myr},80 (97 lieues) seulement du centre du soleil, distance égale à la 3,555e partie de son diamètre, *à partir de ce point*; ou, en d'autres termes : l'attraction du soleil est égale à celle de trois cent cinquante-cinq mille globes terrestres réunis.

Le centre de gravité de notre monde planétaire n'est pas non plus au centre du soleil, mais il varie selon les positions de Jupiter et de Saturne, qui sont les masses les plus fortes; ainsi le centre de gravité est tantôt dans le corps du soleil, et plus souvent à côté de sa circonférence.

On a cherché à déterminer le centre de gravité autour duquel se meut l'ensemble de notre système : Argelander croit le trouver dans la constellation de Persée;

Madler, dans le groupe des Pléiades, vers Alcyone, au-dessus du Taureau; mais, dans l'état actuel des observations, ces conjectures sont au moins prématurées.

CENTRE DE LA TERRE.

La distance des étoiles est si prodigieuse, qu'on les voit toujours dans la même situation relative, de tous les points du globe; mais il n'en est pas ainsi du soleil et des autre corps célestes dont la position dans l'espace paraît différente, selon les lieux d'où on les observe.

Pour qu'on puisse comparer et utiliser au besoin les observations de chaque lieu, on les suppose toutes *faites du centre de la terre.*

Son rayon étant connu, de simples calculs suffisent à tous les astronomes pour rapporter à leur résidence ce qui a été vu de tout autre point du globe. *Voyez* DENSITÉ.

CENTRIFUGE (FORCE).

On désigne ainsi la disposition des corps à s'écarter du cercle qu'une action combinée leur fait décrire autour d'un centre d'attraction.

Lorsque dans son mouvement rectiligne un corps reçoit un choc, il prend aussitôt, suivant les lois de la mécanique, une direction oblique ou curviligne, selon le point qui a été frappé.

Si c'est une force attractive qui oblige ce corps à dévier de sa route primitive, il se meut alors dans une courbe ou section conique, déterminée par la puissance qui l'attire et par l'impulsion primitivement reçue.

Que l'attraction vienne à cesser ou à diminuer, la

force centrifuge, c'est-à-dire l'impulsion première, reparaît, et le mobile reprend sa direction originaire, ou bien la courbe se modifie.

Ainsi le mouvement ne se perd jamais.

Dans le maniément d'une fronde, c'est la *force centrifuge* qui tend les cordons et qui lance la pierre, dès que la *force centrale* qui la faisait tourner cesse de la retenir. Plutarque a employé cette figure pour expliquer comment la lune est forcée de circuler autour de la terre.

Cette force est proportionnelle au carré de la vitesse transmise. Ainsi, une corde qui retient une boule tournant avec une vitesse de cinquante mètres par seconde, devrait être *quatre fois plus forte* pour ne pas rompre, si la vitesse venait *à doubler.*

Dans un sphéroïde en mouvement, si les molécules fluides ou mobiles s'élèvent par la vitesse de rotation jusqu'au point où, vers l'équateur, la force centrifuge balance la pesanteur, ces molécules s'échappent dans l'espace comme si elles étaient lancées par un volcan, et vont décrire à distance des ellipses plus ou moins allongées.

Il suffirait que la vitesse de rotation devînt *dix-sept fois* plus grande à l'équateur terrestre, pour produire un tel effet. Le point où, dans ce cas, la force centrifuge se manifesterait, ne peut s'étendre au delà du tiers de l'axe des pôles de rotation; mais il peut être moins haut, selon la rapidité du mouvement.

On doit concevoir que nos pôles étant plus aplatis que les régions équatoriales, la force centrifuge est moins grande aux premiers points qu'aux derniers, où d'ailleurs la vitesse de rotation est la plus considérable. On comprend aussi que cette force soit différente selon les latitudes, ou, en d'autres termes, qu'elle soit proportionnelle aux distances de la surface au centre, c'est-à-dire aux rayons, dont la longueur diminue progressivement, de l'équateur jusqu'aux deux pôles.

Les expériences du *pendule* prouvent la vérité de cette théorie. Voyez ce mot.

CENTRIPÈTE (FORCE).

Puissance dont le principe est encore inconnu, et qui retient les molécules de tous les corps autour de leur *centre de gravité*. Les lois de l'*attraction newtonienne* exigent que cette force centrale soit proportionnelle aux masses et en raison inverse du carré des distances. Sur notre globe un objet d'un poids quelconque à l'équateur pèsera donc davantage si on le transporte à l'un des pôles, puisque la surface de la terre est plus près du centre, à ces derniers points, qu'au premier, originairement renflé par la rotation.

CÉPHÉE.

Petite constellation boréale entre Cassiopée et les étoiles du Dragon. Elle se distingue principalement par trois tertiaires, disposées en arc dont la convexité est tournée vers le corps du Dragon; une autre tertiaire se trouve encore à droite, vers la tête de cette dernière figure.

CERCLE.

Ligne courbe dont tous les points sont également éloignés d'un centre commun.

Astronomiquement, on appelle ainsi des traces figurées dans la sphère céleste pour indiquer la position des astres à un moment donné, ou leur marche dans l'espace.

Les méridiens sont des *cercles* qui coupent perpendiculairement l'équateur, et servent à indiquer la longitude des lieux correspondants, de même que les degrés de latitude parallèles à l'équateur indiquent la distance à ce *cercle principal*, dans les cieux et sur la terre.

Les cercles *horaires*, passant tous par les pôles et par l'équateur, coupent le globe en deux parties égales ; la ligne courbe perpendiculaire à l'horizon est le méridien du lieu où se trouve l'observateur.

Le cercle *mural* fixé sur un axe horizontal et dans le plan du méridien fait connaître instantanément la hauteur d'un astre, sa déclinaison, et l'instant de son passage au méridien. Abu-Mohamet se servait d'un sextant colossal, où le soleil marquait à midi, *par un tuyau* disposé dans la voûte de l'observatoire, le complément de sa hauteur.

Le *cercle répétiteur de Borda* se compose d'une lunette mobile autour d'un axe commun à deux cercles dont l'extérieur gradué est fixe, et l'intérieur mobile avec la lunette. Le bras qui porte un vernier est garni de deux armatures, au moyen desquelles il peut s'ajuster avec l'un des cercles, ou s'en détacher à volonté.

En faisant un grand nombre d'observations alternatives avec ces deux systèmes, toutes les erreurs se compensent, et l'on obtient alors une moyenne fort exacte.

Le *cercle de réflexion* est comme le sextant ; mais il est complet et ordinairement muni de trois verniers, pour lire à distance les degrés marqués alentour de trois manières, ce qui évite ainsi toute chance d'erreur.

CÉRÈS.

La première des petites planètes, dites astéroïdes, qui fut découverte par Piazzi, le premier jour du dix-neuvième siècle.

Herschell croyait son diamètre de 20 myriamètres (50 lieues) seulement ; mais, selon les observations de Schrœter, il serait au moins cinq fois plus grand.

Sa distance au soleil est de deux fois et quatre cinquièmes celle de la terre à cet astre, et la durée de sa révolution d'environ 1681 jours.

CHALEUR DU GLOBE.

En sondant ou en pénétrant dans l'intérieur de la terre, on peut remarquer que la chaleur s'accroît d'un degré par 32 mètres environ, sans toutefois que la progression soit partout régulière.

Cette augmentation n'est certainement pas continuée proportionnellement jusqu'aux parties les plus centrales, dont nous ne connaîtrons jamais l'état véritable : toutefois, il est aujourd'hui généralement admis que le refroidissement des couches plus profondes a dû occasionner successivement et par périodes les irrégularités de la croûte terrestre, qui s'était d'abord formée à la surface.

Il est incontestable qu'à une certaine époque le globe entier était incandescent, et qu'aucune partie de sa surface n'était glacée, comme actuellement sous les pôles et sur les points très-élevés ; l'atmosphère devait être alors bien plus chargée de vapeurs.

On peut donc trouver dans ces circonstances la cause du développement et des immenses dépôts de végétaux fossiles, appartenant aux périodes qui nous ont précédés sur la terre.

Depuis ces périodes primitives, pendant lesquelles se sont effectués les retraits, les affaissements, les ruptures, les ondulations et les excavations qui ont changé la face du globe, les couches situées au-dessous de la surface actuelle paraissent avoir acquis un état de stabilité et de température qui tend sans cesse à s'égaliser.

Des tremblements de terre, des éruptions volcaniques, des projections sous-marines, annoncent bien encore un état d'incandescence sur quelques points peu éloignés de la surface ; mais il ne se produit plus de dislocations pareilles à celles qui ont dû former les nombreux systèmes de hautes montagnes dans toutes les parties du monde.

Depuis deux mille ans, la température des latitudes les plus exposées aux rayons du soleil ne paraît pas avoir varié, puisque les mêmes productions se retrouvent encore aux mêmes lieux, et que les plus anciennes observations lunaires sont encore à peu près exactes aujourd'hui ; ce qui n'aurait pas lieu, si le volume de la terre avait diminué *sensiblement*.

CHAMP DES LUNETTES.

C'est l'espace circulaire que l'ouverture ou l'objectif de ces instruments peut embrasser, et qui se rétrécit à mesure qu'on augmente la force des oculaires, en concentrant la vision sur un point plus restreint.

CHANGEANTE.

On indique ainsi les étoiles dont l'éclat ou la couleur varie, soit périodiquement, soit irrégulièrement. *Voyez* ÉTOILES CHANGEANTES.

CHANGEMENTS.

Tout change ou se modifie dans les cieux et sur la terre. Le soleil n'est immobile que relativement aux corps planétaires qu'il entraîne dans l'espace ; il tourne sur lui-même ; il est sujet à des révolutions intérieures

qui agitent et soulèvent ses atmosphères; les étoiles,
les *fixes* d'autrefois, offrent à nos instruments des vitesses prodigieuses; on les voit changer d'éclat et
de couleur, disparaître périodiquement, ou pour toujours.

Ce *firmament* que nos pères croyaient de cristal, et
incorruptible, est le théâtre de mouvements et de révolutions qui dépassent la pensée. Des nébuleuses par
milliers, comme celle où nous sommes placés, présentent différentes formes, agitées dans tous les sens.

Partout la matière est en mouvement pour former
de nouveaux astres et de nouveaux mondes; partout
aussi la science observe avec soin ces perturbations
et ces *changements*, afin d'en connaître les lois et de
faciliter les recherches de l'avenir.

CHEVELURE DE BÉRÉNICE.

Constellation peu apparente, indiquée cependant par
un groupe de petites étoiles très-rapprochées et très-nom-
breuses, lorsqu'on les examine avec une forte lunette.
Ce groupe est situé entre Arcturus et le Lion, dans le
prolongement d'une ligne tirée de l'extrémité de la
queue de la grande Ourse au Cœur de Charles, et à peu
près à égale distance, vers le midi.

CHEVELURE DES COMÈTES.

On désigne ainsi les nébulosités qui accompagnent
quelquefois le noyau des comètes du côté opposé à la
queue : ces *chevelures* ne sont jamais adhérentes au
corps de la comète, mais semblent recourbées ou inclinées vers le soleil; ce qui leur a fait aussi donner le
nom de *barbes*.

L'astronomie physique n'a pas encore expliqué d'une

manière satisfaisante ces effets de vaporisation de la matière des comètes lorsque, s'approchant du soleil, elles deviennent visibles pour nous, après avoir traversé des régions où sans doute elles ont été exposées à de très-hautes températures.

CHÈVRE (LA).

Étoile de première grandeur, et très-brillante de la constellation du Cocher, dans la direction prolongée de la queue de la petite Ourse. Un triangle étroit et allongé, formé par trois petites étoiles qu'on nomme *les Chevreaux*, et qui se trouvent placées près de cette primaire, sert à la distinguer.

Cette étoile paraît maintenant plus brillante qu'autrefois, et certains astronomes modernes la classent dans les étoiles variables.

CHIENS (LES).

Constellations australes, visibles sur notre horizon. Le grand Chien porte *Sirius*, la plus belle étoile du ciel, qu'on voit briller dans les nuits d'hiver, un peu au-dessous de la ligne prolongée des Trois Rois, qui forment le baudrier d'Orion.

Elle marque l'angle supérieur et oriental d'un grand quadrilatère dont la base, plus élargie, est indiquée par deux secondaires; l'une au-dessous de Sirius forme un triangle avec deux autres secondaires assez voisines.

Le petit Chien se trouve entre le grand Chien et les Gémeaux; son corps est indiqué par *Procyon*, belle étoile primaire faisant un triangle équilatéral avec Sirius et l'étoile α de l'angle supérieur du carré d'Orion. La tête est marquée par une tertiaire voisine de Procyon, dans une direction oblique et supérieure.

7

CHLADNI.

Physicien allemand, mort en 1827, à l'âge de soixante-onze ans, et qui a laissé de nombreuses observations sur les étoiles filantes.

CHRONOMÈTRES.

Montres très-perfectionnées, dont on se sert particulièrement à bord des vaisseaux pour déterminer la longitude du point où l'on se trouve.

Ces montres, bien réglées au départ sur le méridien du lieu, indiquent, par l'heure écoulée, la différence du méridien de l'observation.

Il faut toutefois les vérifier souvent par les phénomènes célestes.

CIEL.

On a longtemps discuté pour prouver que l'espace était plein, ou qu'il était vide. Ce qui est certain, c'est qu'il est traversé dans tous les sens par les rayons lumineux qui partent continuellement des astres innombrables semés dans l'immensité, et qui continuent indéfiniment leur marche rectiligne, même après que ces astres ont pu disparaître.

Les planètes dont la densité et la force primitive d'impulsion sont considérables, ne paraissent pas sensiblement arrêtées par les matières gazeuses ou éthérées répandues dans les cieux; néanmoins, avec le temps, tout obstacle produit son effet, et ce qui n'est pas encore appréciable pour nous le sera peut-être un jour.

L'observation plus attentive des comètes a fait reconnaître que les queues, ou les traînées lumineuses qui les suivent ordinairement, éprouvent dans leur

région moyenne *une résistance* qui occasionne la concavité remarquée dans leur direction ; cette circonstance fait supposer que l'éther agit sur ces corps vapo-
reux, quoique ses effets soient insensibles sur la marche
des corps plus compactes.

Le *ciel d'un pays* n'est pas celui d'un autre : malgré
la rotation de la terre et sa translation annuelle autour
du soleil, jamais nous ne voyons que les astres et les
constellations d'une partie du ciel ; il faut s'avancer
vers l'hémisphère austral pour connaître successivement toute la sphère céleste.

Par l'effet de la précession, le ciel change cependant,
mais presque insensiblement, pour chaque pays de la
terre ; ainsi le pôle boréal n'était pas occupé autrefois par la même étoile qui s'y trouve à peu près aujourd'hui ; dans quelques siècles ϰ de Céphée en sera
plus près ; des étoiles de l'hémisphère australe seront visibles sur notre horizon, et d'autres auront disparu.

CIRCONFÉRENCE.

On a vainement cherché le rapport du diamètre
avec la circonférence du cercle ; mais au moyen du
calcul décimal on en approche tellement, qu'on peut
donner, à un millimètre près, la circonférence la plus
étendue dont on indique le rayon.

Pour les usages ordinaires, on se sert du rapport de
un à trois et quatorze centièmes.

La circonférence de la terre est d'environ 4,300 myr.
(10,600 lieues), celle du soleil de 412,000 myr.
(1,032,000 lieues), et celle de la lune 1,260 myr. (3,140
lieues).

CLAIRAULT.

Célèbre géomètre, né en 1713 et mort à cinquante-deux ans. Il a laissé un traité sur la figure de la terre, une théorie de la lune, etc. Il s'est fait surtout connaître des astronomes par ses calculs et ses prédictions sur la comète de 1682, en prouvant qu'elle avait dû être retardée de six cent dix-huit jours par l'attraction de Jupiter et de Saturne, et qu'alors on ne devait pas attendre son retour plus tôt, ce qui fut vérifié par l'événement en 1759.

CLEPSYDRE.

On donnait ce nom aux instruments de différentes espèces, et à des machines hydrauliques servant autrefois à mesurer le temps. Elles sont hors d'usage depuis les montres et les horloges.

Le principe de ces clepsydres est cependant fort ingénieusement appliqué par le capitaine Kater à la mesure de petits intervalles.

Ayant rempli de mercure un vase dont le poids total a été déterminé, il fait écouler ce liquide dans un autre vase au moment précis qu'il veut constater; puis, fermant à volonté le robinet et pesant le premier vase avec ce qui y reste de mercure, il connaît le temps qu'a duré l'observation, en comparant le poids du liquide écoulé avec celui qui peut s'échapper par le même orifice, dans un intervalle quelconque, mesuré par une montre.

Les Arabes remplacèrent ces instruments dans leurs observations astronomiques par des pendules à oscillations.

CLIO.

Nom donné par les astronomes américains à la petite planète que M. Hind de Londres a trouvée le 13 septembre 1850, et qu'il avait d'abord nommée Victoria.

Elle a l'apparence d'une étoile de neuvième grandeur, d'un bleu pâle :

Son inclinaison sur l'écliptique est de 8° 24′ 11″ 7‴.

La durée de sa révolution est de *trois ans* 561,862, dans une orbite très-excentrique, dont le rayon moyen ou la distance au soleil est d'environ 36 millions de myriamètres (90,000,000 de lieues).

COCHER (LE).

Constellation boréale figurée par un grand pentagone irrégulier, dont trois angles sont marqués par une primaire et deux secondaires disposées en triangle isocèle (à deux côtés égaux) ayant le sommet en bas. La base tournée vers le nord porte *la Chèvre*, l'une de nos plus belles étoiles qu'on trouve sur le prolongement de l'arc de Persée ou sur celui de α et de δ de la grande Ourse. Trois petites étoiles nommées *les Chevreaux* forment près de la Chèvre un petit triangle dont la base est en sens inverse du grand triangle de cette constellation.

COLLIMATEUR.

Petite lunette dont les astronomes se servent pour fixer la direction dans l'espace, quand l'objectif d'un télescope ou d'une lunette est muni de fils très-fins croisés à son foyer, et qui peuvent s'éclairer instantané-ment, au moyen d'une lampe ou d'une pile électrique.

Si l'on place un miroir plan de manière que deux collimateurs se réfléchissent l'un dans l'autre et que le

réticule de la lunette soit exactement concentrique
avec les collimateurs, il est clair que cette lunette fera
un angle de 45° avec la direction zénithale, et l'image
pourra être observée comme si elle était réellement
dans cette direction ; l'intersection de la croix du collimateur peut ainsi être observée comme une étoile,
à telle proximité que soient placés les deux instruments.

Un vase de mercure donnant la direction horizontale, si l'on place un collimateur de telle sorte que sa
croix vienne s'y réfléchir exactement, on obtiendra le
zénith du lieu avec une grande précision.

COLLIMATION (LIGNE DE).

Pour qu'une lunette donne la position exacte des
objets qu'on veut observer, il importe que l'objectif et
l'oculaire soient parallèlement fixés dans le tube qui
les porte, de telle sorte que la *ligne de vision* passe in-
variablement par le centre de ces deux verres.

Cette *ligne de collimation* se vérifie dans les petites
lunettes en les retournant, et en visant à un signal placé
à une grande distance, ou à des étoiles circumpolaires,
ou bien à un collimateur placé en prolongement,
objectif contre objectif.

Pour les grands réfracteurs qu'il est trop difficile de
retourner, les astronomes connaissent différents moyens
de vérifier leur direction verticale ou horizontale sans
toucher à ces lunettes.

COLURES.

On désigne ainsi deux cercles horaires qui se coupent perpendiculairement, et passent par les points
équinoxiaux et solsticiaux.

COMBUSTION SOLAIRE.

Jusqu'aux expériences d'Arago sur la nature de la lumière, on pouvait croire que le soleil était une masse embrasée, dont par conséquent le diamètre devait toujours se réduire, quoique d'une manière presque insensible, dans une période de *trois mille années*.

Il est démontré maintenant que nous ne sommes éclairés que par l'atmosphère extérieure et gazeuse de cet astre.

Reste à savoir comment se reproduisent les gaz de cette atmosphère; s'ils sont émis par le corps du soleil ou par l'atmosphère nuageuse qui l'entoure, ou encore par des courants électriques venant de tous les points de l'espace.

COMÈTES.

On commence à mieux connaître aujourd'hui la nature de ces corps étranges, qui ont attiré si souvent l'attention du monde et les investigations de la science.

Ce sont des amas de vapeurs; des nébulosités avec ou sans noyau, dont les molécules diaphanes s'étendent et se divisent d'une manière prodigieuse lorsque ces corps approchent du soleil, autour duquel ils circulent dans des ellipses très-allongées.

Avant l'invention des lunettes, la plus grande partie des comètes passait inaperçue dans les cieux, où les observateurs les plus attentifs confondaient ces corps avec les étoiles, ou bien les prenaient pour des météores traversant l'atmosphère.

Les comètes, dont les queues et l'éclat extraordinaires offraient des phénomènes plus frappants, répandaient alors une terreur générale parmi les populations, qui leur attribuaient une influence *toujours funeste* sur les événements ou les personnages les plus remarquables.

Depuis environ deux cents ans que ces astres sont plus soigneusement observés, on ne leur voit plus ces formes étranges et ces énormes dimensions que la peur ou l'imagination leur prêtaient autrefois ; tout au plus maintenant sont-ils encore, pour quelques esprits crédules, le présage de bonnes récoltes.

Généralement ces nébulosités n'ont qu'une masse très-faible, surtout vers leur périhélie, où elles éprouvent une telle chaleur, que la dilatation de leur substance s'étend quelquefois en traînée lumineuse excédant la distance de la terre au soleil. On cite comme les plus remarquables parmi ces astres, ceux qui se montrèrent en 1577, 1744, 1811 et 1843, et qui étaient visibles en plein jour, comme la comète de J. César l'an 43 avant notre ère. La collection chinoise des observations recueillies par *Ma-tuan-lin* contient la citation d'un grand nombre de ces corps, dont la plupart y sont considérés comme des étoiles extraordinaires ; ces observations remontent jusqu'à l'an 613 avant notre ère.

Les comètes de 1585 et de 1763, quoique très-grandes, n'avaient aucune queue. Celle que le pape Calixte *fit conjurer* en 1456, passa près de la terre ; une autre s'en approcha davantage encore en 1770, et l'on put s'assurer alors que ce corps n'était pas la cinq millième partie de notre globe, dont le mouvement ne fut aucunement troublé par cette proximité. La comète passa même et repassa entre les satellites de Jupiter, sans y occasionner le moindre dérangement.

Le mouvement de ces corps a lieu dans des orbites très-allongées et même paraboliques, changées quelquefois, par attraction des planètes, en hyperboles les éloignant à jamais de notre monde solaire ; ceux de ces corps dont on peut calculer l'orbite doivent, au contraire, y avoir déjà fait une ou plusieurs apparitions. Vers leur périhélie, ce mouvement s'accélère dans une proportion tout à fait inconcevable ; la comète de 1472 fit en un seul jour plus de 120 degrés, vitesse de 320 myriamètres (800 lieues) par seconde, *dix fois la vitesse de la lumière !*

A mesure que ces nébulosités s'éloignent du soleil, leur mouvement se ralentit de telle sorte, que leur retour peut n'avoir lieu qu'après des milliers d'années.

Le plus souvent, la dilatation des molécules cométaires affecte une direction opposée au soleil et à la marche de ces corps ; ces *queues* offrent parfois une concavité dans leur étendue, comme si un fluide résistant, ou l'éther que quelques astronomes croient exister dans l'espace, s'opposait à la marche de ces parties volatilisées et si subtiles, qu'on distingue les plus petites étoiles à travers leur plus grande épaisseur.

Il arrive aussi que des comètes paraissent précédées de barbes ou de chevelures tantôt adhérentes au noyau, tantôt avec un intervalle obscur entre ces nébulosités et la tête plus lumineuse de la comète.

Sénèque dit expressément que les anciens Chaldéens connaissaient la probabilité du retour de ces corps ; cependant les observations trouvées à Babylone ne font aucune mention des comètes.

Sur près de six cents qui ont été observées, il n'y en a que sept dont on puisse prédire à peu près exactement le retour, savoir :

1° La comète dite de Halley, qui en 1006 jetait le quart de la lumière de la lune, qu'on a revue sous différentes formes en 1531, 1607, 1759 et 1835, et dont

la période est de vingt-sept mille huit cent soixante-six
jours ;

2° La comète de Newton, avec une période d'environ
cinq cent soixante-quinze ans, et qui, à sa dernière
apparition en 1680, s'est approchée de 5,200 myr.
(13,000 lieues) du soleil.

En remontant de sept périodes, certains commentateurs ont calculé que cette comète avait dû passer près
de la terre l'an 2349 avant J.-C., époque assignée au
déluge de Moïse ; mais si elle avait pu occasionner un
tel cataclysme par sa rencontre avec notre planète, il
est évident que la marche de l'un ou de l'autre de ces
corps en eût été troublée, et qu'ainsi cette comète-là du
moins en est innocente.

3° Un autre de ces corps, observé par Encke, paraît
mettre un intervalle de trois ans et quatre mois dans ses
retours, qui tendent néanmoins à se rapprocher de plus
en plus, c'est-à-dire à chaque révolution.

4° La comète de Biéla, ou de six ans trois quarts, qui
coupe l'écliptique, sur laquelle son orbite est inclinée
seulement de 12° 34', ce qui rend fort possible sa rencontre avec la terre ;

En 1832 ces deux corps se seraient rencontrés sur
cette ligne, si la comète y fût arrivée un mois auparavant. Après son passage au périhélie en 1846, elle a
paru se diviser en deux corps, ayant chacun leur queue
particulière et marchant parallèlement, à une distance
d'au moins dix minutes, pendant 70° ; ce phénomène
ne s'était pas encore présenté à l'observation. La partie
la plus avancée, qui était beaucoup moins brillante, le
devint ensuite plus que celle qui marchait en arrière.

5° M. Faye, de l'observatoire de Paris, a reconnu un
autre de ces corps nébuleux, qui aurait un retour pé-

riodique d'environ sept ans deux mois et demi. Au 1ᵉʳ janvier 1851, il paraissait aux États-Unis s'allonger un peu dans la direction du soleil; à l'observatoire de Poulkova, le 10 février dernier, il était aussi visible qu'en mars 1844.

6° On désigne encore la comète de Vico comme ayant une périodicité de mille neuf cent quatre-vingt-treize jours (5ᵃ 5ᵐ 18ʲ).

7° Enfin la comète de Brossen, dont le retour paraît s'effectuer après dix mille quarante-deux jours (5ᵃ 7ᵐ 6ʲ).

Tous ces astres ont leur marche directe, c'est-à-dire d'occident en orient, à l'exception de celui de Halley, dont le mouvement est rétrograde, ainsi que celui de la comète de 1843. Argelander et Bessel, qui ont calculé l'orbite de la comète de 1811, visible pendant près de dix mois, en ont évalué la périodicité à près de trois mille années. Ce dernier a aussi estimé à quinze cent quarante ans environ le retour de la comète de 1807.

On a remarqué que les orbites, dont l'inclinaison sur l'écliptique est au-dessous de 17°, sont directes, et qu'au-dessus de cette inclinaison, un tiers seulement est rétrograde.

Selon Duséjour, sur soixante-trois comètes observables, vingt-huit sont rétrogrades, et l'inclinaison moyenne est de 45°, ce qui indiquerait que ces corps ont été projetés au hasard dans l'espace, ou, suivant les idées émises dans l'introduction à cet ouvrage, qu'ils ont été formés tout à l'entour de la région où notre nébuleuse originaire s'est condensée dans la voie lactée.

Chladni a observé des mouvements ondulatoires d'une vitesse plus grande que celle de la lumière, dans la queue des comètes de 1807 et de 1811.

Ordinairement ces queues s'élargissent en éventail, ou plutôt *en cône creux*, dont le milieu paraît plus obscur : on conçoit en effet que les parois de ces masses de vapeurs dilatées doivent nous réfléchir plus de lumière que la partie moyenne, toujours opposée au soleil et moins exposée à sa chaleur, en admettant même le mouvement rotatif de ces amas de matières nébuleuses.

On n'a pu s'assurer encore si les comètes ont une lumière propre, et indépendante de celle polarisée qu'elles nous réfléchissent ; si enfin leurs éléments tiennent à la fois de la nature du soleil et des étoiles, ou seulement de la nature des planètes.

La première opinion serait plus probable, relativement à ceux de ces corps dont les longues périodes et la prodigieuse excentricité font supposer qu'ils reviennent ou qu'ils paraissent pour la première fois dans notre monde solaire, après avoir traversé des régions d'une température très-élevée ; mais pour les comètes *à courtes périodes*, la dernière opinion semble plus rationnelle, et l'on peut même les considérer comme des corps planétaires à l'état de vapeurs plus ou moins condensées, puisque *cinq de ces corps* renferment l'étendue de leurs ellipses *dans les limites* circonscrites par Uranus et Saturne.

CÔNE D'OMBRE.

Tous les corps sphériques éclairés projettent dans l'espace une ombre en forme de cône, dont l'étendue est toujours proportionnelle à leur diamètre et à leur distance du foyer de lumière.

C'est dans le cône d'ombre de la terre que passe la lune dans les éclipses de ce satellite ; elles sont fréquentes, parce qu'à la distance de ces deux corps l'ombre de la terre a plus de quatre fois le diamètre de la lune.

Lorsque c'est la lune qui se trouve interposée, le cône d'ombre qu'elle projette sur la terre étant très-court, ne la traverse que sous la forme d'une tache obscure fort peu étendue; il faut alors se trouver sur la ligne parcourue de gauche à droite par cette tache, pour observer l'éclipse *totale* du soleil.

L'interception d'une partie seulement des rayons lumineux diminue l'éclat du jour pour les zones où l'éclipse n'est que partielle, comme on a pu l'observer à Paris le 28 juillet dernier.

M. Faye attribuait aux raréfactions qui se manifestent dans le cône d'ombre de la lune, les protubérances observées dans les éclipses totales autour du disque; cet astronome pense que c'est un effet de mirage, donnant par réfractions l'image de montagnes lunaires à travers des vallées favorablement situées; mais une de ces protubérances ignées ayant été aperçue cette fois, détachée du disque osculateur, à une distance de deux minutes de degrés, on ne peut plus admettre cette opinion, combattue par M. Airy et autres notabilités de la science.

CONJONCTION.

Lorsque deux astres ont la même longitude, c'est-à-dire lorsque leurs arcs coïncident au même point de l'écliptique, on dit qu'ils sont en conjonction; ils sont en opposition, ou à 180° l'un de l'autre, lorsqu'ils se trouvent en ligne droite et de chaque côté, relativement à un troisième considéré comme centre.

Ainsi la nouvelle lune a lieu lorsque, par rapport à la terre, elle se trouve du même côté que le soleil, ou *en conjonction* avec cet astre; la pleine lune lorsque, étant de l'autre côté, nous voyons alors toute sa surface éclairée par le soleil.

Que la terre se trouve *exactement* sur la même ligne, dans l'une ou l'autre des positions ci-dessus indiquées, il y a nécessairement, dans le premier cas, éclipse du soleil ; dans le second cas, c'est notre satellite qui est éclipsé.

Si la lune s'était originairement placée en conjonction sur le plan de l'écliptique, circulant avec la même vitesse que notre globe, elle lui aurait éternellement caché le soleil, comme elle le fait dans les éclipses totales, et la terre, toujours plongée dans l'obscurité, eût été inhabitable.

Les traditions indiennes mentionnent une conjonction de toutes les planètes dont le retour devait arriver après *vingt-six mille années*. La conjonction de Saturne et de Jupiter, observée au Caire par Ebn-Junius le 31 octobre 1007, est beaucoup plus certaine.

CONNAISSANCE DES TEMPS.

Chaque année le Bureau des longitudes fait publier, sous ce titre, un volume contenant les tables et autres documents astronomiques calculés avec la plus grande exactitude, afin d'éviter aux astronomes et aux marins la perte de temps qu'il leur faudrait employer pour établir eux-mêmes les bases de leurs observations.

CONSTELLATIONS.

Tous les anciens peuples connus, les Indiens comme les Chinois, les Égyptiens comme les Péruviens, ont eu l'idée de grouper les étoiles en un certain nombre de figures ou de constellations, pour mieux les observer et les reconnaître.

Ces groupes d'étoiles n'ont en réalité aucun rapport avec les objets qu'on a figurés sur leurs contours, et qui sont tout à fait arbitraires. D'abord on s'est borné à dénommer les principales étoiles ; puis successivement on a été conduit à tracer des lignes, des démarcations entre lesquelles on a dessiné plus tard des animaux, des êtres fabuleux ou des objets usuels, en marquant chaque étoile d'un même groupe ou d'une même figure, d'une lettre ou d'un signe quelconque. Homère et Hésiode citent des groupes et des étoiles isolées par leurs noms particuliers, tels que : le Chariot, le Bouvier, les Pléiades, les Hyades, Sirius, etc.

Newton a fait observer que les noms sont en grande partie tirés des choses et des personnages qui ont figuré dans la guerre de Troie et l'expédition des Argonautes.

Bailly a fait remarquer que les Iroquois appellent l'*Ourse* le groupe d'étoiles que les peuples anciens désignaient ainsi ; d'où il conclut que ce nom est originaire du Nord, ainsi que beaucoup d'autres notions astronomiques.

Homère ayant répété deux fois que cette constellation seule ne plonge jamais dans l'Océan, on peut en conclure que les étoiles boréales, qui ne se couchent pas non plus sous la même latitude, n'avaient pas encore été rangées en constellations par les Grecs, chez lesquels le zodiaque ne fut introduit que cent ans après Thalès, au temps d'Anaxagoras.

Les Indiens et les Égyptiens attachaient surtout une grande importance aux constellations zodiacales, que le soleil semble parcourir successivement, et qui étaient pour eux des *signes* d'inondations, ou d'époques favorables à l'agriculture.

Ils en ont voulu éterniser la représentation en les sculptant aux voûtes de leurs temples. Les zodiaques prouvent la haute antiquité de ces peuples, aussi bien que les changements opérés depuis dans le ciel par le mouvement de la terre.

Selon Dupuis, l'explication des zodiaques fixe au printemps le signe de la Balance, quand le lever héliaque du soleil avait lieu dans cette constellation ; ce qui donnerait une rétrogradation de sept signes, ou une période historique de 16,500 années.

Pluche et autres commentateurs prétendent que ce signe indiquait l'équinoxe d'automne, en admettant le lever *acronique* et non celui *héliaque ;* l'époque indiquée par la disposition des figures ne remonterait alors qu'à 4,600 ans.

Les constellations zodiacales sont par ordre : le Bélier, le Taureau, les Gémeaux, le Cancer, le Lion, la Vierge, la Balance, le Scorpion, le Sagittaire, le Capricorne, le Verseau et les Poissons.

Les principales constellations boréales sont : la grande et la petite Ourse, Cassiopée, Céphée, Pégase, Andromède, le Cocher, le Bouvier, la Couronne, la Lyre, et Hercule.

On distingue dans les constellations australes : la Baleine, Orion, le grand Chien, l'Hydre, et quelques autres qui ne sont jamais visibles sur notre horizon.

L'avenir changera successivement la disposition de ces *cadrans célestes* des deux hémisphères ; un temps viendra où pas un seul des groupes constellés qui brillent aujourd'hui sur nos têtes ne sera reconnaissable ; les étoiles y seront toujours, mais leur position relative sera tellement changée, que nos dessins et nos cartes seront tout à fait inintelligibles pour les observateurs, s'il en existe alors qui puissent consulter ces monuments de notre âge. *Voyez* ZODIAQUE.

COPERNIC.

Né en 1473, à Thorn. Ce savant moine ne fit que remettre en lumière les idées et les connaissances des philosophes pythagoriciens, qui les avaient tirées de l'Inde et de l'Égypte.

On lit, dans la préface de son livre intitulé *De revolutionibus orbium*, que Copernic fut encouragé à présenter son système par les anciennes autorités scientifiques et celle même du cardinal Cusa, qui attribuait un mouvement à la terre.

Cet ouvrage expose les véritables lois de notre monde solaire ; mais le prudent chanoine, en le dédiant au pape Paul III, ne les proposa néanmoins qu'à titre d'hypothèse. Il n'en fut pas moins condamné, le 5 mars 1616, par les cardinaux inquisiteurs ; et Galilée ayant soutenu les mêmes opinions fut obligé de se rétracter, à la honte éternelle de ses juges.

Quelques années après, l'Église permit cependant de les reproduire, comme d'ingénieuses conjectures ; en les admettant plus tard, l'autorité religieuse expliqua la contradiction qui paraissait exister entre certains passages des Écritures saintes et la réalité des mouvements célestes, par la nécessité de parler aux hommes selon les apparences et les croyances du temps.

Copernic mourut à l'âge de soixante-onze ans, en recevant le premier exemplaire de son ouvrage, dont le succès ne fut même généralement établi qu'au milieu du dix-septième siècle. Jordan Bruno, qui l'enseignait, fut brûlé à Rome le 17 février 1600, après huit ans de captivité.

On dit que Copernic mourut avec le regret de n'avoir jamais pu apercevoir la planète de Mercure, dont cependant il avait fait des tables fort exactes.

CORBEAU (LE).

Constellation australe peu importante, formée principalement par un quadrilatère d'étoiles tertiaires qu'on peut apercevoir au midi de la Vierge, au-dessous et à droite de l'*épi*.

COSMIQUE.

On désigne ainsi le lever et le coucher des astres, qui ont lieu en même temps que le soleil paraît sur l'horizon. Puisque cet astre semble retarder chaque jour de quatre minutes de degré environ sur les étoiles ; les levers ou couchers cosmiques précèdent ou suivent d'environ quinze jours les levers ou les couchers héliaques, ainsi nommés lorsqu'ils arrivent une heure avant l'apparition du soleil, ou une heure après qu'il a disparu. *Voyez* LEVER ACRONYQUE, HÉLIAQUE.

COSMOGONIE.

Expositions d'idées systématiques sur les formations planétaires et les phénomènes célestes.

COSMOGRAPHIE.

C'est la science des rapports entre les parties du monde visible ; l'*astronomie* doit s'entendre dans un sens plus étendu.

COUCHER DU SOLEIL.

Chaque jour le soleil nous paraît se coucher vers un point plus rapproché du midi, à partir du solstice d'hiver, au 22 décembre, jusqu'à celui d'été, vers le 22 juin ; puis rétrograder pendant six autres mois, jusqu'à sa première position.

Cet effet provient de l'inclinaison de l'axe de la terre et de l'obliquité de son mouvement autour du soleil.

Si la terre présentait continuellement son équateur au soleil dans sa rotation diurne, comme aux époques des deux équinoxes, il y aurait toujours, et partout, douze heures entre le lever et le coucher de l'astre qui l'éclaire ; les deux pôles ne l'apercevraient jamais qu'à l'horizon, et il y aurait une température constante sous la même latitude.

COULEURS.

Un rayon de lumière reçu sur un prisme de cristal se décompose, et présente toutes les couleurs de l'arc-en-ciel, qui sont, par ordre, rouge, orange, jaune, vert, bleu, indigo, et violet. Ces couleurs dites primitives peuvent se réduire à trois principales : rouge, jaune, et bleu, dont les divers mélanges donnent les quatre autres ; le noir est l'absence ou l'absorption de toute couleur. Si l'on supprime le rayon rouge, les six autres donnent une image verte ; si l'on retranche le vert du faisceau lumineux, l'image est rouge : ces deux couleurs sont donc complémentaires l'une de l'autre. On trouve toutes les couleurs dans les étoiles, quand on peut les observer avec de forts instruments. *Voyez* ÉTOILES.

COURBES.

Les astres paraissent décrire autour de l'axe des pôles, c'est-à-dire autour d'une ligne idéale, inclinée de 48° 50′ 13″ sur notre horizon, des courbes ou parties d'un cercle d'autant plus grand qu'il est plus éloigné du point central, à peu près indiqué par l'étoile polaire.

Toutes ces courbes sont, relativement parallèles, et conservent leur distance réciproque dans toutes les positions où ce mouvement, *oblique pour nous*, place successivement toutes les constellations.

Les courbes tracées dans l'espace par la translation des planètes et des comètes, sont plus ou moins circulaires, elliptiques ou paraboliques. Elles subissent des altérations régulières ou fortuites, par l'effet des lois de l'attraction, dans la combinaison de leurs mouvements divers.

COURONNE (LA).

Deux constellations portent ce nom : l'une boréale entre le Bouvier, le Serpent et Hercule, formée principalement de sept étoiles, dont une secondaire, au centre (Margarita), se trouve dans la direction de β du carré de la grande Ourse et de la dernière de la queue ; la concavité de cette demi-couronne est tournée vers la tête du Dragon.

La Couronne australe est formée de très-petites étoiles au-dessous du Sagittaire. *Voyez* Auréole, Parhélie.

CRÉPUSCULE.

Si les couches atmosphériques n'avaient pas la propriété de réfracter les rayons lumineux, la nuit remplacerait tout à coup le jour, aussitôt que le soleil aurait disparu sous l'horizon ; mais les couches supérieures qui sont encore longtemps frappées de sa lumière nous la refléchissent, sous des angles dont le sommet s'élevant de plus en plus nous renvoie successivement moins de lumière ; la théorie, comme l'observation, montre que le soleil est à 18° au-dessous de l'horizon, quand s'y réfléchissent les dernières lueurs du crépuscule.

Vers le solstice d'été, cet astre ne descendant pas au-dessous de cette quantité de degrés relativement à notre latitude, il en résulte que le crépuscule est immédiatement remplacé par l'aurore.

Au solstice d'hiver, ces deux phénomènes ont une durée plus grande, parce que le mouvement de la terre étant plus oblique pour nous, le soleil paraît plus long-temps à parcourir les 18° pendant lesquels ses rayons réfléchis peuvent nous arriver. La cause contraire fait succéder plus tôt le jour à la nuit et celle-ci à celui-là dans les régions équatoriales où le soleil paraît s'élever, ou descendre *perpendiculairement* à l'horizon.

Vers les pôles, le crépuscule et l'aurore ont jusqu'à un mois et demi, durée qui décroît progressivement en s'éloignant des latitudes extrêmes.

CROISSANT.

Lorsque la terre se trouve placée au sommet d'un angle droit formé par des lignes menées au centre du soleil et au centre de la lune, celle-ci ne nous montre que la moitié de sa surface éclairée ; elle est alors en quadrature, et le *croissant* que nous apercevons a sa concavité tournée à droite ou à gauche, selon que le soleil est à droite ou à gauche de la terre.

Le croissant augmente ou diminue à mesure que la lune, entraînée par la terre, s'éloigne ou se rapproche du soleil.

CROIX.

Trois constellations sont désignées sous ce nom : 1° la *grande Croix* ou le carré de Pégase, formé de quatre étoiles secondaires sur la ligne des gardes de la grande Ourse à l'étoile polaire, au delà de Cassiopée. Elle passe au méridien douze heures après la grande Ourse ;

2° La *Croix du Cygne*, opposée aux Gémeaux de l'autre côté du pôle nord, à l'orient de la Lyre ;

3° La *Croix du Sud*, formée de quatre secondaires, toujours invisibles dans notre hémisphère.

CYANOMÈTRE.

Cet instrument, de M. Arago, est un polariscope perfectionné au moyen d'un système de plaques de verre.

Il est établi sur le fait que la couleur bleue du ciel qui se rencontre dans les images de la lumière polarisée, à peine sensible près du point neutre, augmente d'intensité avec les rayons polarisés.

En amenant la teinte bleue polarisée sur un écran, à la couleur du ciel vu à l'œil nu, la mesure donnée par l'inclinaison de la pile peut ensuite se comparer avec d'autres, obtenues par des instruments *semblables*.

CYCLE.

Période d'une certaine étendue, dans laquelle on s'est toujours efforcé de faire coïncider le retour de quelques phénomènes astronomiques à une même position relative.

Ainsi le *cycle caniculaire* ou sothiaque, de 1460 années solaires ou de 1461 années civiles, après lesquelles le Phénix revenait des Indes pour se brûler dans le temple du soleil à Héliopolis, est l'une de ces périodes où tous les événements et les phénomènes devaient se reproduire dans le même ordre, à chacune des périodes suivantes.

C'est probablement l'origine de la période plus mystérieuse encore chez les Égyptiens de 36,525 années, nombre qui contient autant de siècles que l'année solaire contient de jours.

C'est dans cette période que l'âge d'or devait revenir sur la terre, opinion d'ailleurs conservée dans tous les cultes anciens.

L'an 433 avant notre ère, l'astronome Méton exposa aux Grecs, qui célébraient les jeux Olympiques, les observations et les calculs d'une période de 235 lunaisons, renfermant toutes les phases et toutes les éclipses qui devaient ensuite se représenter exactement aux mêmes époques des périodes suivantes.

Les Athéniens firent graver ces calculs en lettres d'or pour mieux les conserver, et de là est venu le *nombre d'or* qui figure encore aujourd'hui dans nos calendriers.

Ce *cycle de Méton* manquait cependant d'exactitude, puisque, trois cent douze ans et demi après, les phénomènes arrivaient un jour plus tôt que les nombres d'or les indiquaient.

Calippe fit connaître une période de 940 lunaisons équivalent à soixante-seize années solaires, approchant beaucoup plus de la réalité.

Le *cycle Julien* imaginé par Scaliger est de 7,980 ans, produit de 15, période de l'indiction, par 19, nombre des années du cycle de Méton, et par 28, cycle solaire ou des lettres dominicales. Le total 4,713 serait l'année du monde avant J.-C. où ce cycle aurait commencé, et la date des événements ne serait pas interrompue par notre ère, si son usage était adopté.

Le *cycle solaire* se reproduit après sept bissextiles; et comme il a commencé neuf années avant notre ère, en ajoutant ce nombre au millésime et divisant par 28, le reste indique le cycle solaire de l'année courante : ainsi 1851 ans, plus 9, égalent 1860, qui divisés par 28 donnent 66 et une fraction de 12, qui est le cycle solaire. *Voyez* PÉRIODES.

CYGNE (LA CROIX DU).

La constellation du *Cygne* se trouve à l'orient de la Lyre, de l'autre côté des Gémeaux, et à la même distance du pôle boréal ; elle a une étoile de deuxième grandeur, *Deneb*, qui marque la partie de la Croix dirigée vers Céphée, et qui ne descend jamais sous l'horizon de Paris ; trois étoiles tertiaires en arc et une autre de même force complètent la Croix, avec la secondaire déjà indiquée.

D

D'ALEMBERT.

On doit à ce profond mathématicien, fils naturel de madame de Tencin et de Destouches, l'explication de la précession des équinoxes, la résolution du problème des trois corps, et un traité des recherches sur le système du monde.

Né en 1717, il est mort à l'âge de soixante-six ans.

DATES HISTORIQUES.

L'astronomie est souvent très-utile pour vérifier la date des événements et des faits que l'histoire rapporte à un phénomène céleste.

Ainsi, on a pu s'assurer qu'Eudoxe avait décrit une

sphère bien antérieure à lui, en indiquant que le pôle nord était occupé par une étoile.

La polaire d'aujourd'hui en était alors fort éloignée ; l'étoile désignée par *x* dans la constellation du Dragon pouvait *seule* être à cette place, mais 3150 ans avant J.-C., et par conséquent au moins dix siècles avant Eudoxe.

On prouve de même qu'Ératosthène, en donnant à Athènes, comme le résultat de ses propres observations, la sphère qui lui a été longtemps attribuée, n'avait fait que copier une représentation de l'état du ciel sous la latitude de Thèbes, près du temple d'Esné, 2800 ans avant notre ère.

D'une autre part, on a reconnu la vérité d'une observation chinoise rapportée dans les Lettres du père Gaubil, concernant la mesure de l'ombre d'un gnomon dans la ville de Loyang, l'an 1100 avant J.-C., aux époques méridiennes des deux solstices..

La haute antiquité des Égyptiens et de leurs monuments est constatée par le mouvement équinoxial, rapporté à la disposition des signes et des figures sculptés sur les zodiaques trouvés à Denderah, Esné et autres temples.

Ils attestent au moins 4,600 années d'existence, même en admettant l'interprétation la plus favorable aux opinions des commentateurs, qui, par des motifs religieux, se refusent à l'évidence d'une plus ancienne représentation de l'état du ciel.

Le zodiaque indien de la pagode de Salcette montre la Vierge au solstice d'été, ce qui suppose au moins 5,000 années d'existence à ce zodiaque, et confirme d'ailleurs la chronologie de 3600 ans avant notre ère, que les brahmes attribuent à leur histoire.

En recherchant si une comète avait pu occasionner le déluge universel décrit par Moïse, on a trouvé que celle de Newton, dont la période est d'environ 575 ans, avait pu s'approcher de la terre vers l'année 2350, qui est à peu près celle de ce cataclysme ; mais, à part l'opinion qu'on peut avoir sur les causes et la réalité de ce phénomène, il est certain que cette comète ne l'a pas occasionné, parce qu'une telle conséquence de sa rencontre aurait nécessairement changé, soit l'orbite de la comète, soit l'orbite de la terre, et qu'ainsi la supputation faite d'après l'état actuel porterait à faux.

Les Égyptiens avaient déterminé l'obliquité de l'écliptique d'après la position de la ville de Syène, alors sous le tropique, et ayant un puits au fond duquel le soleil se réfléchissait à midi, le jour du solstice d'été. Le puits existe encore ; mais au même jour et à la même heure le soleil n'en éclaire plus même le bord intérieur, ce qui prouve que Syène n'est plus sous le tropique, et que l'obliquité a diminué.

Les éclipses sont aussi un moyen de vérifier certaines dates historiques ; et c'est dans ce but que La Caille et Pingré ont calculé toutes celles qui ont pu arriver dix siècles avant et dix siècles après J.-C.

DAUPHIN (LE).

Constellation formant, à gauche et un peu au-dessus d'*Altaïr* de l'Aigle, un petit losange d'étoiles très-rapprochées, dont une tertiaire, deux quartaires et une de cinquième grandeur ; plus bas est une autre quartaire qui marque la queue de cette figure dans ses représentations.

DÉCAN.

Les zodiaques égyptiens étaient partagés en douze signes de chacun trente degrés. Chacun de ces signes était encore divisé en trois parties de dix degrés, appelées *décans*, auxquels présidait une divinité particulière pendant les dix jours que le soleil mettait à les parcourir.

DÉCLINAISON.

La distance à laquelle un astre se trouve de l'équateur à un moment donné indique sa *déclinaison*, qui se compte de 0 à 90 degrés; elle est boréale ou australe, et sa mesure est toujours complémentaire de la distance de cet astre à l'un des pôles.

Invariable pour les étoiles, elle change chaque jour d'environ un degré pour le soleil, ce qui produit les saisons différentes suivant les lieux qui ne sont pas situés sous la ligne équinoxiale.

La *déclinaison* de l'aiguille aimantée dont on garnit les boussoles et autres instruments d'observations, varie selon les latitudes et les longitudes : à Paris elle a été reconnue de 20° 30′ 40″ le 4 décembre 1850.

On a des moyens très-simples pour s'assurer en tous temps et dans chaque lieu de la déclinaison de ces aiguilles.

Ces effets magnétiques à la surface de la terre paraissent subir une variation annuelle, qui dépend de la position relative du soleil.

DEGRÉ.

Si la terre était parfaitement ronde, la mesure exacte d'un degré, ou même d'une fraction de degré, don-

nerait celle de la circonférence du diamètre de toute
la surface et même du volume du globe.

C'est ce dont on a voulu s'assurer pour appuyer la
théorie qui proclamait ce globe un sphéroïde aplati sous
les pôles de l'axe de rotation, ou pour savoir au moins
de combien cette forme différait de la réalité.

Cette importante opération avait été déjà faite l'an
820, sous le calife Alma-Moun, par deux géomètres
arabes, qui mesurèrent un méridien entier dans la
plaine de Sinjar.

Elle a été effectuée dans les temps modernes en divers pays, et prolongée sur plusieurs méridiens par des
procédés graphiques d'une grande précision; l'on a
obtenu ainsi la preuve matérielle de l'aplatissement
de la terre sous les pôles et de son renflement à l'équateur.

Aristote fait mention d'une circonférence de la terre
dont le degré, à 20 mèt. près, est celui des environs de
Paris, ou d'une latitude d'environ 49°, qui est celle de la
Tartarie.

A peu près la septième partie du pôle à l'équateur a
été mesurée sous le même méridien, depuis Dunkerque
jusqu'à l'île Formentera sur les côtes d'Espagne, et le
quart de ce méridien moyen a donné 5,130,740 toises,
dont *la dix-millionième partie* est le type exact et invariable de la longueur du mètre.

La différence de longueur est peu sensible entre deux
degrés des méridiens moyens; mais entre les points
extrêmes, c'est-à-dire entre ceux de Suède par exemple
et ceux de l'équateur, on a trouvé 772 mèt. de plus
aux premiers.

Au surplus, dans l'état actuel de la science, les mouvements de la lune et les lois de l'attraction donnent une

détermination plus exacte de cette différence, qui est de $\frac{1}{305}$, ou d'environ 5 lieues, entre le diamètre des pôles et celui de l'équateur.

On a divisé la voûte céleste, comme la surface de la terre qui lui correspond, en 360°, chaque degré en 60 minutes, la minute en 60 secondes, la seconde en 60 tierces. Les degrés d'ascension droite correspondent aux longitudes terrestres, et ceux de déclinaison aux latitudes.

Lorsque les anciens ont eu des instruments propres à mesurer exactement les angles, ils auraient pu connaître à peu près la circonférence de la terre en mesurant l'angle que donnait une étoile zénithale, pendant qu'un observateur aurait fait dans la même direction un arc terrestre correspondant.

Les degrés se désignent par un zéro placé à droite et au-dessus du nombre indiqué ; les fractions par une, deux ou trois virgules placées de même.

Le degré terrestre équivaut à 25 lieues de 4,444 mèt., ou à 28 lieues 1/2 de 3,898 mèt., ou enfin à 11 myr. 1,094 mèt.

Le degré céleste correspondant équivaut à 4 minutes de temps, c'est-à-dire que les étoiles paraissant décrire la demi-circonférence ou 180° en 12^h, un arc de 15° est parcouru en 1^h, 1° en 4^m, et enfin une minute de degré en 4^s de temps.

On obtient le diamètre du soleil, et celui à peu près égal de la lune, en observant combien de temps ces astres mettent à traverser le fil très-fin appliqué à l'objectif d'une lunette, ou les divisions graduées d'un micromètre. On trouve ainsi que ces diamètres sont d'environ 32′ ou un peu plus d'un demi-degré.

DELAMBRE.

Né à Amiens en 1749 et mort en 1822. Il s'est fait connaître par des travaux et des tables d'une grande importance en astronomie, ainsi que par une histoire universelle de cette science.

DÉLUGE.

Il est certain que plusieurs contrées du globe ont été successivement envahies par les eaux; les Indiens, les Perses, les Grecs, comme les Hébreux, ont gardé la mémoire de tels cataclysmes, qu'ils ont pu croire universels, parce que toutes les parties de la terre qu'ils connaissaient alors conservaient les traces de ces inondations.

La science géologique nous apprend aussi que le niveau des océans, pendant les périodes primitives du globe, a dû dépasser la hauteur des montagnes secondaires de l'Europe et des pays les plus anciennement habités sur notre hémisphère, où l'on retrouve partout les sédiments réguliers et séculaires des eaux, mais non les brusques effets de débris amoncelés, heurtés et transportés dans un déluge et un dessèchement *de quelques mois*.

A l'époque supposée de celui de Moïse, la terre, déjà ancienne, suivant ce législateur des Juifs, dix fois plus vieille, suivant des traditions, des monuments et surtout des preuves matérielles qu'il ne connaissait pas, était entièrement consolidée, au moins dans son enveloppe extérieure.

Le ménisque équatorial était formé; et puisqu'il est encore tel que les lois de la mécanique l'exigent, en supposant l'axe de rotation de la terre dans sa position primordiale, c'est qu'aucun choc ni aucune autre cause n'ont pu produire un accroissement assez subit et assez grand dans le niveau des mers, pour qu'elles aient surpassé *de quinze coudées toutes les montagnes du globe.*

Des cataractes célestes et des pluies de quarante jours sont impuissantes à produire un tel résultat, au moins d'après les lois de la nature physique ; car s'il est question de miracles et de causes surnaturelles, la science n'a pas à les discuter.

Le déluge de Deucalion, qui inonda la Thessalie, était rappelé par un monument que Pisistrate fit réparer, et qu'il consacra à Jupiter Olympien. Ce cataclysme eut lieu 1529 ans avant J.-C., c'est-à-dire environ trois ans avant la fuite d'Égypte, et peu après la fondation d'Héliopolis par Actis. Il devait donc avoir été connu dans toutes les contrées environnantes, en Syrie comme en Égypte.

C'est probablement l'impression récente de cette inondation et les souvenirs de celle d'Ogygès, arrivée trois siècles auparavant, qui firent supposer à Moïse un déluge universel, dont les circonstances devaient frapper de terreur les populations ignorantes qu'il conduisait dans le désert.

On a beaucoup écrit pour expliquer ou combattre la possibilité d'un tel phénomène ; Bourguet, Whiston, Burnet, Woodward, Linné, Schreuzer, etc., etc., ont publié des systèmes différents sur les causes et les effets de ce cataclysme. Voltaire, en l'admettant comme miracle, l'a démenti par les faits, la science et la raison.

Si, de son temps, les investigations de l'histoire naturelle avaient obtenu les résultats acquis aujourd'hui ; s'il avait su que dans une seule classe d'insectes les recherches entomologiques ont déjà fait connaître plus de cinquante mille espèces dont les efforts, les soins, l'intérêt de nombreux voyageurs et toute la vie de zélés collectionneurs ne peuvent effectuer la complète réunion, que n'aurait pas dit le malin vieillard sur les embarras de Noé et de sa famille pour chasser, prendre et conserver vivante une quantité si prodigieuse de ces petites merveilles de la création, dispersées dans toutes les parties du monde, s'y transformant à des époques différentes, et fort embarrassées pour se rendre d'elles-mêmes dans l'arche, et se préserver ainsi de la destruction?

En ce point comme en beaucoup d'autres, c'est mal entendre l'esprit religieux que de vouloir défendre le texte des écritures juives, faites pour d'autres temps et d'autres hommes.

Depuis que l'atmosphère primitive de notre planète s'est dégagée des eaux qu'elle tenait en suspension; que la terre consolidée est devenue habitable; que les mers ont rempli les cavités et pris la stabilité que les lois de l'attraction leur assignent à la surface du globe, un déluge universel n'a plus été possible.

DENSITÉ.

Tous les corps sont plus ou moins poreux et compressibles; plus leurs molécules sont rapprochées, plus ils sont denses et plus ils pèsent, puisque, selon les principes de Newton, l'attraction s'exerce en raison des masses.

Si l'on admet, d'après les expériences de Toricelli, que la densité de la terre s'accroît progressivement de la surface au centre, elle aurait environ cinq fois et demie la densité de l'eau distillée.

Le calcul des perturbations observées dans les mouvements planétaires et dans ceux des satellites a fait établir approximativement, selon les lois de la pesanteur universelle, les différentes densités de ces corps célestes.

La terre étant prise pour unité, Mercure serait trois fois plus dense; Vénus et Mars, un peu moins; Jupiter, Uranus et le *soleil* n'auraient qu'à peu près le quart de notre densité; Neptune et Saturne, environ le septième; et la lune, les trois cinquièmes.

DÉPRESSION.

Si, étant élevé dans un lieu découvert ou à bord d'un navire, on veut mesurer la hauteur d'un astre ou l'étendue de l'horizon, la ligne que borne dans l'espace la surface visible de la terre ou de la mer est nécessairement plus éloignée pour l'observateur, que s'il était placé au niveau de l'horizon rationnel. C'est la différence de cette étendue qui donne ce qu'on appelle l'*angle de dépression*, dont la valeur doit se retrancher de la hauteur obtenue.

La dépression est proportionnelle à la hauteur du lieu où se fait l'observation. Il en existe des tables, corrigées de la réfraction; elles indiquent qu'à 6 mèt. 50 d'élévation (20 pieds) on peut apercevoir un objet placé à 8,350 mèt., ou 2 lieues 3/10ᵉ; d'une hauteur de 97 mèt. 1/2 (300 pieds), la vue peut s'étendre à 32,501 mètres (8 lieues 1/8).

DESCARTES.

Né en Touraine en 1586, et mort en Suède à l'âge de cinquante-quatre ans. Il a le premier établi les vrais principes du raisonnement, en les dégageant des arguties et des subtilités de l'école ancienne.

On lui doit surtout l'application de l'algèbre à la géométrie, et de celle-ci à la physique.

Il avait fait un traité du monde, qu'il n'osa faire paraître après la sentence rendue en 1633 contre Galilée.
Des fragments sur le mouvement et la distance des planètes furent seulement publiés quatorze ans après sa mort,
dans son ouvrage sur les principes de la philosophie.

Son système astronomique des tourbillons n'a pu
résister à l'épreuve de l'examen analytique, qu'il avait
lui-même contribué à établir.

Il a aussi reconnu et démontré l'existence des forces
centrifuges qui maintiennent l'équilibre universel, en
balançant partout l'action de la pesanteur.

DÉVIATION.

Ce n'est pas seulement au centre de la terre que les
lois de la pesanteur tendent à ramener tous les corps
qui s'en écartent; partout les grandes masses agissent
sur les petites dans une proportion relative.

Ainsi les hautes montagnes attirent les corps libres
qui en sont voisins, et font dévier le fil à plomb de la
verticale.

Bouguer a trouvé 7^s 1/2 de degré pour cette *déviation* par le Chimboraço; Maskeline a trouvé 6^s au
Schehallien, en Écosse : ces déviations sont les résul-
tantes de la force d'attraction par la masse centrale, et de
celle particulière de la masse énorme de ces montagnes.

En raison du mouvement rotatif de la terre dans la
direction d'occident en orient, et ainsi que Newton l'a-
vait fait remarquer, les corps graves abandonnés d'une
grande hauteur éprouvent aussi vers ce dernier point
une déviation évaluée de 13 à 15 millimètres pour une
chute de 135 mètres.

Par la même cause, les projectiles lancés dans l'espace sous nos latitudes éprouvent *une déviation* constante vers la gauche de l'observateur placé au point de départ, et tourné vers la trajectoire.

Cet effet vient d'être démontré d'une manière plus sensible par les expériences de M. Foucault, au moyen du pendule qui se *dévie* sous nos yeux dans la direction de la rotation diurne.

La déviation est aussi démontrée par des expériences qui établissent que le fil à plomb *n'est pas exactement perpendiculaire* à la surface des eaux tranquilles, et qu'une image réfléchie dans le mercure, d'une hauteur de 57 mètres, s'avance d'environ 4 millimètres au nord de l'objet fixé au-dessus, d'après le fil à plomb.

Les forces centrifuges paraissent aussi produire des différences assez sensibles dans la durée de déviation d'un même nombre de degrés, selon qu'on fait partir les oscillations du plan de la méridienne, ou qu'on les fait commencer du point perpendiculaire à cette ligne.

DIAGONALE.

Les figures à plusieurs côtés peuvent toujours être partagées par des *diagonales* ou lignes menées d'un de leurs angles à l'angle opposé, ainsi que cela a été supposé dans les articles relatifs aux constellations représentant des carrés, des quadrilatères ou des parallélogrammes, indiqués dans cet ouvrage.

DIAMÈTRE.

Ligne droite passant par le centre d'un cercle ou d'un corps sphérique, et aboutissant à deux points opposés de la surface.

On a vainement cherché le rapport du diamètre à la

circonférence. C'est un problème insoluble, comme celui du rapport exact entre la diagonale d'un carré et l'un de ses côtés. Mais, au moyen des décimales, on approche tellement de ce rapport, que, le diamètre d'un cercle de plusieurs millions de mètres étant donné, la mesure de cette circonférence se trouve à moins d'un millimètre près.

Le rapport usuel et ordinaire est de 1 à 3,14.

Le diamètre moyen du globe terrestre est d'environ 1300 myriamètres (3,266 lieues); et celui de son orbite, de 31 millions de myriamètres (78 millions de lieues). *Voyez* RAYON, CERCLE, et le nom des planètes.

DICHOTÔME.

On se sert quelquefois de cette expression pour indiquer que la lune, en quadrature et dans son premier quartier, passe au méridien à six heures du soir.

DIFFRACTION.

C'est l'effet de la déviation des rayons de lumière dans l'ouverture des lunettes : cette diffraction circulaire ajoute ainsi aux diamètres apparents des astres observés.

DIGRESSION.

Dans leurs mouvements à peu près circulaires autour du soleil, les planètes dites inférieures, Mercure et Vénus, paraissent faire seulement des écarts à droite et à gauche de ce foyer commun de lumière. Lorsque, relativement à la terre, ces deux planètes sont parvenues au point de leur orbite le plus distant vers l'un de ces deux côtés, on dit que c'est leur plus grande *digression,* ou *élongation.*

C'est alors seulement que Mercure peut être aperçu à la vue simple, soit à l'aurore, comme le 3 octobre 1851, soit après le coucher du soleil, comme vers le 20 décembre de la même année.

DISTANCE.

Entre deux astres, la distance se mesure par l'angle que forment les lignes menées de leur centre à l'observateur, ou au centre de la terre.

La distance de chaque lieu au zénith est toujours le complément à 90° de la hauteur du pôle.

Ainsi à Paris cette hauteur, ou autrement la latitude, étant de 48° 50′ 14″, la distance au zénith est de 41° 9′ 46″.

L'heure à laquelle un phénomène est vu sous un autre méridien, ou des longitudes différentes, indique la distance qui existe entre les observateurs à raison de 15° par heure, ou de 1° pour quatre minutes.

Une bonne montre, portée de Paris à Brest, doit y retarder de 27^m 20^s, parce que cette dernière ville est de 6° 50′ environ plus à l'ouest que la première. Si au contraire un voyageur, parvenu à Strasbourg, voit sa montre en avance de 21^m 40^s sur les bonnes horloges de la ville, il peut en conclure qu'il s'est avancé de 5° 25′ vers l'orient, c'est-à-dire de 28^{myr} 3,270^m, à raison de 11^{myr} 1100^m par degré. *Voyez* PARALLAXE et le nom de chaque planète.

DOIGT.

Pour indiquer l'étendue d'une éclipse de lune, on divise son disque en douze zones parallèles, qu'on nomme doigts.

Lorsque le cône d'ombre de la terre s'étend sur le tiers

de notre satellite, on dit que l'éclipse est de quatre doigts, et ainsi proportionnellement jusqu'à douze, nombre indiquant qu'elle est totale.

DOLLOND.

Opticien né en Angleterre d'un réfugié français, et auquel on doit la découverte de l'achromatisme, qui a permis d'augmenter la puissance des lunettes jusqu'au point où l'on est parvenu depuis.

DOMINICALE (LETTRE).

Dans nos calendriers, cette lettre indique le dimanche, le jour du Seigneur ; elle rétrograde d'un jour chaque année, parce que cinquante-deux semaines ne font que 364 jours ; dans les années bissextiles, la lettre dominicale, qui a rétrogradé d'un rang pour janvier et février, recule d'un second rang pour les dix autres mois. En 1848, le 1er janvier étant un samedi, a pris la lettre A. Cette dominicale a été B pour janvier et février, et puis A pour le reste de l'année. Cette année 1851, la lettre dominicale est E ; elle sera donc D en 1852, et puis C pour les dix derniers mois de cette année bissextile.

DRAGON (LE).

Constellation très-étendue, toujours visible sur notre horizon ; sa principale étoile est *Thuban*, située entre les gardes de la petite Ourse et l'étoile au milieu des trois qui forment la queue de la grande Ourse ; une longue file de petites étoiles sépare les deux Ourses, se replie vers la polaire, et se recourbe encore au-dessous vers trois tertiaires et une quartaire qui sont à la tête du Dragon, et forment un quadrilatère irrégulier, en sens opposé à celui d'Hercule, situé au-dessous.

E

ÉCLIPSE.

Le soleil étant la source de toute lumière pour notre monde, et la lune seule passant assez près de nous pour le cacher entièrement ou en partie, ce n'est que lorsqu'elle se trouve directement entre cet astre et la terre qu'il peut y avoir éclipse de soleil. Quand c'est notre globe qui se place entre le soleil et la lune, celle-ci est alors éclipsée.

Si la lune faisait sa révolution autour de la terre, sur la même ligne que celle-ci trace autour du soleil, il est évident qu'il y aurait éclipse de soleil à chaque *conjonction*, c'est-à-dire *à chaque nouvelle lune*, puisqu'elle se trouve alors entre nous et le soleil; il y aurait aussi éclipse de lune à chaque *opposition*, c'est-à-dire au moment précis de *chaque pleine lune*.

Il n'en est pas ainsi, parce que l'orbite que parcourt la lune est inclinée de plus de 5° sur l'écliptique, ligne suivie par la terre autour du soleil : on voit donc que ce n'est qu'aux points où ces deux traces se rencontrent qu'il peut y avoir éclipse.

Les mouvements de la lune sont fort compliqués; la terre éprouve aussi des retards et des accélérations annuels, de sorte que la *même position relative* de ces deux corps avec le soleil ne revient que tous les 18 ans et 11 jours à peu près.

Cette période constitue le cycle de Méton, ou le *nombre d'or*, pendant lequel on peut observer 70 éclipses, dont 41 de soleil et 29 de lune, qui reviennent ensuite dans le même ordre pendant les périodes suivantes; ce qui permet d'annoncer à l'avance au moins le jour où chacune doit arriver.

Lorsqu'il n'y a que deux éclipses dans l'année, comme en 1850, ce sont des éclipses de soleil. Le temps changera néanmoins ces rapports, qui ne sont qu'approximatifs; actuellement il s'écoule 18 ans 0422 avant de revoir la même éclipse.

Les occultations totales sont peu fréquentes, parce que ce phénomène exige que les *centres des trois astres* se trouvent exactement sur la même ligne; tandis que pour les éclipses partielles il suffit que la lune se place entre des portions de la terre et du soleil, ou bien qu'elle passe de l'autre côté, dans une partie du large cône d'ombre projeté par la terre.

L'éclipse ne peut être *annulaire* que pour le soleil; elle arrive quand les trois astres étant dans la même direction, la lune se trouve *assez loin de nous* pour que son diamètre apparent soit *moins grand* que celui du soleil; alors le disque de ce dernier déborde tout autour de notre satellite sous la forme d'un anneau lumineux, comme on a pu l'observer un moment le 8 octobre 1847.

Les éclipses annulaires ou totales ne sont jamais visibles que pendant quelques minutes et de certains points connus d'avance, parce que la lune étant bien plus petite que la terre, l'ombre qu'elle projette ne nous atteint que par son extrémité, en se promenant à travers notre globe comme une tache obscure. Il faut donc se trouver *précisément sous cette trace* pour ne voir aucune portion du disque solaire. Les éclipses totales de la lune sont au contraire *ainsi* pour toute la terre, dans l'ombre

de laquelle notre satellite est plongé ; mais l'occultation commence et finit pour chaque pays à des moments
différents, par l'effet de la rotation terrestre.

Dans les éclipses totales du soleil la lumière disparaît
tout à coup, parce qu'il suffit de la plus faible partie de
ses rayons pour illuminer la terre ; un peu auparavant,
le *clair de terre* rend alors visible le disque de la lune,
et pendant la courte durée du phénomène on aperçoit
autour du disque une couronne lumineuse d'une certaine étendue.

Depuis l'éclipse totale du 8 juillet 1842, d'importantes
questions divisaient les astronomes : les uns avaient alors
aperçu trois protubérances rosées débordant le disque
éclipsé ; d'autres n'en avaient vu que deux ; d'autres
enfin n'avaient rien observé de semblable. A Novarre,
M. Sechi avait même vu des cônes lumineux rentrant
sur les bords du disque lunaire comme des entailles,
ainsi qu'on voit quelquefois Aldébaran occulté par
notre satellite. Un rapport d'Honolulu, seul endroit où
M. Kutzychi avait pu examiner l'éclipse totale du 7 août
1850, compliquait les incertitudes ; MM. Mauvais et
Goujon, envoyés à Dantzig par le Bureau des longitudes
pour observer l'éclipse du 28 juillet 1851, en ont rapporté toutes les circonstances, dont voici les principales :
Quelques secondes avant l'occultation totale, la lune
est devenue visible ainsi qu'une couronne, dont l'intensité décroissait insensiblement, et qui avait une largeur
d'environ 10′ de degrés. Les rayons en étaient réguliers, et centrés sur l'astre caché.

Débordant le disque de la lune, cinq corps de différentes formes et d'un rose plus ou moins vif ont été observés ; deux s'étendaient comme des crêtes de collines ;
un troisième, plus remarquable, était recourbé en crois-

sant vers le haut ; un autre arrondi était *isolé du bord ;* un dernier, à base très-large, paraissait avoir sa masse séparée par une ligne ; ces corps étranges semblaient fixés sur le disque solaire, s'élevant ou diminuant avec le mouvement de la lune, qui découvrait ou cachait successivement leurs parties. La plus grande élévation de ces appendices a été estimée à une minute et demie de degré.

Pendant cette éclipse totale, et quoique l'obscurité fût moins intense qu'en 1842, on a pu distinguer les planètes de Mercure, de Vénus et de Jupiter, ainsi que Procyon, Régulus, et l'Épi de la Vierge.

M. Hind, célèbre astronome de Londres, qui s'était rendu à Ravelsberg sur la côte occidentale de Suède, rapporte qu'en outre d'un chapelet et de la couronne, où se remarquaient seulement des ondulations, il a observé, au bord inférieur, une suite d'inégalités avec une protubérance conique au milieu ; à l'est ou à gauche, un autre corps plus arrondi ; et enfin à l'ouest, une troisième protubérance droite jusqu'aux deux tiers de son étendue, puis recourbée au sommet comme un sabre ; à côté et un peu plus bas était une tache *triangulaire,* et tout à fait *isolée.* Tous ces appendices étaient d'une couleur rose plus ou moins vive. *Voyez* planche Ire, figure 1re.

Malgré quelques différences dans le nombre et la position des corps aperçus, il résulte de ces rapports qu'il existe réellement autour du soleil des espèces de satellites en circulation, soit isolés, soit agrégés et étendus, comme les anneaux de Saturne.

Le 18 juillet 1860, il y aura encore une éclipse totale de cet astre ; ce sera la quatrième en vingt-sept ans, fait qui ne se représentera plus avant des siècles.

L'histoire rapporte que plusieurs généraux ont habilement profité des éclipses dont ils connaissaient l'époque; et cependant, au siècle de Louis XIV, l'armée française fut mise en déroute devant Barcelone par l'épouvante que l'un de ces phénomènes, non prévu, vint occasionner.

La plus ancienne observation mentionnée dans les annales de la Chine remonte au 12 octobre de l'an 2155 avant notre ère; le calcul des périodicités fait coïncider cette éclipse avec celle du 28 juillet dernier, qui serait le deux cent vingt-deuxième de ses retours.

En 1668, on vit à Paris, de même qu'à Florence en 1630, la lune éclipsée, pendant que le soleil était encore visible. Les anciens astronomes ne pouvaient se rendre compte d'un tel effet, occasionné par la réfraction des rayons lumineux, qu'ils ne connaissaient pas, et qui nous fait croire à la présence du soleil lorsqu'il est déjà à plus d'un demi-degré sous l'horizon, distance qui répond à environ 4 minutes de temps. Lors des éclipses partielles, les places lumineuses provenant des interstices du feuillage sont *échancrées* selon le degré d'occultation, au lieu d'être arrondies, comme on peut le remarquer en tout autre moment sur le sol, dans l'ombre des arbres.

On a aussi remarqué qu'au moment où l'éclipse du soleil va devenir totale ou cesser de l'être, des boules lumineuses se projettent sur les surfaces opposées avec une grande mobilité : cet effet tient certainement à la différence de densité des couches atmosphériques, qui décomposent les faibles faisceaux de lumière solaire, comme elles produisent la scintillation des étoiles.

A l'approche de l'obscurité totale, les animaux qui s'abritent ordinairement au coucher du soleil cessent de travailler et gagnent leurs retraites; les hommes en font autant, quand ils ne sont pas familiarisés avec ces phénomènes. Une récente relation d'observateurs anglais qui s'étaient rendus dans une des îles bordant la côte de Norwége, sous le 64° degré de latitude, porte que tous les habitants avaient été se cacher dans leurs huttes au moment de la diminution du jour et jusqu'à sa réapparition.

Les éclipses des planètes ou des étoiles par la lune s'appellent des *occultations*. Jupiter a été occulté par Mars en 1591, et Mercure par Vénus en 1737. Lorsque l'une de ces deux dernières planètes s'interpose entre la terre et le soleil, ce phénomène est un *passage*, d'où l'on déduit les parallaxes. *Voy.* Occultation et Passage.

ÉCLIPTIQUE.

Le soleil semble tracer parmi les étoiles une ligne répondant chaque jour à un point différent, et parcourir ainsi, chaque année, les constellations figurées dans les zodiaques.

C'est la terre qui, tournant autour du soleil, répond successivement à l'une de ces douze constellations; sa trace dans le ciel s'appelle *l'écliptique*, parce que les éclipses ne peuvent avoir lieu hors de son plan, incliné présentement sur l'équateur solaire de 23° 27'.

Aux équinoxes, l'équateur de la terre vient coïncider avec le plan de l'équateur solaire, ce qui rend le jour égal à la nuit pour toutes les régions du globe, qui jouiraient d'une température *uniforme pour chacune*, si cette position pouvait s'éterniser.

La terre continuant son mouvement, l'obliquité de l'écliptique augmente pendant à peu près trois mois, et arrive à son maximum au solstice d'été, pour diminuer ensuite jusqu'à l'équinoxe d'automne, à laquelle le

plan équatorial coïncidant vers le point opposé avec
l'équateur du soleil, chaque lieu de la terre a encore
douze heures de jour et douze heures de nuit; l'obliquité recommence jusqu'au solstice d'hiver, où, attei-
gnant son maximum, elle décroît journellement pour
continuer chaque année de la même manière, au moins
en apparence; car en réalité l'obliquité de l'écliptique
tend à *diminuer* depuis les premières observations, qui
remontent à 1100 ans avant notre ère. Selon Laplace,
cette diminution atteindra tout au plus cinq degrés;
d'autres savants prétendent que les deux équateurs
finiront par coïncider.

La trace de l'écliptique, en partant du point où se
place le signe ♈, qui marque l'équinoxe du printemps
dans la constellation des Poissons, va passer entre le
Bélier et la Baleine, entre les Pléiades et Aldébaran
du Taureau, à l'étoile indiquée δ dans les Gémeaux, à
Régulus du Lion; puis, traversant la Vierge au-dessus de
l'*Épi*, elle passe auprès de α de la Balance, à β du Scorpion, à la tête du Sagittaire; traverse le Capricorne, le
Verseau près de l'étoile λ, et revient à son point de
départ.

Chaque jour, à midi, les habitants de la terre qui se
trouvent sous cette ligne ont le soleil à leur zénith;
l'aurore et le crépuscule y sont très-courts, parce que
l'astre du jour paraît monter à l'horizon et descendre
au-dessous dans une direction perpendiculaire et jamais
oblique, comme sous nos latitudes.

Il franchit ainsi beaucoup plus promptement les 18°
de la distance à laquelle les hautes couches de notre
atmosphère nous réfléchissent encore ses rayons. *Voyez*
Obliquité.

ÉCREVISSE (L').

Constellation plus généralement désignée aujour-
d'hui sous le nom du Cancer, qui fait partie du zodiaque.
Voyez CANCER.

ÉGÉRIE.

Petite planète trouvée, le 3 novembre 1850, par Gasparis, de Naples ; son inclinaison sur l'écliptique est de
15° environ ; elle circule entre Mars et Jupiter comme
tous les petits corps trouvés, auparavant et depuis, dans
cette zone céleste.

ÉLÉMENTS PLANÉTAIRES.

Ce sont les indications nécessaires pour trouver, à
un moment donné, l'endroit du ciel où doit être une
planète.

Ces éléments sont : 1° la position des nœuds ; 2° l'inclinaison de l'orbite sur notre écliptique ; 3° le temps de
la révolution sidérale ; 4° la moyenne distance au soleil ;
5° l'excentricité de l'orbite ; 6° le périhélie ; 7° le lieu
de la planète à un moment quelconque.

En calculant toutes ces données, et ayant égard aux
perturbations qui ont pu se produire, les astronomes
savent retrouver dans les cieux tous les corps qu'ils
veulent examiner de nouveau ; en les amenant dans le
champ de leurs lunettes.

Pour les éléments du *système solaire*, c'est-à-dire
pour connaître le volume, la masse, la densité, le temps
de la rotation, etc., de tous les corps célestes aujourd'hui
connus, on en trouvera l'indication aux mots SYSTÈME,
PLANÈTE, et aux noms particuliers qui les désignent.

ELLIPSE.

Avant Kepler, on croyait que les corps célestes devaient effectuer leurs mouvements en décrivant un cercle régulier, figure géométrique la plus parfaite ; on ne pouvait alors expliquer les retards et les différences qu'une observation attentive faisait reconnaître dans la marche de ces astres ; mais dès que ce révélateur des lois naturelles eut l'idée que d'autres sections coniques pouvaient s'appliquer à leurs orbites, les difficultés disparurent, et l'*ellipse* fut reconnue comme la courbe affectée par tous les globes de notre monde solaire, dans leurs révolutions.

La propriété de cette courbe est d'avoir plusieurs centres sur la même direction. Ainsi, par exemple, la terre en tournant autour du soleil en est à 440,000 myr. (1,100,000 lieues) plus loin, au point de son ellipse qu'on nomme l'aphélie ou l'apogée, qu'au point le plus près, c'est-à-dire au périhélie ou périgée.

ÉLONGATION.

Les planètes inférieures, telles que Mercure et Vénus, nous paraissent borner leurs mouvements à des écarts plus ou moins grands à droite ou à gauche du soleil, quoiqu'en réalité ces corps décrivent, comme les autres, des ellipses ou cercles un peu allongés autour de ce foyer commun de notre univers.

Comme ces orbites ne sont inclinées que de 7 et de 3 degrés 1/3 à peu près sur le plan de notre propre orbite, nous voyons ces planètes exécuter des lignes presque droites, puis s'arrêter, et revenir ensuite vers le soleil. On appelle *élongations* ces traces, ces grands arcs de leurs orbites, que les planètes parcourent avec vitesse en croisant notre rayon visuel ; tandis qu'elles nous semblent *stationnaires* quand elles décrivent, cependant de la même vitesse, les autres parties de leurs ellipses, en s'éloignant ou se rapprochant dans une direction presque parallèle à notre propre mouvement.

EMBOLISMIQUES (ANNÉES).

Elles étaient de treize mois, et les Grecs en intercalaient sept dans leur cycle de dix-neuf ans, afin de ramener l'année civile à l'année solaire.

ÉMERSION.

Lorsqu'un astre est occulté par un autre, le moment où il reparaît aux yeux de l'observateur est l'*émersion* ; dans les éclipses de lune ou de soleil, on emploie ce terme pour désigner l'instant auquel commence à reparaître le bord de l'astre éclipsé, et surtout le moment où les deux disques se séparent.

ÉPACTE.

C'est l'âge de la lune, ou le temps écoulé depuis la dernière néoménie. S'il est au-dessous de $14^{\text{j}}18^{\text{h}},367$, en ajoutant à l'épacte le temps nécessaire pour compléter cette durée, on obtient le moment de la pleine lune ; puis, si l'on y ajoute encore le temps ci-dessus, on a le jour de la nouvelle lune.

Cette épacte *astronomique* diffère de l'épacte *ecclésiastique* employée pour supputer au commencement de chaque année solaire, par le moment de la nouvelle lune, le jour de la fête de Pâques ; ces épactes ne donnent que les lunaisons moyennes, et sont d'ailleurs sujettes à des modifications tous les trois siècles, parce que le pape Grégoire XIII, en la proposant, a supposé la lunaison un peu trop forte.

ÉPAGOMÈNES (JOURS).

Ce mot signifie *ajouté*, comme celui d'épacte. Les Égyptiens désignaient ainsi les cinq jours qu'ils ajoutaient à la fin de chaque année pour éviter les intercalations.

Le calendrier républicain portait aussi, à la fin du dernier mois, cinq ou six jours *complémentaires*, selon que l'année était ou non bissextile.

ÉPHÉMÉRIDES.

Tables astronomiques, calculées pour donner l'état du ciel chaque jour du mois et de l'année.

ÉPI (L').

Étoile primaire de la constellation de la Vierge, très-voisine de l'écliptique : c'est l'étoile que les Hébreux nomment *Shiboleth ;* elle se trouve sur la diagonale, prolongée vers le midi, des étoiles α et γ du carré de la grande Ourse.

ÉPICYCLOÏDE.

Courbe continuelle et progressive que décrit un corps autour d'un autre en mouvement, et dont le centre se déplace toujours dans la même direction.

La lune fait autour de la terre *une suite d'épicycloïdes*, dont les centres sont sur l'orbite que la terre trace autour du soleil ; la terre en fait autant sur la courbe que le soleil décrit dans son mouvement de translation autour du centre de gravité du groupe d'étoiles dont il fait partie. Enfin ce groupe accomplit sans doute les mêmes évolutions autour du centre de l'univers.

ÉPOQUE.

Pour dresser les tables du soleil, de la lune ou des planètes, les astronomes ont besoin d'un point de départ qui se nomme *l'époque*, c'est-à-dire le lieu moyen d'un astre à un moment donné.

On choisit ordinairement le passage au périhélie pour fixer cette époque, qui sert ensuite à déterminer les positions ultérieures du corps céleste auquel ladite époque se rapporte.

Aujourd'hui *l'époque* du soleil, c'est-à-dire la place qu'il occupe parmi les étoiles, est indiquée pour le 31 décembre à minuit, afin de faire coïncider le jour astronomique avec le jour civil.

ÉQUATEUR (L').

Si par une belle nuit on veut examiner le ciel, on remarquera que certaines étoiles qui décrivent les plus grands cercles restent douze heures sur l'horizon; ce sont elles qui marquent la zone de *l'équateur céleste*, dont le soleil ne s'écarte pas dans le mouvement annuel qu'il paraît accomplir.

Les constellations zodiacales sont figurées dans cette zone, qui comprend 9°, soit au-dessus, soit au-dessous de la ligne de l'équateur; mais cet espace, où circulent toutes les anciennes planètes, n'est plus assez large pour renfermer l'orbite de quelques-unes des nouvelles, dont l'inclinaison sur l'écliptique est beaucoup plus grande.

L'équateur de la terre est perpendiculaire à l'axe des pôles, dont l'un est toujours à l'horizon. C'est de cette ligne que l'on compte les degrés de latitude de 0 à 90°.

Les habitants des régions équatoriales voient chaque nuit *toutes les étoiles* s'élever et s'abaisser *perpendiculairement*. Les habitants des pôles n'en voient jamais que *la moitié* décrire des cercles plus ou moins grands, mais toujours *parallèles* à leur horizon.

Paris étant sous une latitude intermédiaire, nous pouvons observer à peu près les trois quarts des constellations, et les voir se succéder *obliquement* sous nos yeux.

ÉQUATION.

En mathématiques, c'est une valeur comparée à d'autres; c'est un nombre qu'il faut ôter ou ajouter à une valeur moyenne, pour obtenir la valeur véritable des éléments que l'on combine.

Ce terme a aussi différentes applications astronomiques.

L'équation du temps est la différence entre le temps vrai et le temps moyen, que les tables et les annuaires donnent pour chaque jour à midi; des pendules *à équations* indiquent, au moyen de deux aiguilles des minutes, ces deux temps à la fois.

Les distances relatives du soleil, de la lune et de la terre varient continuellement dans le cours de l'année; ces variations donnent lieu à l'établissement de l'*équation annuelle* et de celle *mensuelle*.

L'équation du centre est la différence entre la véritable et la moyenne longitude de la terre; l'une excède l'autre pendant la moitié de l'année, c'est le contraire pendant les six autres mois; le maximum dans l'une et l'autre position est de $1°55'33''3'''$. Selon les observations chinoises de l'année 1280, elle était de $2°,176$;

l'excentricité de l'orbe terrestre aurait ainsi diminué, comme cela a été constaté pour Mercure et pour la lune.

ÉQUATORIAL.

Appareil d'observation, composé principalement d'une forte lunette disposée parallèlement *à l'équateur*, pouvant d'ailleurs prendre toutes les inclinaisons et suivre dans leur marche tous les corps célestes.

Le grand équatorial de Pulkova, en Russie, porte un réfracteur de 38 centimètres d'ouverture, dont la force de pénétration rivalise avec les plus grands télescopes; un instrument semblable est aussi monté à Cambrige aux États-Unis. *Voyez* Parallactique.

ÉQUINOXE.

En tournant régulièrement sur elle-même, la terre décrit autour du soleil, avec une vitesse inégale, un cercle, ou plutôt, une ellipse inclinée sur le plan de l'équateur solaire, de sorte que pendant la moitié de ce mouvement de translation, l'un des pôles du globe est au-dessus et l'autre au-dessous du foyer de lumière et de chaleur; l'hémisphère qui regarde le soleil a des jours plus longs et des nuits plus courtes à chaque révolution diurne de la terre sur son axe. L'effet contraire a lieu en même temps pour l'autre hémisphère.

Mais à l'instant où la terre, passant de la partie supérieure de son ellipse à la partie inférieure, présente son équateur parallèlement à celui du soleil, l'axe de rotation devient perpendiculaire à la ligne qui serait menée au centre de cet astre.

Dans cette position, il est évident que la moitié de la terre est éclairée d'un pôle à l'autre; qu'en tournant sur elle-même, cette planète présente chaque point de sa surface au soleil pendant douze heures, et que ces points sont ensuite privés de sa présence pendant la même durée.

Un semblable phénomène a lieu au point diamétralement opposé de l'orbite, quand la terre revient à la partie supérieure de cette courbe : alors les jours sont encore égaux aux nuits pour toutes les régions du globe ; c'est le second *équinoxe*.

La première de ces positions est pour nous l'équinoxe de printemps, époque à laquelle le soleil paraissait entrer autrefois dans le signe du Bélier, mais qui, en raison de la précession, arrive aujourd'hui quand le soleil est dans la constellation des Poissons, très-près du Verseau.

L'équinoxe d'automne, qui arrivait dans la Balance au point opposé au Bélier, a lieu maintenant dans la constellation de la Vierge, très-près du Lion.

Par suite du mouvement elliptique de la terre, sa vitesse de translation se modifie selon sa distance au foyer d'attraction. De l'équinoxe du printemps, c'est-à-dire du 20 au 21 mars, la terre met à peu près sept jours de plus pour arriver à l'équinoxe d'automne vers le 23 septembre, que pour retourner au premier point.

ÉQUINOXIAL (CADRAN).

L'équateur terrestre répond dans le ciel à un plan toujours perpendiculaire à l'axe des pôles et coupant l'écliptique, c'est-à-dire la ligne que paraît suivre le soleil, en deux points qui marquent les *équinoxes*.

On appelle *cadran équinoxial* celui dont le plan, fixé parallèlement à l'équateur, est traversé par un style figurant l'axe de la terre. Les divisions horaires y sont tracées sur les deux faces que le soleil éclaire alternativement pendant six mois, et sur lesquelles l'ombre du style indique toutes les heures du jour, en décrivant une courbe. Le jour des équinoxes, le soleil n'éclaire que la tranche du cadran, et l'ombre se projette sur le *rebord* dont il est muni.

ÉRATOSTHÈNE.

Astronome grec, né à Milet 113 ans avant notre ère, et qui calcula les distances de la terre à la lune et au soleil au moyen des angles mesurés avec les instruments alors en usage. Il obtint aussi la circonférence de la terre, à peu près exactement.

On lui attribuait l'invention de la sphère céleste ; mais celle qu'il fit connaître était certainement tirée d'une plus ancienne qu'il avait vue en Égypte, puisqu'elle représentait un état du ciel antérieur de mille années à l'époque où il vivait.

ÈRE.

Chaque peuple, pour supputer le temps, adopte une circonstance remarquable, d'où se comptent les années de son histoire.

L'ère des Juifs, qu'ils font remonter à la création du monde, répond à l'an 489 de la chronologie chrétienne, suivant Ussérius ; mais cette origine est fort incertaine, et a toujours divisé les commentateurs. Les uns la fixent à 4004 années seulement, tandis que, sur des textes différents, d'autres la reportent à 5300, à 5493 et même à 5873 ans avant notre ère, qui a commencé le 1ᵉʳ janvier après la naissance de J.-C.

Cette date même a donné lieu à diverses opinions,

parce que, dans les premiers siècles du christianisme, les sectateurs épars chez différents peuples n'avaient que des traditions douteuses sur la naissance comme sur les actes et la mort du divin législateur.

La date adoptée aujourd'hui est celle supputée par Denys le Petit en 532. Elle répond au 25 décembre 753 de la fondation de Rome.

L'ère des Grecs date de la première olympiade, ou plutôt de l'époque où les jeux olympiques furent rétablis, et remonte à l'an 776 avant J.-C.

L'ère des musulmans date de la fuite de Mahomet à Médine, 622 ans après J.-C.

L'ère républicaine datait du 22 septembre 1792, et n'a duré que treize ans. Il est utile de la connaître pour supputer les actes de la vie civile, et les faire accorder avec la reprise de l'ère chrétienne.

ÉRIDAN (L').

Constellation australe qui comprend une file tortueuse d'étoiles de troisième et de quatrième grandeur, partant au-dessus de Rigel d'Orion, s'avançant vers la Baleine, revenant vers le grand Chien, et se terminant à 32 degrés du pôle austral par Acharnar, étoile de première grandeur qui n'est jamais visible sur notre horizon.

ESPACE (L').

On peut s'imaginer des régions plus reculées, où d'autres étoiles et d'autres nébuleuses existeraient encore, après celles dont nous distinguons à peine les faibles lueurs ; mais ensuite comment limiter cette étendue, ou concevoir l'espace prolongé *à l'infini* dans toutes les directions ?

L'astronomie ne cherche pas à pénétrer ces mystères

de la nature; l'*espace* n'est pour la science qu'un vaste
champ d'observation, où ses instruments et ses calculs
vont mesurer les intervalles qui séparent les corps célestes, comparer la vitesse et l'étendue de leurs révolutions, et reconnaître les lois universelles qui les régissent.

Si l'espace sans fin est incompréhensible, nous avons
au moins d'exactes mesures qui prouvent sa prodigieuse
profondeur. Les distances de la terre et des autres planètes au soleil sont connues; Neptune, récemment découvert, porte à plus de 500 millions de myr. (1250
millions de lieues) l'étendue du rayon de l'orbite que
notre système décrit dans l'espace.

Nous savons que la lumière de l'une des étoiles de
la Lyre, placée à plus de 560,000 fois la distance de
la terre au soleil, met plus de dix ans à nous parvenir,
et que, des limites de la Voie lactée, la lueur que nous
apercevons a été émise depuis plus de 2000 années.
D'autres soleils et d'autres nébuleuses, encore plus éloignés, nous indiquent leurs distances par l'éclat compa-
ratif qu'ils réfléchissent dans nos miroirs.

Des étoiles doubles, qui ne paraissent qu'un point
lumineux dans l'espace, laissent mesurer entre elles des
intervalles tout aussi grands que ceux de notre système.

Comment expliquer alors, en présence de tant de soleils, l'obscurité de l'espace que des rayons lumineux
traversent incessamment, de tous les points et dans tous
les sens?

Il semble que, même en l'absence de l'astre qui nous
éclaire, les cieux devraient resplendir d'une lumière
éclatante, si un fluide quelconque, un éther généralement répandu dans cet espace, n'affaiblissait pas insensiblement l'intensité des rayons qui le traversent.

La lumière, comme les agents de l'électricité, du magnétisme et de l'attraction, traverse-t-elle l'espace d'une manière latente, et devient-elle seulement perceptible par les réfractions de notre atmosphère?

Il est toutefois certain qu'une *matière cosmique* sert de conducteur à ces agents de la nature ; qu'elle se révèle dans l'espace, en modifiant la révolution périodique des corps légers, tels que les comètes ; en refoulant leurs queues, si elles sont très-étendues, dans une direction contraire à leur marche, et même en les absorbant quelquefois.

Non-seulement l'espace est peuplé de soleils innombrables, mais il est probable que des corps opaques encore plus nombreux circulent autour de ces étoiles, ou que ces étoiles circulent autour de corps opaques invisibles pour nous : les perturbations observées dans le mouvement propre de Procyon, de Sirius et d'autres étoiles ont donné cette opinion à plusieurs de nos astronomes modernes les plus estimés ; elle existait d'ailleurs très-anciennement, car *Origène* la mentionne positivement.

ESTIME.

Quand à bord d'un navire on a reconnu sa vitesse et sa direction au moyen du loch et de la boussole, on fait *le point*, c'est-à-dire qu'on marque sur une carte marine le lieu où il se trouve.

Cette *estime* se rectifie ensuite par les moyens plus exacts que donne l'astronomie.

ÉTABLISSEMENT DU PORT.

On désigne ainsi le retard qu'éprouve chaque jour la pleine mer dans le même lieu, sur le passage de la lune au méridien. La différence est souvent très-grande entre des ports voisins, en raison de la configuration des côtes ou des obstacles que le flot doit surmonter pour y parvenir : ainsi le retard qui est de 3^h· 33^m· à Brest est de 6^h à Saint-Malo, et de 10^h· 1/2 à Dieppe. En général, sur les côtes de l'Océan la marée retarde chaque jour d'environ 50 minutes.

ÉTÉ.

Cette saison commence vers le 22 juin, à l'époque du solstice ; alors les jours sont les plus longs de toute l'année ; on peut même diré qu'il n'y a pas de nuit, mais seulement un crépuscule entre le jour passé et celui qui va naître.

ÉTHER.

Le vide absolu ne paraît pas exister dans la nature ; et quoique les corps célestes traversent librement l'espace, sans que nous puissions apprécier la résistance qu'ils doivent y éprouver en déplaçant continuellement la matière qui le remplit, il est probable que, dans la suite des siècles, leur mouvement en éprouvera l'effet.

Quelle que soit la subtilité de la lumière, du calorique, de l'électricité, du magnétisme, de l'attraction ou de l'impulsion, les agents visibles ou cachés de ces forces différentes nous mettent en communication, non-seulement avec les autres planètes et le soleil de nôtre système, mais avec tous les autres astres que nous apercevons à l'œil nu ou à l'aide de nos miroirs magiques.

Il faut donc qu'un fluide quelconque, *un éther* serve de conducteur à ces forces matérielles, et tout à la fois de voile transparent contre l'intensité lumineuse de tous les soleils, dont l'éclat nous aveuglerait, si l'éther partout répandu *n'affaiblissait pas le rayonnement des astres éloignés.*

L'observation attentive des comètes dont les queues sont très-étendues indique l'existence de ce milieu résistant, d'abord en modifiant la périodicité de leur retour, et ensuite en nous montrant ces queues diaphanes refoulées dans une direction opposée à leur marche et à l'attraction du soleil.

On a vu même plusieurs de ces immenses traînées se résoudre dans l'espace, où quelques astronomes pensent que leurs molécules occasionnent la lumière zodiacale.

Arago croit aussi que les intervalles célestes sont remplis d'une matière très-rare, dont la densité pourrait être indiquée par l'observation des étoiles changeantes. Newton pensait qu'un éther très-élastique pouvait produire une partie des phénomènes de la nature, tels que ceux de la gravité, etc. La prodigieuse quantité d'étoiles filantes qui traversent l'espace, en y laissant leurs traces matérielles ; le calorique qui s'échappe perpétuellement des masses planétaires, sont nécessairement liés à l'existence d'un fluide éthéré, sans lequel il n'y aurait ni transmission ni activité dans l'univers.

Newton écrivait le 28 février 1678 à R. Boyle : « Je cherche *dans l'éther* la cause de la gravité ; » mais plus tard il rejeta cette idée, déclarant expressément « qu'il ne considérait, en aucune manière, la gravitation comme une propriété des corps. »

ÉTOILES.

Suivant les apparences, on a dû croire, primitivement, que le soleil et la lune étaient seuls en mouvement dans l'espace *entre le ciel et la terre*; que les étoiles étaient attachées, *fixées* à un firmament de cristal, à la voûte céleste qui tournait d'un seul bloc autour de nous ; puis, en reconnaissant que certaines étoiles, telles que Vénus et Jupiter, changeaient de place relativement à celles qu'on voyait toujours immobiles, on considéra les premières comme des astres errants, dont Mercure, Mars et Saturne vinrent dans la suite augmenter le nombre.

Mais les *fixes* d'autrefois ne sont pas plus en repos que les corps de notre monde solaire : ces astres, lumineux par eux-mêmes, sont autant de soleils que leur éloignement réduit pour nous à des points étincelants, foyers probables de lumière et de chaleur pour des mondes qu'ils transportent avec eux dans les profondeurs de l'infini.

L'attention et les études des modernes observateurs sont maintenant dirigées sur les phénomènes de l'astronomie stellaire ; il devient donc intéressant de connaître plus spécialement tout ce qui se rattache à cette branche si importante de la science, et de considérer à part la nature, la disposition, le nombre et le mouvement des étoiles, dans une suite d'articles où l'on a réuni ce qui peut se rapporter à chaque question, dans l'état actuel des connaissances.

A. *Couleur des étoiles.*

Au temps de Ptolémée, on distinguait comme étoiles *rougeâtres* : Aldébaran, Pollux, Antarès, Arcturus, et l'Épaule d'Orion (Adaher), qui sont aujourd'hui comme il y a 1800 ans.

Ptolémée disait aussi que Sirius était de la même couleur. Sénèque écrivait que cette étoile était *plus rouge* que Mars ; et maintenant cette belle étoile est tout à fait blanche. L'histoire astronomique des Grecs, des Romains et des Arabes ne mentionne rien sur l'époque de ce changement extraordinaire de couleur.

W. Herschel indique des étoiles bleuâtres, beau bleu, rouge pâle, bleu foncé, jaunes et vertes ; des groupes dont toutes les étoiles sont bleues ; d'autres, avec une étoile rouge au centre ; des groupes binaires blancs que Struve a trouvés depuis composés d'une étoile jaune et d'une bleuâtre, tandis que le même astronome cite plus de trois cents étoiles doubles, et toutes blanches.

En général, dans les systèmes binaires, si la petite étoile est bleue ou verte, la plus grande est jaune ou rouge ; ainsi l'une est de la couleur complémentaire de l'autre, ce qui indiquerait que cette différence est un effet de contraste : γ d'Andromède montre une étoile cramoisie et une petite verte ; ζ du Cancer, une grande jaune et une petite bleue ; γ du Lyon, une grande jaune d'or, avec une petite vert rougeâtre, elle varie d'intensité comme α d'Hercule, γ de la Vierge, γ du Dauphin, etc.

L'étoile double α du Centaure est remarquable en ce qu'elle offre la même couleur orange vif dans les deux corps, avec une teinte seulement un peu plus sombre dans le plus petit ; η de Cassiopée est une belle étoile blanche, avec une petite d'un rouge pourpré. Dunlop vit, dans une nébuleuse de $10'$ qu'il examinait à $29°$ du pôle austral, trois étoiles rouges et une jaune au milieu d'une multitude de blanches ; une autre nébuleuse de 3 minutes 1/2 de diamètre était toute formée d'étoiles bleuâtres. J^n Herschel indique, dans ses observations au cap de Bonne-Espérance, soixante-seize étoiles rouges de la septième à la neuvième grandeur. Quelques-unes, dit-il, faisaient l'effet de gouttes de sang dans le miroir du télescope. Quoique la plupart des étoiles variables soit d'une teinte rougeâtre, cependant Algol de la Tête de Méduse, au-dessous de l'Arc de Persée, β de la Lyre et ε du Cocher, sont très-blanches ; *Mira* de la Baleine, la belle étoile d'Hevelius, est fortement rougeâtre ; η de la Lyre est bleuâtre. Près de la Croix du Sud, un groupe serré de petites étoiles rouges, vertes et bleues, fait l'effet, dans un fort télescope, de pierres précieuses de différentes couleurs.

B. *Chaleur des étoiles.*

Aristarque de Samos enseignait que les étoiles étaient, comme le soleil, d'une nature ignée, et qu'ainsi elles devaient émettre des rayons calorifiques.

La chaleur est effectivement inséparable de la lumière, elle est pour tous les corps planétaires la source principale du mouvement et de la vie organique; mais de même que les rayons du soleil, affaiblis par la réfraction de la lune, ne dénotent plus la moindre trace de calorique après leur traversée dans notre atmosphère, les émanations lumineuses de tous ces soleils lointains brillent à nos yeux, dépouillées de toute chaleur.

Comme rien ne se perd dans la nature, l'influence de ces émissions rayonnantes doit se faire sentir dans les espaces célestes, dont les régions auraient alors une température proportionnelle au nombre des étoiles les plus voisines. Si, comme Herschel l'a supposé, l'atmosphère lumineuse du soleil est une aurore boréale d'une grande profondeur, alimentée par des courants électro-magnétiques auxquels les vibrations de l'éther serviraient de conducteurs, les étoiles seraient ainsi en communication de tous les points de l'univers, et de là peut-être résulterait l'attraction universelle qui paraît régler les mouvements de tous les corps.

C. *Distance des étoiles.*

L'axe de la terre, se déplaçant dans l'orbite parcourue chaque année autour du soleil, devrait successivement répondre dans le ciel à des étoiles différentes; et cependant il nous paraît toujours dirigé *vers le même point,* à peu près indiqué par l'étoile polaire.

Cette fixité constante pendant une circulation de 91 millions de myriamètres (228 millions de lieues) prouve avec évidence la prodigieuse distance de toutes les étoiles. C'est ainsi qu'en tournant dans un cercle de quelques pas, la lune, qui marche cependant très-vite, nous semblerait rester dans la même position pendant la durée d'un tel déplacement.

Herschel, qui ne pouvait trouver une seconde de parallaxe à aucune étoile, en concluait justement que la plus proche était *au moins* cent mille fois plus loin de la terre que celle-ci du soleil.

Des procédés et des instruments d'une plus grande exactitude ont fait obtenir maintenant la parallaxe, c'est-à-dire la distance d'environ trente-cinq étoiles.

En établissant *une moyenne* distance pour les étoiles de différentes grandeurs, Struve et Peters ont estimé que celles de première grandeur ne pouvaient nous envoyer leur lumière en moins de *seize ans,* celle de deuxième en *trente ans,* de troisième en *quarante-quatre ans,* de sixième (dernières visibles à l'œil nu) en *cent trente ans : il faudrait* plus de *trois mille cinq cents années* pour les dernières étoiles, visibles au télescope de vingt pieds d'Herschel, et au moins *cinq*

cent mille années pour la lumière des nébuleuses, réso-
lues en étoiles par le télescope gigantesque de lord
Rosse.

Ces résultats n'ont rien de positif, puisqu'il est aujourd'hui démontré que des étoiles de sixième grandeur sont plus rapprochées de nous que certaines
étoiles de première grandeur, et que les parallaxes
déjà obtenues donnent *exactement* la distance de quelques-uns de ces astres à notre monde solaire.

Ainsi, par exemple la soixante et unième étoile du
Cygne, dont la parallaxe est de 0″,36 environ, est éloignée de nous de cinq cent cinquante mille fois la distance
de la terre au soleil. Arcturus du Bouvier, étoile de
première grandeur, dont la parallaxe est de 0″,127, ne
peut nous envoyer sa lumière en moins de vingt-quatre
ans, ce qui porte sa distance, à raison de 8^{m} 17^{s} pour
38 millions de lieues, à plus de 93 millions de fois 15
millions de myriamètres.

L'étoile α du Centaure, qui jusqu'à présent est reconnue comme la plus près de nous, s'en trouve encore à
196 mille fois 15 millions de myriamètres.

On se fera peut-être une idée plus nette de ce minimum de distance, en supposant qu'un petit globe,
représentant *la terre*, soit placé à *un mètre* d'une lumière
figurant le soleil.

Alors, pour représenter *proportionnellement* la distance de α du Centaure, il faudrait placer un autre
flambeau à environ dix-neuf myriamètres (50 lieues)
du premier !

D. *Grandeur des étoiles.*

A la vue simple, elles nous paraissent plus grandes
que dans les lunettes, qui les dépouillent de leur irra-

diation ; mais néanmoins leur diamètre augmente avec la force pénétrante de ces instruments, et selon une certaine proportion relative. Cette loi d'amplification dépend de la grandeur réelle de chaque étoile, et ne peut encore être déterminée, parce que le diamètre de ces astres ne peut s'augmenter assez dans les plus forts objectifs, pour donner une mesure angulaire directe et rigoureuse.

C'est par l'écartement qu'on peut produire entre deux étoiles confondues à la vue simple, ou dans les faibles lunettes, que l'on s'est assuré de ce phénomène.

Le Catalogue de Ptolémée indique 15 étoiles de première grandeur dans les deux hémisphères, 45 de deuxième, 208 de troisième, 474 de quatrième, 217 de cinquième, et seulement 49 de sixième, qui est la dernière qu'on puisse distinguer à la vue simple.

Suivant Argelander, et la nouvelle distribution faite au moyen de mesures photométriques, on compte maintenant 20 étoiles de première, 65 de deuxième, 190 de troisième, 425 de quatrième, 1100 de cinquième, 3,200 de sixième, 13,000 de septième, 40,000 de huitième, et 142,000 de neuvième grandeur. Parmi les primaires, voici, selon leur intensité lumineuse, les dix plus belles étoiles visibles sur notre horizon : Sirius, Arcturus, Rigel, la Chèvre, α de la Lyre, Procyon, α d'Orion, Aldébaran, Antarès, et α de l'Aigle. *Voyez* chacun de ces noms.

Dans les cartes astronomiques, l'étoile la plus brillante est désignée par la lettre α, la deuxième de la même constellation par β, la troisième par γ, et ainsi de suite jusqu'à la fin de l'alphabet grec ; puis on emploie les lettres romaines, et enfin des numéros d'ordre ou ceux des catalogues connus.

Les occultations d'étoiles primaires par la lune, démontrent que ces astres ne peuvent avoir une seconde de degré de diamètre : en effet, lors de ces éclipses, l'étoile disparaît, et revient subitement avec tout son éclat. Comme la lune se meut avec une vitesse d'environ une demi-seconde *de degré* par seconde *de temps*, il est évident que si l'étoile avait pour diamètre deux fois cette étendue, la diminution de son éclat serait sensible, soit au moment de l'immersion, soit à l'instant de l'émersion.

La parallaxe d'Arcturus, évaluée par Herschel à $0'',01$, donnerait à cette étoile un diamètre sept fois plus grand que celui de notre soleil.

D'un autre côté, si celui-ci était seulement éloigné de nous autant que α du Centaure, son diamètre apparent de $32'$ ne serait plus que de $0'',009$, et nous ne pourrions pas l'apercevoir avec les meilleures lunettes ; ce qui démontre que *cet astre si radieux est l'une des plus petites étoiles de la Voie lactée.*

E. *Mouvement des étoiles.*

La rotation de la terre explique le mouvement apparent des étoiles, qui semblent tourner chaque jour autour de nous en conservant leur position respective : mais cette fixité même n'est pas réelle ; tout dans l'univers se meut suivant des lois générales, qui régissent les astres les plus éloignés comme tous les corps qui font partie de notre monde solaire.

Telle était l'opinion de Galilée, lorsqu'il indiquait qu'on pourrait trouver la parallaxe des étoiles doubles par le déplacement de la plus petite autour de la plus grande.

« Il y a une étoile dans l'Aigle, disait Fontenelle,

« qui aura à son occident celle qui est de l'autre côté.
« Tous les fixes sont des soleils; le nôtre pourrait se
« mouvoir comme eux. »

Cassini prouva qu'Arcturus s'était déplacé de 5' de
degré, tandis que η du Bouvier, qui lui est très-voisine, ne paraissait pas avoir bougé.

Si les observations d'Hipparque ont été faites exactement, la soixante-unième étoile du Cygne, qui est la
première dont Bessel a pu obtenir la parallaxe, aurait
varié de 3° depuis 2,000 ans.

Le mouvement du soleil, rapporté aux autres étoiles,
indique que la plus voisine du pôle sera remplacée
dans 700 ans par une des étoiles de Céphée; plus tard,
par une du Cygne; et qu'enfin dans 12,000 années l'é-
toile polaire sera *Wéga* de la Lyre, l'une des plus belles
étoiles de notre hémisphère. Alors on y verra les étoiles
de la Croix du Sud; mais Sirius, Orion, etc., seront disparues. Le balancement qui produit la précession des
équinoxes et la diminution de l'obliquité de l'écliptique,
est la cause principale de ces mutations.

Des groupes d'étoiles paraissent se mouvoir dans
une direction opposée; d'autres, autour de plus grandes.
Les durées de révolution, sur plus de trois mille déjà
reconnues, varient depuis quarante jusqu'à des milliers
d'années.

La découverte du mouvement propre des *fixes* d'autrefois a fait reconnaître la translation de notre monde
solaire, qui se dirige dans l'espace vers la constellation d'Hercule, ainsi qu'Herschel l'avait pensé d'a-
bord.

En combinant la marche d'un grand nombre d'é-
toiles, Argelander a trouvé que ce point, situé en 1792
à 260° 40' 6" d'ascension droite et à 34° 17' 7" de

déclinaison, s'était déjà déplacé d'un côté de 10' 2", et de 4" vers le sud.

Les parallaxes obtenues pour quelques étoiles ont donné la vitesse de leur mouvement. La polaire se déplace de 2,000 mètres par seconde; α de la Lyre, de 8,000 mèt.; η de la grande Ourse, de 28,000 mèt. Sirius, dont le mouvement *propre* est de 1",23, se déplacerait de 24,000 mèt.; Arcturus, de 8$^{myr.}$ 8,000$^{mèt.}$ (22 lieues); et l'étoile d'Argelander (1830 de Groombridge), de plus de 30 myriam. par seconde.

L'observation des systèmes binaires ou multiples, c'est-à-dire des étoiles qui paraissent n'en faire qu'une seule à la vue simple, a fait voir que ces astres lumineux sont aussi régis par les lois de Kepler, et que dans ces régions éloignées, comme dans notre monde particulier, les rayons vecteurs décrivent des aires proportionnelles aux temps.

La période de révolution autour d'un centre de gravité a été reconnue pour ζ, étoile double d'Hercule, être de 35 ans; elle est de 44 ans pour η de la Couronne boréale, de 60 ans pour ξ de la grande Ourse, de 175 ans pour γ de la Vierge; et pour Castor des Gémeaux, divers astronomes l'évaluent entre 253 et 632 ans.

Voici comment Savary a indiqué qu'on pouvait obtenir la distance des étoiles par le mouvement de l'astre secondaire dans les systèmes doubles : Quand l'orbite de la petite étoile n'est pas perpendiculaire à la vision, elle paraît marcher en ligne droite, plus lentement de l'autre côté de l'étoile centrale, qu'en parcourant la partie qui est du côté de la terre : si le demi-diamètre de l'orbite est considérable, la lumière ne pourra le traverser qu'en quelques jours ou quelques semaines; ainsi le temps sera plus long pour la révolution la plus éloignée que pour la plus proche ; la moyenne durée des deux quantités inégales donnera donc le diamètre moyen, et les variations angulaires de ce demi-diamètre seront les éléments de mesure pour la distance à l'étoile centrale et pour sa parallaxe.

On a reconnu, dans les orbites de quelques systèmes doubles, des excentricités assez considérables pour les comparer au mouvement elliptique de quelques comètes ; l'excentricité de α du Centaure, dont la période de révolution est de soixante-dix-sept ans, égale à peu près le double du petit diamètre ; η de la Couronne et Castor offrent des excentricités d'environ le quart du moindre diamètre, ainsi que Pallas et Junon dans notre système solaire.

L'irrégularité des mouvements de Sirius et de Procyon a fait penser à quelques-uns des meilleurs astronomes modernes que ces astres étaient peut-être les satellites de corps opaques plus considérables, et invisibles pour nous.

Origène écrivait aux premiers temps du christianisme que, parmi les étoiles *de feu*, il y avait des corps terrestres que nous ne pouvions apercevoir. L'extinction rapide de quelques grandes étoiles à différentes époques semble appuyer cette opinion, admise par Laplace. Il est certain que ces corps éteints *existent toujours* ; qu'il peut y en avoir autant que d'étoiles ; et que des corps opaques peuvent être des centres d'attraction, aussi bien que les astres lumineux.

F. *Nombre et distribution des étoiles.*

On peut distinguer *à l'œil nu* environ *cinq mille* de ces astres, répartis en quatre-vingt-treize constellations,

savoir : trente-cinq boréales, douze zodiacales et quarante-six australes, dont la plus grande partie est visible
sur notre horizon.

Le Catalogue d'Hipparque n'en indiquait que quarante-neuf, dont quinze seulement dans l'hémisphère
austral, moins bien observé qu'aujourd'hui.

Au-dessous de la sixième grandeur, c'est en quelque
sorte la puissance des instruments qui limite le nombre
des étoiles; plus les moyens d'amplification s'augmentent et se perfectionnent, plus ces astres semblent se
multiplier. Herschel en a compté jusqu'à cinquante mille
dans un espace de 15° de long sur 2° en largeur;
son grand télescope lui en montrait plus de dix-huit
millions dans la Voie lactée seulement; aujourd'hui des
objectifs supérieurs décomposent en étoiles les nébuleuses que ce grand astronome croyait uniquement formées de matière diffuse.

Chaque classe de grandeur contient environ trois fois
autant d'étoiles que la précédente : ainsi la première
étant de vingt, la deuxième est de soixante-cinq, la
troisième de cent quatre-vingt-dix, la quatrième de
quatre cent vingt-cinq, etc., jusqu'à 17,000 environ,
y compris les étoiles de la septième grandeur, et de
200,000 en 8ᵉ et 9ᵉ grandeurs.

On a maintenant des catalogues de deux mille cinq
cents nébuleuses, dont plusieurs aussi étendues que
notre Galaxie, et qui presque toutes ne paraissent,
comme elle, que des amas d'étoiles.

A peine se trouve-t-il quelques points dans le ciel
qui ne soient pas occupés par un de ces astres lumineux ; et pourtant *chaque étoile,* réfléchie par les gigantesques miroirs des télescopes actuels, *se détache sur un
fond obscur !*

Si l'on veut s'expliquer un tel phénomène, il faut bien admettre qu'il existe entre toutes les étoiles une distance assez grande pour affaiblir leur lumière, à tel point que l'astre situé *derrière un autre sur la même ligne de vision* n'est plus perceptible à nos instruments, et que celui placé devant se détache seul sur la profondeur de l'espace où ces astres sont à peu près également ment distribués.

En effet, si tous les soleils se sont formés, ainsi que le nôtre, par la condensation de la matière nébuleuse, chacun de ces corps célestes a dû attirer et réunir à sa masse toutes les molécules d'une même région, en s'isolant des autres systèmes par des intervalles immenses.

S'il n'en était pas ainsi de l'affaiblissement de la lumière et de la répartition des corps qui l'émettent dans toutes les directions, l'étendue des cieux serait *partout si éclatante,* qu'on n'y pourrait distinguer *aucune constellation;* que la lune nous semblerait toujours *un disque noir,* et que notre soleil lui-même ne nous serait connu *que par ses taches.*

ÉTOILES CHANGEANTES ET PÉRIODIQUES.

Le changement est la première loi de l'univers; de nouvelles formes résultent sans cesse de nouvelles combinaisons; tout est en mouvement dans les cieux, comme dans les corps de notre monde solaire.

Kepler croyait que les étoiles tournaient sur elles-mêmes, ainsi que la terre, les planètes et le soleil, qui les emporte dans l'espace.

Les fixes d'autrefois subissent la loi commune; elles s'éloignent ou se rapprochent des régions où circule notre système; ces mouvements, dont la période peut être très-courte, très-longue, ou infinie, expliquent les variations observées dans leur intensité lumineuse, et même les disparitions qui ont eu lieu à différentes époques.

La nature de leur surface, ou de leur photosphère; l'interposition de corps opaques; des révolutions fortuites, sont encore des causes auxquelles il est possible de rapporter tous les phénomènes de mutations et de périodicité de ces soleils intermittents.

Aux temps d'Hipparque, de Ptolémée et d'Ératosthène, on avait comparé l'intensité lumineuse de quelques étoiles, dont les rapports sont aujourd'hui changés. Depuis qu'au moyen des lunettes on a pu dresser des tables stellaires d'une grande précision, les variations d'éclat de plus de cinquante étoiles ont été constatées, et quelques-unes ont présenté des particularités fort curieuses.

Parmi les *changeantes* on cite comme les plus remarquables : θ de la Baleine (*voyez* Mira), qui lors de ses retours s'accroît progressivement jusqu'à la deuxième grandeur; χ du Cygne, qui passe, en 405 jours, de la onzième à la cinquième grandeur; β de Persée (Algol), qui de la quatrième s'élève à la deuxième en 3 heures 1/2 avec une périodicité de 68^h 49^m; ρ de la Couronne, qui disparaît et revient de sixième grandeur; β de la Lyre, qui dans une période de 12^j 21^h 46^m, tendant à se raccourcir, a deux maximum et deux minimum d'intensité. L'étoile η du Navire, dans l'hémisphère austral, passe sans aucune régularité de la quatrième à la première grandeur. Du temps de Flamstead, α de la grande Ourse, notée par lui entre la première et la deuxième grandeur, est aujourd'hui au-dessous de cette apparence; β du Lyon, qui était marquée de première, est à peine de deuxième ; et α du Dragon, indiqué de deuxième, est tout au plus de la troisième grandeur.

La Chèvre, qui était moins brillante que Wéga, est aujourd'hui d'une intensité plus grande ; η de la grande Ourse est maintenant la plus éclatante des sept étoiles principales de cette constellation, tandis qu'en 1837 le premier rang appartenait à ε, qui serait alors variable ; β de la petite Ourse, plus faible que la polaire, paraît plus brillante quelques années après.

Quoique généralement les étoiles variables soient rougeâtres, quelques-unes sont toujours blanches, comme β de Persée et β de la Lyre ; η de l'Aigle est un peu jaune.

L'intensité lumineuse des étoiles changeantes croît plus rapidement qu'elle ne diminue, ainsi que cela arrive pour δ de Céphée ; mais le contraire est quelquefois observé.

Le nombre de ces astres, dont la périodicité est bien établie, est d'à peu près 25 ; J^h Herschel le porte même à 45. — Les étoiles dont la périodicité est la plus courte sont : la polaire, de 2 jours, et β de Persée, précédemment citée ; la plus longue est celle du n° 30 de l'Hydre, qui est de 495 jours.

ÉTOILES DOUBLES OU MULTIPLES.

A la vue simple, les astres qu'on désigne ainsi ne forment qu'une seule étoile ; les lunettes, en les dépouillant de leur irradiation, n'en augmentent pas beaucoup le diamètre réel, mais permettent d'apercevoir les distances qui existent entre ces corps célestes, et même d'observer leurs mouvements de circulation autour du centre commun de gravité.

Galilée, dont les lunettes n'étaient pas assez fortes

pour l'observation des étoiles doubles, eut cependant l'idée qu'au moyen d'une petite étoile très-voisine d'une plus grande, on parviendrait à connaître la parallaxe, ce qui veut dire la distance de ces astres à la terre. Lambert en 1761, Michell en 1767, et Mayer en 1778, précédèrent le grand Herschel dans la démonstration de cette précieuse découverte de l'astronomie moderne.

Sur près de six mille étoiles doubles reconnues dans les deux hémisphères, environ six cent cinquante ont déjà changé de positions relatives, et paraissent obéir à la même loi que les corps de notre monde solaire, en circulant comme lui dans l'espace; non dans le même sens, mais suivant des attractions différentes, et indépendantes les unes des autres.

Le plus souvent, ces systèmes particuliers sont formés d'une petite étoile tournant autour d'une plus grande; mais sur quelques points on peut observer trois, quatre, cinq et même six étoiles de diverses grandeurs, unies par des relations mutuelles et la force attractive d'une masse prépondérante.

Parmi ces soleils multiples, γ du Lion, qui marque l'angle du trapèze au-dessus de Régulus, est l'objet le plus remarquable de notre hémisphère, offrant à l'observateur une secondaire et une tertiaire, dont l'une jaune doré et l'autre vert rougeâtre. ζ du Bouvier et γ de la Vierge présentent aussi la rare combinaison de deux belles étoiles d'une intensité presque égale. La soixante-dixième ou P d'Ophinus se compose aussi de deux astres à peu près égaux, et dont la durée de révolution n'excède pas d'un dixième le temps qu'Uranus emploie à tourner autour du soleil : c'est le mouvement le mieux reconnu peut-être dans tous les systèmes binaires.

On peut noter encore dans les astres doubles visibles

pour nous : Mizar de la grande Ourse (au milieu de la queue), α du Capricorne, qui se sépare aisément en deux étoiles de troisième et de quatrième grandeur, à 6′ 30″ de distance ; α du Cancer, α des Gémeaux, η de Cassiopée, δ du Taureau, γ du Sagittaire, γ du Dauphin, ζ d'Hercule, ζ du Bouvier, la vingt-troisième d'Orion, la soixante et unième du Cygne, etc., etc.

Les étoiles ζ du Cancer, ξ de la Lyre, etc., sont des systèmes triples ; α d'Andromède et ε de la Lyre sont des systèmes quadruples ; θ d'Orion (dans la nébuleuse du grand trapèze) présente cinq soleils, suivant le mouvement d'un astre plus considérable.

Les éléments de translation ont pu être calculés pour dix-huit de ces systèmes doubles : ζ d'Hercule, depuis qu'il a été exactement observé, a déjà accompli deux révolutions entières de trente ans 16$^{j.}$ 14$^{h.}$ 2$^{m.}$ 4$^{s.}$, et offert, en 1802 et 1831, le phénomène nouveau de l'occultation *d'un soleil par un autre*. Le temps de cette révolution est à peu près celui que Saturne emploie à faire la sienne autour de notre soleil, et cinq fois et demie plus court que la révolution sidérale de Neptune.

On a récemment obtenu la parallaxe d'un certain nombre d'étoiles doubles qui ont depuis 0″,06 jusqu'à 0″,28. Les numéros 125 et 2396 du Catalogue de Struve ont 0″,4, et δ du petit Cheval, 0″,36.

Il est à remarquer que lorsque l'étoile principale des systèmes doubles n'est pas blanche, elle est en général d'un rouge vif, et son acolyte d'une couleur violette, c'est-à-dire de la nuance la moins réfrangible. Il existe cependant des combinaisons dont la petite étoile est jaune, ou bleue, ou même verte. Struve cite soixante-trois paires d'étoiles, dont les deux composantes sont bleues ou bleuâtres, et dans lesquelles, par conséquent, la couleur n'est pas un effet de contraste.

ÉTOILES FILANTES.

M. Biot, qui a pu relever les documents officiels des observations astronomiques de la Chine, cite quelques apparitions fort extraordinaires d'étoiles filantes, considérées dans ce pays comme de simples météores.

L'une de ces relations porte que dans l'année 687 (avant notre ère), la nuit étant claire, on ne voyait aucune étoile fixe; mais qu'au milieu de cette nuit elles tombèrent comme une pluie. Des chutes semblables eurent lieu en 970, 1002, 1008, 1012, 1027 et 1063, principalement dans les mois d'août, septembre, octobre et novembre.

Les observations arabes rapportent que, dans la nuit où mourut le calife Ibrahim-ben-Ahmed (18 octobre 902), on vit une averse très-intense de ces étoiles.

Plusieurs astronomes, et Olbers surtout, se sont occupé spécialement de ces phénomènes, auxquels ce dernier assignait une périodicité de trente-quatre ans pour le retour de leur maximum d'intensité. Les observations suivies à Paris depuis fort longtemps paraissent contredire cette opinion : ainsi dans la nuit du 12 au 13 novembre 1850, pendant laquelle les apparitions auraient dû être très-abondantes, la commune ne fut que d'environ 15 à 18 par heure. Il est vrai qu'en d'autres lieux, et à d'autres époques de la même année, diverses observations portent le nombre des apparitions à une quantité bien plus grande. Ainsi M. Anglès, se rendant à Roanne dans la nuit du 10 au 11 avril, aurait compté plus de quatre cents de ces étoiles, pendant un trajet de cinq heures. La direction générale était, comme d'or-

dinaire, du nord-est au sud-ouest, et quelques-uns de
ces bolides étaient de première grandeur ; l'un (dit le
rapport) faisait porter une ombre, comme la lune vers
son cinquième jour.

Dans la nuit du 10 au 11 août 1850, on a vu à
Bruxelles 52 de ces apparitions lumineuses en 55 minutes. Dans cette même nuit, on en comptait 180 par
heure en Irlande, et à Rome 277 dans la soirée.

Aux États-Unis, du 12 au 13 novembre, on en vit
une véritable averse qui dura sept heures.

Ces différences dans les observations semblent indiquer que la périodicité de ce phénomène, ou plutôt sa
visibilité, dépend des lieux où l'on se trouve placé,
soit relativement aux régions traversées par ces corps,
soit au moment où la prodigieuse vitesse qui les anime,
venant à les enflammer dans leur passage, les rend ainsi
visibles.

Ces bolides seraient alors des corps opaques, circulant dans l'espace sous des inclinaisons différentes ; leur
multiplicité et leur petitesse occasionneraient les chocs
qui les font dévier de leur direction primitive et tomber
quelquefois sur la terre, où la nature de leurs éléments
les fait toujours reconnaître.

ÉTOILES GROUPÉES.

Messier a donné l'indication de plus d'une centaine
d'amas nébuleux ayant à la vue simple ou avec de
faibles lunettes l'apparence de petites comètes, mais
que les télescopes décomposent en myriades d'étoiles
groupées autour d'un centre plus lumineux ; plusieurs
ont une forme complétement ronde, avec l'aspect d'une
réunion d'étoiles constituées en famille céleste, soumise à des lois particulières, et dans laquelle cinq mille

de ces astres ne paraissent pas occuper une surface plus grande que la dixième partie du disque lunaire.

Quelle que soit la nature de ces groupes, il est évident qu'ils ont été produits par d'autres causes d'aggrégation que celles qui ont semé l'espace d'étoiles isolées.

La constellation bien connue des Pléiades, qui n'offre à la vue simple qu'un amas de six ou sept étoiles, en montre aux lunettes cinquante à soixante, toutes séparées les unes des autres.

La Chevelure de Bérénice, groupe plus diffus, présente de plus grandes étoiles aux miroirs qui les résolvent.

Un groupe encore moins distinct, nommé la Ruche d'abeilles, se trouve dans la constellation du Cancer, et peut se résoudre en étoiles avec une simple lunette de nuit.

La Garde de l'Épée de Persée comprend un autre amas qui exige une lunette un peu forte pour en faire distinguer les étoiles. Un groupe très-remarquable est ω du Centaure, à 13° 16′ 38″ d'ascension droite, et 136°35′ de déclinaison boréale. Il est visible à l'œil nu, comme une étoile de quatrième à cinquième grandeur ; une forte amplification lui donne l'aspect d'un globe ayant 20′ de degré de diamètre, dont l'éclat s'accroît successivement vers le centre, et qui se décompose en étoiles de treizième à quinzième grandeur.

Le groupe situé entre η et ζ d'Hercule est aussi perceptible à la vue simple dans les nuits très-claires, et est d'une extrême magnificence au télescope.

Avec celui de lord Rosse, le spectacle présenté par toutes ces réunions d'étoiles dépasse toute idée.

Ces amas sont probablement de la même nature que les nébuleuses résolubles ou non résolubles, c'est-à-dire de la matière première parvenue à un âge plus avancé.

ÉTOILES NÉBULEUSES.

On désigne ainsi de véritables soleils entourés d'une nébulosité laiteuse qui en dépend, et dont l'intensité lumineuse s'affaiblit graduellement du centre à la circonférence, ou paraît égale et uniforme. Ces points plus brillants, environnés d'atmosphères arrondies, sont en fort petit nombre dans les cieux, et semblent dans un état intermédiaire entre les nébuleuses proprement dites, amas de matières diffuses résolubles ou non en étoiles, et ces mêmes étoiles arrivées à tout leur éclat, ainsi que notre soleil.

A la distance où nous sommes de ces nébulosités, dont l'étendue va jusqu'à une mesure angulaire de 5′ de degré, on calcule qu'elles enveloppent le noyau central à plus de cent cinquante fois la distance de la terre au soleil. On peut donc croire que ces masses de matières, sur lesquelles agit sans cesse le pouvoir de concentration, forment de nouvelles étoiles, c'est-à-dire de nouveaux soleils, et sans doute aussi des mondes planétaires autour de chacun.

ÉTOILES NOUVELLES OU DISPARUES.

L'histoire mentionne qu'un grand nombre de ces astres se sont montrés tout à coup sous l'apparence d'étoiles de première grandeur. Les *Annales chinoises*, suivant M. Ed. Biot, contiennent un grand nombre d'observations d'étoiles *extraordinaires*, depuis l'an 613 avant notre ère jusqu'à l'an 1222, espace compris dans la collection de Ma-tuan-lin.

Pline rapporte que ce fut un tel phénomène observé 138 ans avant notre ère, qui engagea Hipparque à dresser le catalogue qui nous est parvenu. J. Herschel pense que c'est l'étoile citée dans les *Annales* de la Chine vers l'année 134 avant J.-C.

Aux temps d'Adrien, en 130 ; d'Honorius, en 389 ; d'Othon, en 945 ; en 1212, 1203, 1230 et 1264, de semblables apparitions eurent lieu dans le Scorpion, l'Aigle, Cassiopée, le Bélier, et Ophincus. Sous le calife Al-Mamoun, deux astronomes arabes observèrent à Babylone une nouvelle étoile dont l'éclat égalait celui de la lune dans ses quadratures.

La fameuse étoile de Ticho-Brahé, qui parut en 1572 dans Cassiopée, avait un éclat plus vif que celui de Jupiter, et s'éteignit successivement au bout de seize mois, après avoir passé du blanc pur au jaune, au rougeâtre et au blanc plombé.

En 1604, on en vit une au pied d'Ophincus qui disparut après une année, pendant laquelle ses variations de couleurs et sa scintillation furent très-remarquables.

Cinq ans auparavant, en 1600, il s'en était montré une dans le Cygne, qui disparut seulement en 1621. Cassini la revit de troisième grandeur en 1655, et Hevelius en 1665 ; c'est la trente-quatrième du Cygne, mise par J. Herschel au nombre des changeantes, et qu'Argelander met au rang des étoiles nouvelles, non encore disparues.

Depuis l'étoile qui se montra en 1670 à la tête du Renard, il s'était écoulé cent soixante-dix-huit ans sans que les astronomes eussent le spectacle d'un phénomène de cette nature, lorsqu'en 1848, le 28 avril, M. Hind fit la découverte d'une étoile de cinquième grandeur dans la constellation d'Ophincus : elle était d'une couleur jaune rougeâtre, et elle s'affaiblit insensiblement en 1850 jusqu'à la douzième grandeur.

Tout récemment M. Calomarde, chanoine de Séville,

a découvert, entre la polaire et Cynosura de la petite Ourse, une étoile dont l'éclat s'accroît continuellement, de sorte que, dit-il, elle sera bientôt visible à la vue simple.

On connaît, depuis deux mille années, dix-huit apparitions de ces astres, bien constatées, dont quatre ont eu lieu en vingt-quatre ans, et six en soixante ans.

On a remarqué que, sauf l'étoile de 1012, qui se montra dans le Bélier, tous ces nouveaux astres furent aperçus dans la Voie lactée, ou sur ses limites extérieures.

Parmi les étoiles disparues on cite l'une des Pléiades, pendant le siége de Troie ; la neuvième et la dixième du Taureau. La cinquante-cinquième d'Hercule disparut en 1781, fut revue en 1790 par W. Herschel, et depuis soixante ans elle n'est pas revenue. Les numéros 80 et 81, de quatrième grandeur, dans la même constellation, se sont aussi éclipsés. Le n° 42 des étoiles de la Vierge n'a pas été non plus retrouvé par Herschel. D'autres disparitions ont été signalées dans le Lion, la Balance, la petite Ourse, etc., etc.

Ulug-Beg, astronome arabe, a écrit qu'en 1437 des étoiles marquées dans le catalogue de Ptolémée ne se voyaient plus aux places indiquées ; il cite entre autres : la onzième du Loup, une étoile du Cocher, et six, dont quatre de troisième grandeur, voisines du Poisson austral. Les annales officielles de la Chine sont remplies d'indications relatives à des étoiles disparues, après avoir brillé plus ou moins longtemps dans les cieux.

Depuis l'invention du télescope, qui a permis de faire l'*inventaire* de toutes les étoiles jusqu'à la douzième grandeur, on peut reconnaître avec certitude les nouveaux astres qui se montrent dans l'espace, ou ceux qui pourraient encore disparaître.

Certaines de ces étoiles qu'on ne retrouvait plus aux places indiquées anciennement ont été sans doute revues dans d'autres régions, et figurent aujourd'hui au rang des nouvelles planètes dont s'est enrichi notre monde solaire.

Quant aux étoiles dont l'éclat extraordinaire a quelquefois fixé l'attention, on peut raisonnablement supposer que les mêmes causes qui ont produit les planètes de notre système ont pu projeter, autour d'autres soleils, des corps opaques que leur état d'incandescence a fait temporairement briller à nos yeux.

On a d'ailleurs pensé dans tous les temps qu'il pouvait exister, parmi les *étoiles de feu*, des étoiles non lumineuses, des corps célestes invisibles pour nous. C'était l'opinion de l'illustre Laplace quand il écrivait, à l'occasion des étoiles de 1572 et de 1604 : « Ces astres « devenus invisibles, après avoir surpassé l'éclat de « Jupiter, n'ont pas changé de place.... Il existe donc « dans l'espace des corps opaques aussi considérables « et peut-être en aussi grand nombre que les étoiles... » Bessel, l'un des plus grands astronomes des temps modernes, a souvent exprimé la même idée, soutenue par Struve, Péters, Schubert, et autres savants.

Un corps obscur peut être le centre de corps lumineux, ainsi que de masses planétaires; la matière nébuleuse très-condensée doit subir de violentes effervescences pour passer à l'état stellaire, ou former des corps opaques après une conflagration plus ou moins longue; mais la science en est encore aux conjectures sur les phénomènes de cette nature, que des observations attentives et longtemps continuées éclairciront peut-être un jour.

EULER.

L'un des plus grands géomètres des temps modernes, né à Bâle en 1707, mort à Saint-Pétersbourg en 1783.

EUNOMIA.

Petite planète trouvée, le 29 juillet 1851, par M. Gasparis, de Naples. L'orbite qu'elle parcoure en 1580¹ entre Mars et Jupiter, est inclinée de 11° 41′ 53″ sur l'écliptique.

ÉVECTION.

On désigne ainsi la plus grande des inégalités lunaires, occasionnée dans l'excentricité de son orbite et le balancement de ses apsides, par l'attraction du soleil et celle de la terre, suivant leurs positions différentes relativement à la lune.

Lorsque la lune est en conjonction, sa distance à la terre augmente, et c'est le contraire dans les oppositions; le changement d'excentricité porte ces variations à environ 7° 40′, et fait que la lune est alternativement en retard ou en avance de sa place elliptique de 1° 20′ 30″.

Cette équation, trouvée par la comparaison de longues périodes d'observations, remonte aux premiers temps de l'astronomie; il paraît que les Arabes l'avaient reconnue même avant le temps de Ptolémée, auquel on avait attribué sa découverte.

EXCENTRICITÉ.

Dans sa translation annuelle sur la ligne de l'écliptique, la terre n'est pas toujours également éloignée du soleil; c'est la différence entre la moyenne distance

et la plus petite, ou entre celle-ci et la plus grande,
qui constitue ce qu'on nomme l'*excentricité*, évaluée
à 0° 0168. Cette excentricité tend à diminuer, ce qui
est établi directement par les observations des astronomes arabes, comparées aux observations actuelles;
ainsi elle a pu être très-grande dans l'origine.

Il est à remarquer que les grosses planètes circulent
dans une orbite très-peu excentrique, et que cette cause
de perturbation n'existant que pour les plus petites
planètes, et pour les comètes dont la masse est encore
plus petite, ne peut troubler que faiblement l'harmonie
actuelle de notre monde solaire.

L'excentricité de la lune est de 0,0549, ce qui représente à peu près le dix-huitième de sa moyenne distance
à la terre.

F

FABLES ASTRONOMIQUES.

La mythologie de la Grèce a mêlé ses inventions aux
symboles et aux allégories dont les Indiens et les Égyptiens avaient enveloppé les connaissances célestes qu'ils
avaient acquises, ou que leur avaient enseigné des
maîtres antérieurs.

Après des siècles de guerre et de dévastations qui
avaient interrompu la tradition des connaissances mystérieuses recueillies par les corporations sacrées, les
figures et les caractères hiéroglyphiques, qui dans les
temples représentaient l'état du ciel lors de leur édification, ne se rapportaient plus aux phénomènes, ni à leur

signification primitive. Leurs ignorants gardiens, qui ne connaissaient pas la précession des équinoxes, ne pouvant plus interpréter ces allégories, l'imagination païenne leur appliqua ses fables et ses explications.

Ainsi, la gerbe d'épis que tenait la Vierge, symbole de la moisson, devint la Chevelure de Bérénice; le Lion, qui annonçait les chaleurs, fut le Lion de Némée, terrassé par Hercule; les douze constellations zodiacales représentèrent de même les douze travaux de ce demidieu, et non plus les époques et les circonstances de l'agriculture en Égypte, quand le soleil parcourait ces constellations dans les temps antérieurs.

Les levers, ainsi que les couchers des constellations indiqués par des signes, précédant ou suivant une autre figure, furent expliqués par des enlèvements ou des descentes aux enfers; toutes les métamorphoses et les aventures des dieux et des héros du paganisme eurent de semblables interprétations.

On retrouve aussi dans ces inventions grecques la trace des invasions du Nord; l'Élysée et le Ténare, le nom d'Hercule, le nom de l'Ourse appliqué à la grande constellation du pôle boréal, le culte du feu *en Perse et en Égypte*, indiquent des traditions hyperboréennes antérieures aux fables et aux temps historiques de l'Asie.

Le nom des planètes, imposé aux jours de la semaine, est encore une usurpation de la théogonie païenne sur les mystérieux emblèmes qui, dans une origine très-reculée, avaient représenté cette division du temps.

FACULES.

Des causes physiques occasionnent, dans la double atmosphère du soleil, des agitations passagères en certaines parties de sa surface; on désigne sous le nom de facules les places plus brillantes qui se montrent surtout vers les bords du disque, soit avant, soit après les taches obscures; les points et les rides plus lumineuses qui parcourent rapidement toute l'étendue de la surface sont aussi des facules. *Voyez* TACHES.

FIGURE DE LA TERRE.

Si notre demeure était plate, comme on le croyait autrefois, on apercevrait de loin la masse d'une église, ou le corps d'un navire, avant qu'on ait pu distinguer la pointe du clocher ou la mâture. C'est le contraire qui a lieu; et les parties plus hautes, quoique plus déliées, s'offrent à la vue avant les masses inférieures. On aurait dû conclure plutôt, de ces observations faciles et journalières, que notre planète était ronde; et c'est probablement l'une des connaissances que les prêtres d'Égypte, comme les brahmes de l'Inde, révélaient à leurs initiés; mais le vulgaire n'en avait pas la moindre idée, et pendant longtemps le pouvoir religieux a étouffé cette vérité, qui paraissait contraire aux textes des Écritures saintes.

Depuis la mort de Galilée, le voyage de Magellan, qui le premier fit le tour du globe, a fait reconnaître et prouvé matériellement que la terre était isolée et suspendue dans l'espace.

La mesure des méridiens, les expériences du pendule et les perturbations lunaires ont, de plus, constaté que notre globe est un sphéroïde aplati sous les pôles, renflé à l'équateur, et que la différence entre les deux diamètres est de $\frac{1}{308}$ environ, deux myr. (5 lieues).

FIL A PLOMB.

Les expériences faites au Panthéon avec un pendule,

ou fil à plomb de 57 mètres, ont démontré la rotation de la terre, par les oscillations de cet appareil, se dirigeant continuellement vers la gauche du spectateur. Des expériences précédentes avaient prouvé, dans le même lieu, que le fil à plomb à l'état de repos ne donnait pas la direction exactement perpendiculaire aux eaux tranquilles, comme on le pensait jusqu'alors ; la déviation vers le nord a été reconnue de quatre millimètres pour la hauteur ci-dessus indiquée.

Le voisinage des grandes montagnes dévie le fil à plomb de la direction verticale, mais en attirant le poids suspendu proportionnellement à leur masse. *Voyez* Pendule, Déviation.

FIXES (ÉTOILES).

Dépourvus d'instruments assez parfaits pour reconnaître le déplacement imperceptible des étoiles, même dans un grand nombre d'années, les anciens peuples les ont appelées *des fixes*, par opposition aux astres errants tels que les planètes et les comètes, qu'ils voyaient traverser successivement les constellations.

Aujourd'hui, nous savons qu'aucun corps n'est fixe ou en repos dans l'espace, et l'on peut même calculer le temps où toutes les représentations de la sphère céleste ne seront plus reconnaissables.

Parmi ces *fixes d'autrefois*, les uns marchent dans un sens opposé à celui de leurs compagnons, et avec des vitesses différentes ; les autres tournent autour de soleils ou peut-être de corps opaques plus considérables, emportés eux-mêmes dans une circulation particulière ou universelle.

Ainsi les deux Ourses, *le grand et le petit Chariot*, Cassiopée ou *la Chaise*, le Carré d'Orion avec *son Rateau*, *la Couronne, la Croix du Sud*, n'auront plus rien de ces formes; dans quelques milliers d'années, les étoiles de ces constellations si connues seront mêlées et confondues avec d'autres, qui formeront de nouveaux groupes et des alignements différents.

L'étoile qui nous indique aujourd'hui le pôle, et sert à nous orienter, sera, dans douze mille ans, aussi éloignée de sa place actuelle que la Chèvre, étoile du Cocher, en est présentement distante (d'à peu près 46°); alors Wéga de la Lyre, l'une des plus belles étoiles du ciel, aura pris le trône boréal, autour duquel paraîtront circuler journellement tous les astres de notre hémisphère.

Depuis Hipparque qui a marqué leurs places, Arcturus, μ de Cassiopée, et une étoile double du Cygne, se sont avancées de deux fois et demie, trois fois et demie et six fois le diamètre de la lune.

Des causes multiples produisent successivement ces variations dans l'aspect des cieux : d'abord la précession des équinoxes; les causes, encore inconnues, qui changent l'intensité lumineuse d'un grand nombre de ces astres, en font apparaître ou en éteindre d'autres; les révolutions de plusieurs milliers d'étoiles doubles, l'impulsion particulière ayant imprimé le mouvement propre de ces astres, ou les attractions plus puissantes qui les font circuler autour d'un ou de plusieurs centres de gravité; enfin, la translation dans l'espace de notre monde solaire, soit qu'elle continue à s'effectuer vers les étoiles d'Hercule, soit qu'elle se recourbe vers le centre d'attraction que les astronomes modernes cherchent à déterminer.

FLAMSTEED.

Astronome anglais, né en 1646, et auquel on doit des cartes célestes très-détaillées. Elles sont aujourd'hui fort utiles pour reconnaître les changements survenus depuis dans les cieux.

En 1795, Lalande les comparant à ses observations, avait marqué plus de cent étoiles, dont quelques-unes de troisième grandeur, qui ne se trouvaient plus aux places indiquées.

FLÈCHE (LA).

Constellation boréale, peu apparente, formée d'étoiles de quatrième grandeur disposées en ligne droite, entre Altaïr de l'Aigle et l'étoile β, qui marque l'extrémité inférieure de la Croix du *Cygne*.

FLINT-GLASS.

Composition dont on fait les verres pour les lunettes, parce qu'elle a la propriété de diverger également les rayons lumineux; nos verriers fabriquent maintenant ce cristal aussi bien que les Anglais.

FLORE.

Petite planète trouvée, le 18 octobre 1847, par M. Hind de Londres; elle circule entre Mars et Clio en 1193 jours, à la distance de 31 millions de myr. (77 millions de lieues), dans une orbite inclinée seulement de $5° 53' 3''$ sur l'écliptique.

FLUX ET REFLUX.

Cette agitation des eaux de l'Océan, qui deux fois dans vingt-quatre heures viennent envahir les rivages pendant à peu près six heures, pour se retirer pendant la même durée, a été longtemps un phénomène incompréhensible et inexpliqué. Aujourd'hui encore, bien des gens ignorent, ou ne peuvent croire, que deux astres si petits en apparence soient les seules causes d'un effet aussi grand et aussi extraordinaire.

Rien n'est cependant plus certain et mieux établi. L'astronomie indique sûrement, pour chaque lieu et pour chaque jour, le moment et l'étendue de ce va-et-vient des vagues de la mer, en calculant les distances et la position de la lune et du soleil relativement à notre planète. *Voyez* MARÉES.

FOMALHAUT.

Étoile de première grandeur, d'une teinte rougeâtre, et qui s'élève peu sur l'horizon de Paris, d'où elle est visible seulement de juillet à janvier, en rétrogradant successivement depuis une heure du matin jusqu'à cinq heures du soir. Cette belle primaire, qui fait partie du Poisson austral, sous le pied droit du Verseau, annonçait aux Égyptiens l'entrée du soleil dans le Lion solsticial.

FONTENELLE.

Né à Rouen en 1657, et mort en 1757. Il est connu comme neveu du grand Corneille, et en astronomie par ses *Entretiens sur la pluralité des mondes*.

FORCES.

Les lois de la mécanique sont l'expression des forces de la nature, qui sont constantes et proportionnelles aux masses, à la vitesse, aux temps, et à l'espace.

Il est reconnu que la force d'un corps résulte de sa

masse et de la vitesse de son mouvement; mais le mode
d'action est pour nous inexplicable.

L'antiquité avait appris à calculer ces forces, ainsi
que les mouvements qui en sont les suites nécessaires.
Pline a écrit que la lune ne tombe pas sur la terre, par
la même cause qui retient la pierre dans la fronde. Simplicius disait que les corps célestes se maintenaient dans
l'espace, parce que la force centrifuge qui les animait
était plus grande que la force de pesanteur qui les attirait en bas. *Voyez* CENTRIPÈTE, CENTRIFUGE, MÉCANIQUE.

FOYER.

C'est le point où se réunissent, aux verres d'une
lunette, tous les rayons envoyés par les objets extérieurs, ou d'autres verres convenablement disposés.

Dans les miroirs ardents, c'est aussi le centre où
viennent aboutir les rayons de lumière et de calorique,
réfléchis par les plaques qui les reçoivent, sous diverses
inclinaisons.

G

GALAXIE. (VOIE LACTÉE.)

Les astronomes désignent souvent ainsi cette ceinture laiteuse et irrégulière dont l'éclat frappe les yeux
pendant une belle nuit, et qui semble partager à peu
près également la voûte de notre hémisphère.

De la constellation de Cassiopée, où sa largeur
est d'environ 20°, cette *rivière céleste*, inclinée de
63° sur la ligne équinoxiale, se dirige d'un côté vers

Persée et le Cocher, passant aux limites des Gémeaux et du Taureau, puis entre Procyon et Bételgeuse d'Orion, en traversant le grand Chien au-dessus de Sirius.

A l'ouest, *la Galaxie* descend vers Céphée et le Cygne, d'où elle se divise en deux branches, dont l'une passe au-dessous de la Lyre, traverse Ophiucus, et atteint Antarès du Scorpion ; l'autre s'avance vers l'Aigle, l'Écu de Sobiesky, le Solstice d'hiver et les étoiles du Sagittaire, où, par une bande étroite, cette branche se rattache à la première, pour s'en séparer de nouveau sous l'hémisphère austral. *Voyez* Voie lactée.

GALILÉE.

Cet illustre martyr de l'astronomie naquit à Pise en 1564, et mourut aveugle en 1642, année de la naissance de Newton.

Convaincu de la réalité du système de Copernic, il osa l'enseigner publiquement ; mais dénoncées à l'inquisition, ses doctrines furent déclarées, le 25 février 1616, *absurdes et philosophiquement fausses*, formellement hérétiques, *expressément contraires aux saintes Écritures*. Ayant néanmoins continué à défendre et à publier ce qu'il croyait la vérité, il fut condamné, le 21 juin 1633, à une prison perpétuelle. Obligé de se rétracter à genoux et de déclarer qu'il détestait, qu'il maudissait comme une hérésie l'opinion du mouvement de la terre, il ne put s'empêcher de dire en se relevant, et en la frappant du pied : *Elle tourne cependant !* Sublime révolte du génie qui proclame la vérité, même en la reniant sous l'oppression. Les premières lunettes, dont le hasard venait de révéler le principe, avaient cependant déjà montré les phases de Vénus et l'injustice de ses persécuteurs, en prouvant la rotation de cette planète et par conséquent le mouvement de la nôtre.

Il avait aussi reconnu les satellites de Jupiter, comme le mouvement du soleil par les taches mobiles à sa surface. Cette dernière découverte lui fut contestée par Fabricius, qui, ayant aussi aperçu ces taches, paraît en avoir conclu la rotation de cet astre un peu auparavant.

Il est à remarquer que le pendule, inventé par Galilée et appliqué aux horloges par son fils Vincent, est l'instrument qui a donné la *preuve matérielle* du mouvement rotatif de la terre. *Voyez* PENDULE.

GARDES.

On désigne ainsi les deux étoiles qui se trouvent aux angles extérieurs des carrés de la grande et de la petite Ourse.

La ligne prolongée des gardes de la grande Ourse conduit à l'étoile polaire, et sert à la trouver facilement.

GÉMEAUX (LES).

Cette constellation est la troisième du zodiaque. La tête de Castor est une étoile un peu plus que secondaire; la tête de Pollux est indiquée au midi et à droite par une étoile au-dessous de la première grandeur. Ces étoiles figurent, avec cinq autres, un long pentagone dont l'angle opposé à Castor est marqué par une étoile γ de deuxième à troisième grandeur; les quatre autres sont tertiaires.

Castor, α d'Orion, et la Chèvre, forment un grand triangle presque équilatéral, et avec Aldébaran du Taureau, un grand quadrilatère irrégulier, dont les angles sont ainsi indiqués par quatre belles étoiles.

GÉODÉSIE.

Application de la géométrie qui se rapporte à l'astronomie, pour les lignes de directions angulaires avec
la méridienne, les points du ciel au zénith des observateurs, les déclinaisons de l'aiguille aimantée, la détermination des longitudes, etc., etc.

GIRAFE (LA).

Constellation très-peu apparente, comprenant de très-
petites étoiles disséminées dans l'espace au nord du
Cocher, et à gauche de Cassiopée.

GLOBE TERRESTRE.

Sa forme, aujourd'hui bien connue, est celle d'un
sphéroïde de révolution, c'est-à-dire d'une sphère aplatie sous ses pôles de rotation.

Les mers occupent à peu près les trois quarts de sa
surface, dont l'étendue est d'environ treize millions et
demi de myriamètres carrés ; ses plus hautes montagnes
seraient représentées proportionnellement par des aspé-
rités d'un millimètre 1/8 (1/2 ligne) sur un globe de
seize mètres de circonférence. La peau d'une orange
présente des rugosités relativement plus considérables.
Voyez FIGURE DE LA TERRE.

GNOMON.

Tige verticalement fixée sur un plan, afin de donner,
par la mesure de son ombre, la hauteur du soleil.

Dès la plus haute antiquité, cet instrument a été
employé pour reconnaître le *midi*, que chaque jour
l'astre indique en tous lieux par l'ombre la plus courte.

Les anciens observateurs ont aussi reconnu, par les

gnomons, l'époque des solstices et des équinoxes ; au jour où l'ombre est *la plus courte,* on se trouve au solstice d'été ; *la plus longue* indique le solstice d'hiver ; les grandeurs moyennes marquent partout les équinoxes.

Le père Gaubil, l'un des missionnaires à la Chine, rapporte, avec toutes ses circonstances, une observation faite, l'an 1100 avant notre ère, par le frère de l'empereur Tcheou-Koung, qui reconnut, à Loyang, ces deux époques, où le rapport des ombres du gnomon était comme 1,5 est à 13 ; ce qui donnait 38° 55' pour latitude, suivant la moyenne des résultats obtenus par les missionnaires. Plutarque dit que les Égyptiens se servaient, pour mesurer la hauteur du pôle, d'une tablette faisant un angle aigu avec un plan de niveau. Ce passage indique évidemment une application perfectionnée des gnomons, qui ont, à différentes époques, donné la mesure de l'obliquité de l'écliptique, dont on a pu constater ainsi la diminution successive.

On a supposé que les Pyramides, toutes bien orientées, servaient de gnomons aux Égyptiens ; mais comme ces grands monuments devaient porter des *pénombres très-étendues ;* que, sous une telle latitude, les ombres méridiennes se projettent sur la face même de la pyramide et non sur le sol, et que rien n'indique d'ailleurs que ces monuments aient été terminés par des *boules percées,* il est fort douteux que de telles masses aient eu la destination prétendue. Les astronomes arabes connaissaient cette manière d'éviter la pénombre, puisque le dôme de l'observatoire de Méragah était percé d'une ouverture par laquelle les rayons du soleil marquaient, sur le mur opposé, la hauteur de cet astre.

Les Mexicains faisaient usage de gnomons, et étaient, sous ce rapport, plus savants que leurs envahisseurs, qui ont trouvé chez ces peuples une année tropique aussi exacte que celle de Ptolémée.

Le plus grand de ces instruments est celui que Toscanelli fit établir dans la coupole de la cathédrale de Florence, et qui avait quatre-vingt-six mètres de hauteur ; le cardinal Ximénès y constata la diminution de l'obliquité de l'écliptique.

Le principe des gnomons est appliqué dans la construction de tous les cadrans ; chacun peut établir sans peine un de ces instruments en traçant d'abord sur un plan une circonférence divisée par 15 degrés, puis en partageant par moitié chacune de ces divisions horaires. Il suffit alors de placer ce plan de manière que la ligne de six heures fasse un angle droit avec la méridienne, et que le *style* ou *gnomon*, fixé au centre, soit parallèle à l'axe de la terre, c'est-à-dire incliné selon la latitude du lieu. *Voyez* Cadran, Obliquité.

GRAVITATION.

Suivant la loi découverte par Newton, tous les corps célestes s'attirent dans l'espace en raison directe des *masses*, et réciproquement au carré de leur distance.

La pesanteur n'est qu'une application particulière de la même loi, en vertu de laquelle la terre comme le soleil, comme toutes les planètes, attirent à leur centre tous les corps qui sont à leurs surfaces, ou qui tendent à s'en éloigner.

La terre attire la lune d'environ quinze pieds par minute, c'est-à-dire soixante fois moins vite que les corps graves ne tombent à la surface moyenne du globe, parce que la lune en est à une distance moyenne de soixante rayons terrestres.

Dans le vide, tous les corps tombent avec la même vitesse, de $3^m,66$ dans la première seconde ; dans l'air, ceux de densités différentes tombent suivant leur masse, et progressivement selon les espaces déjà parcourus.

Si l'on suppose qu'un projectile soit lancé de haut, avec une force de 1200 toises par seconde, il ne retomberait plus sur la terre, et circulerait autour d'elle comme un satellite.

Le rayon de l'équateur étant plus grand que celui des pôles, la *gravité*, combinée avec la force centrifuge et la densité des couches de la terre, exige que le pendule qui bat les secondes soit raccourci de 5 millimètres 515 (2 lignes 44) à l'équateur. *Voyez* GRAVITÉ.

GRAVITÉ.

Selon les principes newtoniens, ce mot est synonyme de gravitation, de pesanteur et d'attraction ; les corps graves retombent sur la terre, *attirés* au centre par la masse et la densité de ses molécules.

En raison comme en mécanique, cette vertu attractive ne peut rien signifier ; le mouvement se transmet immédiatement, et n'existe pas par lui-même ; ainsi une pierre suspendue dans l'espace, et frappée dans tous les sens par un fluide homogène, resterait en repos si elle n'était pas *attirée* ou *poussée* vers un point quelconque.

Les philosophes épicuriens Descartes, Huygens, Lesage, et en dernier lieu M. Buisson, soutiennent que le mouvement par attraction n'est qu'une erreur, et qu'*une impulsion matérielle* pousse les corps graves vers le centre de la terre, comme les corps célestes les uns vers les autres, en raison *de leur surface* et de leur distance. On reconnaît déjà qu'un milieu résistant paraît exister dans l'espace, et que certains phénomènes observés dans les traînées vaporeuses des comètes sont en contradiction avec les lois de l'attraction newtonienne.

Quelle est la force, dit J. Herschel, qui peut arrondir ces vapeurs dans leur périhélie, en direction venant du soleil, comme une baguette courbée vers lui, contrairement aux lois des mouvements planétaires ?

En cinq jours la comète de 1680 avait projeté les molécules de sa queue après son passage au périhélie, bien au delà de l'orbite de la terre, ayant changé sa position angulaire de 150°. — Où trouver la cause d'un mouvement si désordonné ? Elle doit exister ailleurs que dans la force de gravitation ; une puissance impulsive peut seule produire de tels effets.

La gravité ou la pesanteur, selon les savants atomistes, résulterait des chocs incessants et innombrables donnés, de tous les points de l'espace, sur l'enveloppe de l'atmosphère terrestre par les atomes gravifiques, se propageant par une oscillation moléculaire aux corps solides, et de proche en proche jusqu'au centre. Quelle que soit sa cause, la gravité se manifeste suivant les lois indiquées par Kepler, par Newton, et appliquées par Laplace à tous les mouvements et perturbations célestes. *Voyez* ATOMES, ATTRACTION, PESANTEUR.

GROSSISSEMENT DES LUNETTES.

Après leur découverte, on fut longtemps arrêté dans l'amplification de ces instruments, parce que plus les oculaires étaient forts et convexes, plus les images étaient irisées et déformées ; Newton avait même déclaré cet obstacle insurmontable, quand Dollond, fils d'un réfugié français, eut l'idée d'interposer un verre entre l'objectif et l'oculaire, et parvint ainsi à éviter l'irradiation. C'est ce procédé qui constitue l'achromatisme, et qui a permis de pousser les grossissements jusqu'à ceux employés aujourd'hui.

Les perfectionnements introduits dans la fabrication du cristal, du flint-glass et du crown-glass, ainsi que dans la disposition des instruments d'observation, ont encore ajouté à la faculté lumineuse et à la puissance de pénétration des réfracteurs et des réflecteurs. En Angleterre, à Munich et à Paris, on produit des objectifs et des lentilles d'une telle dimension et d'une pureté si grande, que des nébuleuses que le grand télescope de W. Herschel n'avait pu résoudre en étoiles, et que cet illustre astronome croyait composées seulement de matière diffuse, montrent aujourd'hui les astres qui les composent, au réfracteur de Cambridge comme au réflecteur gigantesque de lord Rosse en Irlande. *Voyez* LUNETTES, TÉLESCOPES.

H

HALLEY.

L'un des plus grands astronomes de l'Angleterre, mort en 1742, à l'âge de quatre-vingt-six ans. Ami de Newton et directeur de l'observatoire de Greenwich, il y fit d'importantes observations.

Ce fut lui qui indiqua le moyen d'obtenir la parallaxe du soleil, ou sa distance à la terre, par le passage de Vénus sur cet astre.

On lui doit un catalogue des étoiles australes et des tables astronomiques ; il prédit aussi le retour de la comète qui depuis a porté son nom.

HALO.

Couronne lumineuse qui se forme souvent autour du soleil et de la lune lorsque notre atmosphère est chargée de vapeurs ; le halo solaire est de 22 degrés 1/2 de diamètre ; et lors de l'éclipse du 28 juillet dernier on a pu en observer un à Paris vers le milieu ou la plus grande étendue du phénomène qui a fixé l'attention publique.

Les halos lunaires varient beaucoup en éclat comme en étendue, et sont aussi plus fréquents.

Ces couronnes sont quelquefois accompagnées de parhélies ou de parasélènes, c'est-à-dire d'images du soleil ou de la lune, aux parties opposées des halos.

On y remarque aussi des appendices fort extraordinaires, tels que des bras rayonnants, des croix lumineuses, et même des effets de réfractions qui réflètent l'image des observateurs et répètent leurs mouvements. *Voyez* Parhélie.

HAUTEUR.

C'est la valeur de l'angle que les astres font avec l'horizon à un moment donné ; la latitude de chaque lieu est la hauteur du pôle, que donnent le sextant et autres instruments d'observations.

La hauteur moyenne d'un pays s'évalue par les mesures d'un grand nombre de points, en supposant toutes les montagnes nivelées, et leur masse également répartie sur la surface.

L'Europe, suivant M. de Humboldt, est élevée au-dessus du niveau de la mer de 217^m environ, et l'Amérique du Sud, de 374^m.

HÉBÉ.

Petit corps planétaire découvert, le 1er juillet 1847, par Hencke de Driessen.

Sa distance au soleil est d'environ 34 millions de myriamètres (85 millions de lieues); et la durée de sa révolution, de 1380 jours 1/2 dans un orbe incliné de 14° 46' 42" sur l'écliptique.

HÉGYRE.

Ère des musulmans, commençant au jour de la fuite de Mahomet à Médine, date qui correspond au 16 juillet de l'année 622 après Jésus-Christ.

HÉLIAQUE.

Le lever héliaque d'un astre ou d'une étoile est celui qui a lieu une heure avant l'apparition du soleil.

Les couchers sont dits héliaques lorsqu'ils arrivent une heure après que le soleil a disparu sous l'horizon.

HÉLIOCENTRIQUE.

La position héliocentrique d'une planète est la place qu'elle occupe dans son orbite; le lieu héliocentrique de la terre se trouve en ajoutant 180° 0' 20" 25''' à la longitude du soleil, comptée de l'équinoxe moyen, et donnée par les tables corrigées de l'aberration.

HÉLIOMÈTRE.

Disposition de moyens optiques pour doubler les images aux foyers des instruments d'observations.

L'objectif d'un télescope partagé en deux parties

peut être disposé de manière à faire glisser latéralement l'un des verres sur l'autre, et à présenter ainsi au foyer de l'oculaire deux images semblables à côté l'une de l'autre, pouvant s'écarter ou se rapprocher à volonté ; l'observateur peut alors en mesurer le diamètre avec une plus grande précision que sur une seule.

C'est avec un tel instrument, pourvu d'un micromètre d'une perfection extraordinaire, que Bessel de Kœnigsberg est parvenu à obtenir avec certitude la première parallaxe, c'est-à-dire la distance de la soixante et unième étoile du Cygne, qu'il avait jugée dans les conditions les plus favorables au but qu'il se proposait.

HÉMISPHÈRE.

Le globe terrestre est partagé en deux parties égales par l'équateur, que la ligne équinoxiale semble parcourir obliquement.

L'un de ces hémisphères comprend : l'Europe, l'Asie, l'Amérique du Nord, une petite portion de l'Amérique méridionale et les deux tiers de l'Afrique ; le second se compose du reste de l'Amérique, du tiers méridional de l'Afrique, et de la Nouvelle-Hollande ou Australie, cinquième partie du monde. L'étendue des mers est beaucoup plus considérable sur cette moitié que sur la nôtre.

Chacun de ces hémisphères a pour horizon céleste la partie de l'espace que la rotation diurne de la terre amène successivement à la vue de ses habitants ; le pôle boréal est pour nous le centre autour duquel le soleil et toutes les étoiles paraissent décrire des cercles ou des arcs de cercle plus ou moins grands.

L'obliquité de l'axe terrestre nous fait apercevoir une partie des étoiles de l'hémisphère austral ; mais celles situées trop près du pôle de ce nom ne sont jamais visibles sous nos latitudes.

HERCULE.

Constellation située entre la Lyre à gauche, et la Couronne boréale à droite ; entre le Dragon au nord, et Ophiucus au midi. Elle comprend un grand quadrilatère dont les angles sont marqués par quatre tertiaires qu'on trouve un peu à gauche de la Couronne, et dont la diagonale prolongée assez loin au midi rencontre une autre tertiaire qui indique la tête d'Hercule placée très-près de celle d'Ophiucus, marquée par une étoile de deuxième grandeur.

C'est vers l'étoile μ de cette constellation, un peu à gauche du quadrilatère désigné ci-dessus, que, suivant de très-illustres astronomes modernes, paraît se diriger notre soleil, avec tous les corps qu'il entraîne avec lui.

HERSCHEL (WILLIAM).

Le plus grand astronome de l'Angleterre et le plus habile des observateurs. Né en 1738 d'un musicien de Hanovre, il fut musicien lui-même, jusqu'à ce qu'un heureux hasard lui offrant un télescope anglais, il s'en servit pour examiner les cieux ; dès lors sa vocation fut fixée.

Il parvint bientôt à construire lui-même des télescopes de sept, de dix et même de vingt pieds de distance focale ; et le 13 mars 1781, à l'âge de quarante-trois ans, il découvrit la planète à laquelle il voulut d'abord donner le nom de George, son généreux protecteur, mais que les habitudes mythologiques ont depuis fait nommer *Uranus*.

Ce fut en 1789 qu'il parvint à établir son télescope

de 12 mètres (39 pieds), dont l'objectif avait 1^m 85^c d'ouverture (6 pieds), et avec lequel il aperçut le sixième satellite de Saturne, les taches de cette planète et son septième satellite. Il découvrit encore six satellites à Uranus, dont quatre seulement ont été revus depuis. Pour apprécier les formes et l'étendue de la Voie lactée, il en *jaugea* toutes les parties, en comptant les étoiles qui se présentaient au champ de son télescope; il fit de cette *nébuleuse* d'exactes images, afin qu'on pût à l'avenir reconnaître les modifications qui s'y manifesteraient. Son grand télescope pénétrait jusqu'aux étoiles de treize cent quarante-quatrième grandeur, et faisait apercevoir des nébuleuses dont la lumière ne peut nous parvenir en moins de deux mille cinq cents ans.

Il porta successivement les catalogues de ces amas de soleils à près de dix-huit cents, répartis en huit divisions, selon leurs aspects.

Il mourut à quatre-vingt-trois ans, en 1822, dans toute la gloire de ses brillantes découvertes et toute la force de son intelligence; son fils, John Herschel, continue ses travaux, et ajoute de nouvelles richesses à son héritage astronomique.

Sa sœur, qu'il fit venir de Hanovre quand le roi George III le nomma son astronome particulier, participait à toutes ses observations, faisait tous ses calculs, et découvrit elle-même plusieurs comètes; elle a vécu jusqu'en 1847.

HEURE.

Fraction du temps, dont la mesure la plus exacte est donnée par l'astronomie au moyen de la rotation diurne de la terre, qui fait décrire régulièrement aux étoiles des cercles plus ou moins grands, mais toujours pendant la même durée.

Cette durée, partagée en vingt-quatre parties, est l'heure *sidérale*. L'heure *moyenne* est donnée par une pendule parfaitement réglée.

L'heure *solaire* ou *vraie* est un peu inégale, parce qu'elle est marquée de midi, moment où le soleil est au plus haut de son apparente carrière, et que cet astre radieux ne marche pas toujours avec la même vitesse ; ou, pour parler plus justement, parce que la terre ne tourne pas autour du soleil dans un cercle régulier, mais dans un cercle *un peu allongé*, avec une vitesse inégale.

Si en effet l'attraction du soleil retient notre globe dans son orbite, on peut facilement concevoir que cette attraction est moins forte quand cette planète parvient aux points les plus éloignés, et qu'alors le mouvement de circulation devient un peu moins rapide ; l'effet contraire a nécessairement lieu quand la terre est revenue aux points de son orbite les plus rapprochés du centre d'attraction.

Cela étant bien compris, on s'aperçoit que la rotation diurne et régulière de la terre ne peut faire arriver le même point de sa surface toujours directement en face du soleil pendant le même intervalle de temps ; que tantôt ce point est en retard et tantôt en avance ; qu'enfin midi est fort rarement le milieu du jour, ce qui n'a lieu en effet que quatre fois dans l'année, vers le 15 avril, 15 juin, 1er septembre et 25 décembre, selon la position de la terre.

Les cadrans solaires ne peuvent donc indiquer qu'*à peu près* l'heure régulière ou moyenne, et l'on ne doit s'en servir pour régler les montres et les horloges qu'aux époques ci-dessus ; pour tous les autres jours, elles doivent alternativement avancer ou retarder sur le soleil à midi, de quelques secondes jusqu'à 16^m 1/4. Le plus grand retard a lieu vers le 11 février, où l'heure moyenne marque midi 14^m 33^s environ, quand le soleil est au méridien ; la plus forte avance a lieu vers le 3 novembre, époque où il est midi vrai quand l'heure moyenne ne doit indiquer que 11^h 43^m 42^s.

Chez les Grecs et les Romains, il a été en usage de partager le jour ainsi que la nuit en douze heures, de sorte que pendant l'été les heures de jour étaient bien plus longues que celles de nuit ; le contraire avait lieu l'hiver, et ce n'était qu'aux deux équinoxes que toutes les heures étaient égales. Pour les observations, il fallait ramener les heures *temporaires* aux heures *équinoxiales*, que ces peuples ne connaissaient d'ailleurs qu'à *un quart d'heure près*.

Chez quelques anciens peuples, la première heure commençait au coucher du soleil ; chez d'autres, c'était à son lever. Les Arabes, plus avancés en astronomie, les comptaient comme Ptolémée à partir de midi, ainsi qu'on le fait aujourd'hui en les divisant par douze, avant comme après ce milieu du jour solaire.

Les vingt-quatre heures astronomiques se comptent de minuit sans interruption.

Au lieu d'indiquer par degrés l'ascension droite d'un astre ou d'une étoile, on l'exprime très-souvent par heures, minutes et secondes, de 0 à 24^h à partir du point ♈, qui marque l'équinoxe de printemps. Ainsi, quand on dit qu'un corps céleste doit être à 4^h 20^m, chaque heure représentant 15°, c'est comme si la place de cet astre était indiquée par 60° 20'.

Si donc la déclinaison, ou la distance au pôle, est aussi connue, on peut aussitôt trouver le lieu qu'un astre occupe, soit dans le ciel, soit sur un planisphère comme celui de la planche III, où les *lignes horaires* sont indiquées autour de l'équateur, ainsi que les degrés de déclinaison, par une échelle divisée de 5 en 5 degrés à partir du pôle, comme à compter de l'équateur.

Le climat d'un pays s'indique aussi par heures ; les régions équatoriales sont des climats de 12 heures, parce que le soleil est 12 heures sur l'horizon et 12 heures audessous ; le nord de la France est un climat *de seize heures*, parce que les plus longs jours ont cette durée ; l'Islande est un climat de 24 heures, et ainsi en augmentant jusqu'aux pôles, dont le climat est de trois mois, puisque ces régions sont alternativement éclairées et privées du soleil pendant le quart de l'année.

HEVELIUS.

Astronome né à Dantzig en 1611, et mort en 1687, à l'âge de soixante-seize ans ; il a fait un ouvrage intitulé *Machine céleste*, et découvert l'étoile changeante qu'il a nommée Mira, sur laquelle il a laissé beaucoup d'observations. *Voyez* Mira.

HIPPARQUE.

Né à Nicée au deuxième siècle avant notre ère, ce grand observateur est considéré comme le père de l'astronomie, parce que c'est à lui que cette science doit les premières notions précises sur le mouvement des astres, la durée de l'année, la position d'un grand nombre d'étoiles, la précession des équinoxes, l'obliquité de l'écliptique, et l'excentricité du soleil.

Il fit à Rhodes et à Alexandrie, depuis l'an 162 jusqu'à l'an 127 avant J.-C., tous ses travaux et ses observations, au moyen d'instruments qui le conduisirent à des résultats d'une exactitude surprenante.

Une partie de ses ouvrages et ses catalogues ont été recueillis par Ptolémée dans l'Almageste ; le reste a été perdu, à l'exception de quelques fragments cités dans le poëme d'Aratus sur l'astronomie. Un manuscrit arabe lui attribue l'invention de l'algèbre.

HIVER.

Lorsque, étant arrivée au point le plus rapproché où elle puisse se trouver du soleil, notre planète est en même temps dans la position la plus oblique pour les habitants d'un hémisphère, les rayons de cet astre leur parviennent sous une inclinaison d'autant plus grande, que leur pays est plus voisin du pôle.

Alors c'est l'hiver pour les régions de la terre ainsi placées ; le pôle opposé au soleil ne l'aperçoit plus pendant trois mois, tandis que l'autre pôle est continuellement frappé de ses rayons. Sous notre latitude nous ne sommes pas exposés à ces deux extrêmes températures, et l'hiver, qui commence pour nous vers le 22 décembre, époque des jours les plus courts et les plus froids, ne peut nous présenter au soleil sous une obliquité au-dessous de 23° 27′, à midi vrai.

La terre est alors 548,000 myriamètres (1,290,000 lieues) plus voisine du soleil qu'au solstice d'été, vers le point opposé ; c'est donc la seule obliquité des rayons solaires qui produit les froids et les intempéries de l'hiver.

HORAIRE (CERCLE OU ANGLE).

Chaque étoile peut se concevoir fixée sur un cercle passant par les deux pôles et tournant avec elle, en prenant différentes inclinaisons par rapport au méridien du lieu.

L'espace céleste étant partagé de 15 en 15° ou par heure astronomique de 0 à 24, en comptant du point où se rapporte annuellement l'équinoxe de printemps, *l'angle horaire* d'une étoile est alors la valeur de l'angle que fait une ligne menée de la place occupée par cette étoile à gauche de l'équateur, avec la ligne menée au point de l'équinoxe. Tous les instruments d'observations munis de cercles gradués indiquent aussitôt les degrés compris entre ces deux lignes : ces degrés donnent la valeur de *l'angle horaire*, ou, comme on dit encore, son ascension droite.

Cette explication peut s'appliquer à tous les corps célestes, dont *l'angle horaire* est un des éléments nécessaires pour trouver sa place à un moment quelconque.

HORIZON.

Le fil à plomb est *à peu près* perpendiculaire à ce plan que la vue embrasse d'un lieu élevé, et qui à Paris fait un angle de 48° 50′ 14″ avec la direction du pôle boréal.

En pleine mer, l'œil, à 1 mètre 65 cent., peut apercevoir un horizon de 4,500 mètres de rayon. Cette hauteur croît proportionnellement avec le carré des distances ; pour 2,000 mètres, elle est de 30 centimètres, et de 5 mètres pour 8,000 mètres.

HOROSCOPE.

L'astrologie judiciaire attachait une grande importance à ce *point*, qui était celui de l'écliptique dont le lever avait eu lieu au moment de la naissance de ceux qui consultaient cette fausse science. *Tirer l'horoscope* consistait donc dans la recherche astronomique de ce point, auquel toute la destinée était attachée ; les astrologues examinaient ensuite dans leurs *grimoires* les significations qui répondaient à l'horoscope, et qu'ils interprétaient alors *à leur gré !*

HUYGENS.

Célèbre mécanicien né à La Haye en 1629, et qui découvrit l'anneau et le quatrième satellite de Saturne. Colbert le retint en France, où il fit de nombreuses observations sur la lumière, et de grands perfectionnements dans l'application du pendule aux horloges.

HYADES.

Cinq étoiles disposées en forme de v oblique, dans la constellation du Taureau, sont les *Hyades* placées sur son front. Aldébaran, étoile de première grandeur et d'une couleur un peu rougeâtre, marque l'extrémité de la branche inférieure de cette figure.

HYDRE (L').

Longue constellation australe dont les sinuosités se déroulent au-dessous du Cancer, du Lion et de la Vierge jusqu'auprès de α du Centaure ; la tête est marquée par quatre petites étoiles situées à gauche de Procyon ; le cœur, par une belle secondaire (Alphard), qui se voit à 10° de déclinaison australe ; au-dessous et à droite de *Regulus* du Lion, se trouve la queue de l'Hydre, toujours cachée sous notre horizon.

HYGIE.

Petite planète trouvée, le 12 avril 1849, par Gasparis de Naples, entre Pallas et Jupiter.

Le temps de sa révolution est d'environ 2,075 jours. Cette planète, qui était au méridien le 8 mai 1849, a son orbite inclinée de 3° 47′ 5″ sur l'écliptique ; sa distance moyenne au soleil est 3,183688 celle de la terre, ou d'environ 53 millions de myriamètres.

HYPERBOLE.

Ligne courbe dont les deux extrémités s'écartent en se prolongeant à l'infini ; c'est l'une des sections coniques que décrivent certaines comètes, et dont les propriétés les éloignent à jamais de notre monde solaire. On peut assurer aussi que les comètes affectant cette courbe nous apparaissent pour la première fois.

I

IDES.

Chez les Romains, le *treizième jour* du mois prenait ce nom ainsi que les jours précédents *jusqu'au cinq*, qui était le jour des nones ; on comptait les *ides* en rétrogradant ; le 12 était donc *la veille*, ou le deuxième jour des ides ; le 11, le troisième jour, etc.

En mars, mai, juillet et octobre, les ides n'arrivaient que le 15 ; alors le 14 était la veille des ides, et le 7 était les nones. Les calendes se comptaient aussi comme les nones en rétrogradant. On voit qu'il était difficile d'imaginer une supputation plus bizarre ! *Voyez* Ca-
LENDES.

IMMERSION.

Lorsqu'un astre est au moment de passer derrière un autre ou sur son disque, on dit que c'est l'instant de l'*immersion*, comme le moment où il reparaît de l'autre côté est l'*émersion*.

IMPULSION.

Un corps en mouvement a reçu une *impulsion*, ou il est soumis à une force attractive; aussi ces deux principes d'action ont été la base de tous les systèmes qui se sont produits sur l'organisation de notre univers et l'harmonie de ses mouvements.

Toute impulsion simple déplace en droite ligne le corps qui la reçoit, si elle est dirigée vers son centre de gravité; autrement, ce corps décrit une courbe en tournant sur lui-même. Si de toutes parts, de toutes les directions, d'innombrables impulsions venaient frapper les corps célestes, on conçoit qu'ils graviteraient les uns vers les autres proportionnellement à leurs surfaces, parce qu'ils se feraient réciproquement bouclier ou obstacle sur les lignes qui joindraient leurs centres, contre cette puissance d'impulsion universelle. C'est ainsi que les partisans du fluide impulsif expliquent les effets attribués à l'attraction newtonienne.

La nature du soleil et des étoiles, les agents de l'électricité et du magnétisme, sont encore si peu connus, que provisoirement on admet les lois de l'attraction, sans qu'on puisse les concevoir autrement que par la parfaite concordance qu'elles ont avec les faits observés.

INCLINAISON.

Ce mot a différentes significations en astronomie. Les planètes circulent autour du soleil plus ou
moins obliquement par rapport au plan de son équateur ; ainsi l'orbite de la terre est *inclinée* de 23°
27′ 30″ sur le plan de l'équateur céleste ; c'est ce
qu'on appelle l'obliquité de l'écliptique, indiquant
dans le ciel la trace de notre globe relativement au
soleil.

Pour les calculs et les observations, on rapporte au
plan même de cette écliptique l'*inclinaison des orbites*
de toutes les autres planètes, dont les plus grosses s'é-
cartent très-peu, tandis que quelques-unes des plus
petites circulent entre Mars et Jupiter, sous des inclinaisons très-considérables ; Pallas surtout, qui a une
orbite inclinée de 34° 37′ 20″.

L'axe de rotation des planètes est aussi *incliné* diversement sur chaque orbite ; l'*inclinaison* de l'axe de
la terre était de 66° 37′ à la fin de novembre 1850 ; elle
varie d'environ trois minutes de degré par année. L'axe
autour duquel tourne le soleil est incliné de 7° 19′ 23″
sur l'écliptique ; l'axe de la lune se maintient dans une
position presque perpendiculaire (88° 1/2) ; mais son
orbite est inclinée de 5° 9′ sur cette ligne.

L'*inclinaison* du pôle sous l'horizon constitue la latitude de chaque lieu ; elle est à Paris de 48° 50′ 49″
pour 1850, et varie avec l'obliquité de l'écliptique.

INDICTION.

Période de quinze années juliennes, qu'on suppose
commencée trois ans avant J.-C., mais dont l'origine a été ramenée à l'an 313 de notre ère, selon le

comput ecclésiastique ; son chiffre est 9 pour 1851.

On croit qu'elle a été établie pour éviter l'emploi des olympiades et des lustres romains, alors en usage.

INÉGALITÉS.

Rien n'est exactement régulier dans notre système ; la rotation de la terre est *un fait* dont la durée est arbitraire, et n'a aucun rapport possible avec le temps de sa translation autour du soleil, qui fixe *à peu près* nos années.

Les saisons sont inégales, les jours et les heures ne partagent pas avec exactitude la mesure du temps prise dans la nature.

La trace *oblique* que notre globe suit dans l'espace n'a pas constamment la même inclinaison ; l'axe de notre planète se balance sans cesse, en répondant successivement à d'autres points dans le ciel.

Nos équinoxes, dont le moment et la place changent perpétuellement, ne nous donnent pas même un jour, ni une nuit, *d'une égalité parfaite.*

La lune est encore plus incertaine et plus *inégale* dans ses mouvements ; les épicycles qu'elle décrit autour de la terre s'inclinent ou se relèvent, s'agrandissent ou se resserrent, avec des variations et des *inégalités* qui désespèrent les plus patients observateurs.

Sans parler des innombrables corps cométaires qui croisent notre horizon dans tous les sens, sans règles ni mesures, toutes les planètes de notre monde solaire sont livrées aux mêmes perturbations et aux mêmes *inégalités* que la nôtre ; le mouvement des unes se ralentit, quand la rapidité des autres vient à augmenter, ou lorsque l'éclipticité des orbites vient à s'étendre. Néanmoins la science a réduit *toutes ces inégalités* à des équations, à des formules et à des tables qui ont rassuré le monde savant contre les suites de leur progression, en les renfermant dans d'immenses limites où elles peuvent se déployer, mais qu'elles ne doivent jamais franchir.

INFLUENCES.

On croit encore trop généralement que la lune exerce une *grande influence* sur les variations de notre atmosphère; et cependant l'on sait, en voyant toujours les mêmes taches à sa surface, que c'est constamment le même hémisphère qui est tourné vers nous.

Si l'on voulait y penser sérieusement, on concevrait alors que cette influence, si elle existait, devrait dépendre de la proximité ou de l'éloignement de ce satellite, ou bien de la quantité de lumière qu'il nous réfléchit dans ses différentes positions.

Dans la première hypothèse, la lune agirait donc sur les vapeurs de l'atmosphère comme sur les eaux de l'Océan. Il y aurait des *marées atmosphériques* régulières ou du moins plus ou moins fortes, selon que la lune serait en opposition ou en conjonction, c'est-à-dire plus près ou plus loin de nous.

Ainsi, par exemple, la pleine lune amènerait toujours le beau temps, et la nouvelle lune devrait toujours amener la pluie; ou bien ce serait le contraire, la pleine lune nous donnerait constamment la pluie et la nouvelle lune le beau temps. Or l'expérience fait voir aux plus crédules que c'est *tantôt l'une, tantôt l'autre* de ces circonstances qui arrive aux différentes phases, si toutefois il y a changement à l'une de ces époques.

Examinons maintenant la seconde supposition :

Est-ce par la *quantité de lumière* que notre satellite

peut réfléchir, qu'il exerce une influence quelconque
sur l'état de notre atmosphère ?

En ce cas, la pleine lune amènera *toujours* un changement favorable ; et quand elle disparaîtra vers la néoménie, si le temps vient à changer, ce sera nécessairement *du beau au mauvais*. Mais il n'en est pas ainsi ;
et ceux qui croient encore à l'influence de notre satellite attendent de lui *à toutes ses phases*, et même deux
ou trois jours *avant et après* chacune, le *retour du beau
temps !* Il est vrai que si la pluie succède, on ne manque pas non plus d'en accuser la lune, quel que soit
son âge ou sa position.

Faisons d'ailleurs remarquer que lorsqu'on jouit *du
beau temps,* on n'annonce jamais qu'une phase de la lune
va le faire changer ; ce n'est qu'après de longues pluies
que l'opinion vulgaire espère en la lune, pour *ramener
le soleil !*

Les relevés barométriques de cinquante observatoires, où en divers pays, et trois fois par jour, on constate
le temps qu'il fait, où l'on mesure exactement l'eau
tombée, donnent à peine une légère différence en moins
dans les pleines lunes.

Les marins, si intéressés à connaître le temps futur
par l'état présent de l'atmosphère, ont remarqué que
des *nuages légers* se dissipent plus rapidement dans
la pleine lune qu'à toute autre époque, surtout lorsque
ces vapeurs paraissent se former à une certaine élévation.

On peut donc raisonnablement chercher la cause physique de ces deux circonstances, et voici la plus vraisemblable qui ait été proposée : En opposition la lune
est prodigieusement échauffée par les rayons du soleil,
qui la frappent *sans interruption* et progressivement

depuis le premier quartier ; elle est alors à sa moindre distance de la terre, la lumière qu'elle nous réfléchit alors, quoique dépourvue de tout calorique lorsqu'elle a traversé les couches de notre atmosphère, peut s'en être dépouillée dans les hautes régions, et y produire de proche en proche une légère dilatation, qui suffirait pour expliquer les phénomènes observés.

La science peut encore faire une autre concession, non à l'influence lunaire, mais aux observateurs de la lune : Sa lumière cendrée, qui s'aperçoit trois ou quatre jours après la néoménie, est produite par la réfraction *quinze fois plus grande* de notre planète ; c'est *un clair de terre* dont jouit notre satellite, et qui a plus d'intensité lorsque notre hémisphère est chargé de nuages, meilleurs réflecteurs des rayons solaires que les surfaces solides de notre globe. On peut donc juger, *par la vivacité de cette lumière cendrée* à travers une éclaircie, si le mauvais temps doit avoir quelque durée, ou si la pluie peut survenir par l'effet de nuages étendus qui ne sont pas encore au-dessus de notre horizon, mais que le vent nous amène.

Ces pronostics même sont fort incertains, comme tous ceux qui dépendent de causes multiples, compliquées et accidentelles, que le meilleur astronome ne peut prévoir ni calculer.

C'est à tort aussi que l'on croit à *l'influence* des comètes sur les saisons et sur les récoltes, car les observations comparées prouvent que la chaleur n'est pas plus grande en moyenne lorsque l'un de ces amas de vapeurs est sur l'horizon, que pendant la même saison dans les années sans comètes.

Les astrologues attribuaient aux astres *une grande influence* sur la destinée des hommes ; les livres sacrés des Indiens expriment formellement cette doctrine, à laquelle de grandes illustrations ont ajouté foi, mais la science véritable a fait justice de telles superstitions.

INTERCALATIONS.

Les Juifs ne comptaient leurs mois que par l'observation directe de la lune, de sorte qu'ils les faisaient alternativement de 29 et de 30 jours, comme les sectateurs de Mahomet le font encore aujourd'hui ; leur année avait donc 11 jours de moins que l'année solaire.

Les époques de leurs fêtes et de leurs jeûnes en étaient bouleversées, et alors ils ajoutaient tous les trois ans un mois intercalaire.

On ne conçoit pas que Moïse, auquel les Égyptiens devaient avoir appris la science des astres, et qui avait supputé les époques de la Genèse suivant l'année des Chaldéens de 365 jours avec un jour intercalaire tous les quatre ans, n'ait pas établi un meilleur mode de fixer les fêtes et le calendrier du peuple de Dieu.

Ce ne fut que très-tard que les Juifs firent usage du cycle de 84 ans pour déterminer la pâque et les autres fêtes.

Les premiers chrétiens suivirent cette méthode ; mais le temps en ayant démontré l'inexactitude, le concile de Nicée ordonna de suivre le cycle de Méton, ou de 19 ans, et les Juifs l'adoptèrent à leur tour.

Ce fut Hillel, un de leurs rabbins, qui, 360 ans après J.-C., rectifia leur calendrier et lui donna la forme actuelle, qui doit durer jusqu'à la venue du Messie. Les Juifs ont dans ce cycle de 19 ans sept années intercalées de 13 mois, ce sont les 3e, 6e, 8e, 11e, 14e, 17e et 19e ; en astronomie c'est ce qu'ils ont pu imaginer de mieux et de plus concordant avec les faits. *Voyez* CALENDRIER.

INTERFÉRENCE.

La théorie des interférences se déduit des phénomènes de la réfraction. Les rayons lumineux d'un astre ou d'une étoile n'arrivent à nos yeux qu'en traversant les couches de notre atmosphère, dont les éléments et la densité présentent des différences qui dévient ces rayons de leur direction précédente, et les font ainsi s'*ajouter* ou se *détruire* successivement.

Si la différence de vitesse entre deux rayons homogènes partis du même point dépasse un *demi-millième de millimètre,* la lumière blanche disparaît, et, selon les quantités qui occasionnent la destruction ou l'affaiblissement des couleurs prismatiques dans l'ordre de leur réfringence, il se produit des phénomènes de coloration différente aux points de réunion.

Telles sont les véritables causes de la scintillation plus ou moins forte des étoiles et des planètes, selon l'état de l'atmosphère ; aussi, dans tous les lieux où l'air est d'une grande homogénéité, ces effets d'interférence sont nuls ou peu sensibles.

L'*émission directe* a peut-être lieu dans l'espace, et la propagation *par interférences,* seulement lorsque la lumière vient à traverser les nombreuses couches de notre atmosphère.

IRÈNE.

Petite planète découverte le 19 mai 1851 par M. Hind, de Londres ; elle a l'apparence d'une *étoile bleuâtre,* de 9me grandeur. Elle circule entre Mars et Jupiter en 4 ans et 17 jours, dans une orbite inclinée de 9° 8′ environ sur notre écliptique.

Son demi-grand axe est de 2,590,771 , ce qui donne

en nombre rond, pour sa distance au soleil, 40 millions de myr., ou 100 millions de lieues.

IRIS.

C'est encore une précédente découverte de M. Hind, qui a reconnu cette petite planète le 13 août 1847.

Sa distance moyenne au soleil est de 36 millions de myriamètres, et son orbite, qu'elle parcourt en 1,335 jours, est inclinée de 5° 28′ sur l'écliptique.

IRRADIATION.

A la vue simple, les planètes les plus grandes nous réfléchissent en certains temps une très-vive lumière; les étoiles, selon leur proximité ou leur grandeur, nous transmettent leurs rayons lumineux, dont l'*irradiation* ou l'écartement nous montrent ces astres beaucoup plus volumineux que dans les lunettes, qui les dépouillent de cette diffusion de lumière.

Cette cause, et peut-être aussi la densité différente de l'air renfermé dans les lunettes, laisse encore quelque incertitude sur le diamètre réel du soleil, dont la mesure varie de deux à trois secondes, suivant les méthodes et les instruments d'observations.

IRRÉGULARITÉS.

Sans en excepter les lois de l'attraction, rien n'est régulier dans notre monde solaire.

La translation de la terre autour du soleil, et sa rotation journalière, ne peuvent être renfermées dans aucune mesure exacte du temps. Les planètes et leurs satellites ne présentent pas de rapports proportionnels dans leurs éléments.

Mars, plus éloigné du soleil que la terre, est cependant

plus petit. Il en est de même pour Saturne relativement à Jupiter, et pour Uranus relativement à Saturne.

Les distances ne sont pas relatives entre Mercure,
Vénus et la terre ; encore moins entre Neptune et Uranus.

Les inclinaisons des axes et des orbites ne s'accordent pas plus avec une loi générale que les densités et
les vitesses rotatives des différentes planètes de notre
système.

On peut donc dire, avec l'auteur du *Cosmos*, que
dans notre monde il n'y a que des faits isolés, sans
enchaînement de causes à effet, sans rapport entre eux ;
qu'ils semblent avoir été produits par le conflit de forces
opposées agissant dans des conditions inconnues, par
sauts et par intervalles, comme sur la terre nous voyons
les végétaux et les animaux se grouper *à peu près* autour des types primitifs. (*Voyez* l'Introduction, deuxième
partie.)

J

JORDAN BRUNO.

Moine philosophe, né à Nola vers 1550, et brûlé à
Rome le 17 février 1600, par sentence *très-clémente* de
l'inquisition, afin, dit-elle, d'éviter l'effusion du sang.

Contemporain de Galilée, mais plus hardi, il enseignait publiquement, comme des vérités incontestables,
les opinions de Copernic sur le système du monde.

Il fit plusieurs ouvrages sur le principe des choses,
sur les étoiles fixes et la constitution de l'univers, qui,
selon lui, était infini, peuplé d'autres soleils et d'autres

terres, et dont, par conséquent, le centre n'était nulle part.

Il s'expatria, et voyagea dix années en enseignant partout ses doctrines religieuses et scientifiques; mais s'étant hasardé à revenir dans sa patrie et ensuite à Venise, il y fut arrêté, mis pendant six ans sous les plombs, et enfin livré à l'inquisition romaine.

Refusant de rétracter ses opinions philosophiques, il fut condamné à les expier par le feu quelques années avant la découverte des lunettes, qui établirent la réalité des faits en contradiction avec les passages de l'Écriture que ce savant religieux avait osé critiquer.

« Je soupçonne, dit-il à ses juges, que vous prononcez cet arrêt avec plus de crainte que je ne l'entends! »

Ces intolérants inquisiteurs durent en effet bien hésiter à prononcer une telle sentence, au moment même où le pape *Grégoire XIII* entreprenait la réforme du calendrier et de la cosmologie catholique.

JOUR.

Cette mesure du temps est régulière lorsqu'elle exprime l'intervalle qui peut s'écouler entre le passage d'une étoile quelconque et son retour au méridien du même lieu ; c'est le *jour sidéral*, qui est plus court que le *jour solaire*.

En effet, le soleil retarde chaque jour d'environ 4 minutes sur les étoiles, de 2 heures par mois, de 24 heures après 360 révolutions : c'est donc une fois de plus que les étoiles ont passé au méridien.

Ainsi, les jours *vrais* ou *solaires* ne sont pas égaux et les heures solaires ne sont pas égales, à cause de la différence entre les arcs que le soleil semble décrire.

depuis les équinoxes jusqu'aux solstices, et de la vitesse aussi différente dont il paraît animé en parcourant son orbite.

Le *jour moyen* est celui que donne une horloge bien réglée ; il est plus long de 3' 55" 9''' que le jour sidéral, ne s'accorde avec le jour solaire ou astronomique que quatre fois dans l'année, et midi n'est exactement le milieu de jour qu'aux solstices.

Quant à la lumière du jour, elle n'est en réalité qu'un crépuscule d'un éclat plus intense, puisqu'elle n'est produite que par la réfraction des couches de notre atmosphère ; sans cette cause de diffusion, nous ne pourrions apercevoir que les objets *directement frappés des rayons du soleil*, l'interposition d'un nuage occasionnerait une profonde obscurité, et les étoiles seraient toujours visibles.

JUNON, ☿.

Petite planète trouvée par Harding le 1er septembre 1804. Elle circule entre Mars et Jupiter en 1,592 jours 3/4, dans un orbe incliné de 13° 3' 17" sur l'écliptique, à la distance de 2,669, celle du soleil à la terre étant prise pour unité ; ce rapport donne 51 millions de myriamètres, ou 127,500,000 lieues.

On a pu s'assurer que cette planète, d'une couleur rougeâtre, tourne sur elle-même en 27 heures environ.

JUPITER, ♃.

C'est la plus belle et la plus brillante des planètes de notre monde solaire : 1,400 fois plus grosse que la terre, elle est 1,050 fois plus petite que le soleil, dont elle est éloignée en moyenne d'environ 5 fois 1/5 la distance de la terre, c'est-à-dire de 80 millions de myriamètres ;

elle parcourt son orbite en 11 ⁿˢ 315ᴶ 12ʰ 30ᵐ, paraissant rétrograder d'environ un signe par année, quand le soleil paraît rétrograder d'un signe tous les mois.

Chaque année, notre planète tournant autour du soleil se trouve ainsi du même côté que Jupiter, et par conséquent à environ 65 millions de myr. de cet astre, qui nous apparaît avec un grand éclat pendant quelques mois ; arrivés de l'autre côté, nous en sommes éloignés de 95 millions de myriamètres (238 millions de lieues), et cette planète ne nous réfléchit plus qu'une faible lumière.

Sa vitesse rotative est prodigieuse pour un corps aussi volumineux, dont les parties équatoriales ont à parcourir 72 myriam. par minute (plus de 3 lieues par seconde) ; aussi ses pôles sont aplatis dans le rapport de 100 à 107. Cette planète tournant sur elle-même en 9ʰ, 55ᵐ 50ˢ, sur un axe presque perpendiculaire à l'écliptique, les saisons y sont toujours les mêmes en chaque lieu de la surface, où des jours de cinq heures sont suivis par des nuits d'égale durée ; la chaleur et la lumière doivent y être très-faibles, et sa densité n'est que le quart de la densité moyenne de la terre.

Suivant Herschel, les bandes et les taches brillantes observées vers l'équateur de Jupiter seraient produites par des masses nuageuses emportées avec une grande vitesse dans son atmosphère ; les bandes et les parties plus obscures annonceraient alors des surfaces solides qui doivent moins réfléchir les rayons solaires.

C'est Galilée qui, au moyen des premières lunettes, aperçut le premier les satellites de Jupiter, au nombre de quatre, lui présentant toujours la même face et circulant autour de lui sous des inclinaisons différentes :

le premier de ces corps s'éclipse toutes les 42^h 28^m 8^s;
le deuxième, plus dense, tous les 3^j 13^h 18^m; le troisième, qui a l'éclat d'une étoile de cinquième grandeur,
serait visible à l'œil nu, si la lumière réfléchie par la
planète ne s'y opposait pas; son occultation a lieu tous
les 7^j 44^m; le quatrième, obscur et rougeâtre, s'é-
clipse seulement tous les 16^j 16^h 21^m, et son orbite
est-très-inclinée sur l'équateur de la planète.

Par les rapports qui existent dans leurs mouvements, ces satellites ne peuvent pas s'éclipser tous à la
fois; il arrive néanmoins qu'on n'en peut apercevoir
aucun sans de très-fortes lunettes, parce que ceux qui
ne sont pas occultés passent alors sur le disque, et se
perdent dans son éclat.

Laplace a déterminé les masses de ces satellites,
malgré leur éloignement et leur petitesse; il a de même
établi les lois de leurs mouvements en démontrant que
l'action de la planète principale, ainsi que leur attraction réciproque, ont dû les amener à la régularité actuelle, quand même ces rapports auraient été différents
dans l'origine.

En considérant à part le groupe de ces quatre satellites, l'illustre géomètre a retrouvé, dans de courtes
périodes, les mêmes perturbations observées dans le
système général de notre monde solaire, et qui s'accomplissent en des milliers d'années.

K

KEPLER.

Astronome mathématicien, qui a eu l'honneur d'imposer son nom aux lois universelles qui régissent les corps célestes.

Ce ne fut qu'après vingt-deux ans de conjectures, de recherches et de tâtonnements, qu'une heureuse combinaison des carrés et des cubes lui fit trouver les rapports qu'il cherchait.

En substituant des cercles elliptiques aux cercles réguliers dans lesquels on supposait auparavant que tous les corps circulaient, il rendit compte des anomalies qu'on ne pouvait expliquer ni comprendre dans les révolutions planétaires.

Né en 1571, et mort à cinquante-neuf ans, il fit comme Tycho-Brahé, son maître, des almanachs de prédictions, auxquelles du moins il ne croyait pas.

En 1609, dans sa *Nouvelle Astronomie*, soixante-dix-huit ans avant la publication des principes de l'attraction par Newton, il faisait entrevoir les causes réelles de la gravitation ; mais ensuite, dans ses *Harmonies du Monde*, il compare la terre à un animal vivant, dont les aspirations, comme celles d'une baleine, occasionnent le flux et le reflux de la mer. *Voyez* LOIS DE KEPLER.

L

LA CAILLE.

Astronome né en 1713, et mort en 1762. Il fut envoyé au cap de Bonne-Espérance pour y observer le passage de Vénus sur le soleil, et déterminer la position des étoiles australes, dont il donna un catalogue de neuf mille huit cents, qui étaient encore inconnues.

Il a fait *à lui seul* plus d'observations que tous les astronomes de son temps.

LAGRANGE.

Quoique né à Turin en 1736, ce grand géomètre est considéré comme Français, parce qu'il a publié en France le résultat de tous ses travaux. On lui doit l'explication du phénomène de la libration, et des causes par lesquelles la lune tourne constamment la même face vers la terre. Il est mort en 1815, membre de l'Institut et sénateur.

LALANDE.

Né à Bourg en 1732, et mort en 1807. Il a fait un ouvrage très-estimé sur l'astronomie, ainsi que plusieurs travaux importants ; son mémoire relatif au passage de Vénus sur le soleil en 1772 lui a valu une grande renommée.

LAPLACE (MARQUIS DE).

Né à Beaumont en 1749, et mort le 6 mars 1827. C'est l'astronome dont les travaux ont le plus illustré la France. Il parvint à démontrer, par de savants calculs, la fixité moyenne des orbes planétaires et la stabilité des autres éléments de notre système, qu'Euler et Newton croyaient ne pas pouvoir durer éternellement.

Il fit connaître les causes des perturbations qui inquiétaient le monde savant, et fixa les périodes entre lesquelles les variations observées devaient se renfermer.

Quand d'immenses et dispendieux voyages étaient entrepris de divers points pour aller observer aux lieux favorables le passage de Vénus sur le soleil, afin d'en obtenir la parallaxe, Laplace la déduisit *plus exactement*, sans sortir de son cabinet, par la simple observation des inégalités lunaires.

Ses ouvrages sur la *Mécanique céleste*, la *Théorie des probabilités*, et son *Exposition du monde*, rendront sa mémoire immortelle.

LATITUDE.

La distance d'un astre à l'équateur céleste est sa latitude ou plutôt sa déclinaison, et de ce point à l'un des pôles on compte toujours le nombre de degrés nécessaire pour compléter 90°.

Il en est de même pour la latitude terrestre, qui s'obtient en mesurant l'angle que l'horizon du lieu fait avec une ligne menée au pôle du même hémisphère.

En ajoutant à cette latitude le complément à 90°, on a la distance du lieu à l'équateur.

C'est la latitude qui indique la température moyenne de chaque lieu, en ayant égard toutefois à son élévation au-dessus du niveau des mers, et à certaines circonstances locales qui peuvent modifier cette température.

Les latitudes anciennement déterminées par l'ombre
des gnomons étaient inexactes, en ce que les observateurs ne calculaient pas que cette ombre était donnée
par le bord supérieur du soleil, et non par le centre
de cet astre; et qu'il fallait alors en retrancher le demi-
diamètre apparent, en outre de la réfraction atmosphérique que les observateurs ne connaissaient pas.

LEIBNIZ.

Philosophe mathématicien, né à Leipsick le 3 juillet
1646, et mort en 1716.

Il avait conçu un système chimérique de monades,
êtres simples et indestructibles, formant une chaîne infinie et constituant tous les corps. Selon lui, la terre et
toutes les planètes étaient des soleils éteints, faute d'a-
liments.

LENTILLE.

Par ressemblance avec la graine de ce nom, on a
appelé ainsi les verres à surfaces convexes et opposées,
dont la propriété est de réunir à leur foyer les rayons
lumineux, d'y concentrer et d'y amplifier l'image des
objets extérieurs. Les anciens connaissaient le pouvoir
grossissant de globes de cristal remplis d'eau, ainsi
que l'effet des verres convexes et brûlants. On cite l'é-
meraude de Néron comme ayant une grande action de
cette nature.

On est aujourd'hui parvenu à fabriquer d'immenses
lentilles ou miroirs objectifs qui vont chercher dans
les profondeurs de l'infini les objets les plus imperceptibles, les rapprochent et les rendent visibles, comme
s'ils étaient seulement à quelques lieues de l'observateur.

La lentille du grand télescope d'Herschel pesait à elle seule près de mille kilogrammes ; celle du télescope que lord Rosse possède en Irlande a soixante centimètres de plus en diamètre, et résout en étoiles des nébuleuses irréductibles avec le premier.

Les images reçues ou réfléchies par l'objectif viennent se grossir à l'oculaire, ou *lentille convexe* placée dans les lunettes, du côté de l'observateur. Dans les télescopes, c'est au petit miroir dans lequel viennent se réfléter les images reçues par l'objectif que l'on va les observer à la loupe.

La propriété de ces lentilles a donné l'idée de la chambre obscure et du daguerréotype, si perfectionnés aujourd'hui.

LESAGE.

Professeur de physique et profond mathématicien, né à Genève en 1724.

Il reprit les anciennes idées de Leucippe et de Démocrite sur les atomes, en les perfectionnant comme l'avaient déjà fait Varignon, Fatio de Duilier, et Rédeker.

Dans un mémoire sur les affinités, couronné par l'Académie de Rouen en 1758, il fit connaître son système, qui attribuait à l'action impulsive des atomes tous les phénomènes de l'attraction et du mouvement des corps célestes.

Son *Lucrèce newtonien* répond aux objections faites contre ces idées, qui n'ont pas prévalu, parce que, surtout, on ne pouvait concevoir la cause physique et originaire de ses corpuscules ultra-mondains.

LETTRE DOMINICALE.

Elle indique le dimanche dans le calendrier grégorien.

Dans l'ancienne astronomie cabalistique, la lettre A désignait la lune, I signifiait le soleil, et Ω Saturne; on avait fait de ces trois signes le nom de Jao, qui désignait le dieu de la lumière, ou Jéova chez les Phéniciens; Osiris, chez les Égyptiens; Jovis, Jupiter, chez les Grecs et les Romains. *Voyez* DOMINICALE.

LEVER.

Par l'effet de l'inclinaison de l'orbite dans laquelle la terre accomplit sa révolution annuelle, le soleil nous paraît *se lever* tantôt au-dessus, tantôt au-dessous de l'équateur, c'est-à-dire d'une ligne dont tous les points sont également éloignés des deux pôles célestes.

A compter du solstice d'été, cet astre paraît rétrograder et se lever chaque jour de plus en plus vers le nord; puis étant arrivé après six mois au solstice d'hiver, le mouvement contraire a lieu vers le midi pendant les six autres mois.

Le *lever héliaque* d'un astre ou d'une étoile précède d'environ une heure l'apparition du soleil; le lever est dit *cosmique* quand il se fait avec le soleil, et le lever *acronyque* est celui qui a lieu le soir.

LIBRATION.

La lune, qui nous présente toujours la même face, a cependant un léger balancement qui paraît montrer et cacher tour à tour, vers ses bords, une petite tranche de l'hémisphère dont le reste nous sera toujours inconnu.

Cette oscillation apparente est ce qu'on nomme *libration*. L'effet qui a lieu d'orient en occident, par l'attraction alternative du soleil et de la terre, est la libration *en longitude*; elle s'étend jusqu'à 7° 50' du globe de la lune.

15.

La libration *en latitude* peut s'observer dans un autre balancement qui paraît montrer l'un ou l'autre des pôles de la lune, dont l'axe est peu incliné sur son orbite, et dont ce mouvement fait apercevoir environ 6° 8/10.

La *libration diurne* se manifeste à l'horizon pour les spectateurs qui, n'étant pas placés exactement sur la ligne du centre de la lune au centre de la terre, découvrent, à l'orient ou à l'occident, une petite tranche du satellite, d'environ 2 myr. ou 3/4 de degré de la surface lunaire; du côté opposé, la partie correspondante paraît alors en moins.

Ces trois effets rendent successivement visibles 576/1000ᵉ de la surface totale de notre satellite. Ainsi, 424/1000ᵉ seulement seront toujours inconnus pour nous.

LIGNE ÉQUINOXIALE.

Le plan qui, sur la terre, est perpendiculaire à l'axe des pôles, et partage ainsi le globe en deux hémisphères égaux, se nomme l'équateur, au-dessus ou au-dessous duquel le soleil paraît tracer une ligne oblique dont tous les points sont, chaque jour, verticalement éclairés par cet astre : cette trace est ce qu'on appelle la ligne équinoxiale.

Deux fois par année le soleil, en la parcourant, semble décrire l'équateur ; ces points indiquent les équinoxes.

LION (LE), ♌.

Grande constellation zodiacale, dont quatre belles étoiles forment un trapèze irrégulier, dans la direction prolongée des gardes de la grande Ourse, entre les Gémeaux et le Bouvier.

Régulus, placé au cœur du Lion, se trouve à l'angle

inférieur et à droite de ce trapèze ; au-dessus, un peu
à droite, on distingue un petit triangle formé par une
quartaire et deux tertiaires.

Une autre tertiaire est placée à droite entre Régulus
et γ, qui est l'étoile secondaire au-dessus.

Cette constellation était en Égypte le symbole de la
force et de la chaleur, quand le soleil semblait la traverser.

LOCH.

Petit triangle en bois d'environ 20 cent. de hauteur,
et dont la base est plombée, afin de le maintenir dans
une position verticale quand on le jette à la mer pour
mesurer la vitesse de marche du navire.

Comme il ne reste pas tout à fait stationnaire dans
le sillage, les nœuds filés en trente secondes se comptent par $15^m,4$ (47 pieds 1/2), au lieu de $14^m,6$
(45 pieds) environ. Autant de nœuds filés sur la corde
qui retient cet instrument, autant le vaisseau a fait de
milles à l'heure, parce que cette mesure est la 120e partie du *mille marin* de $1851^m,58$ (950 toises).

LOIS.

L'action naturelle et régulière des forces qui régissent les corps célestes, ou les phénomènes de notre
monde particulier, dépendent de causes premières impénétrables pour nous.

Comme leurs effets sont constants, que nous pouvons
les observer, les calculer et les prévoir, on les admet
pour règle générale, quand ils sont mathématiquement
reconnus et vérifiés par le temps et l'expérience.

Il en est ainsi des lois de l'attraction, quel qu'en soit
le principe ; des lois de Kepler et de celles de Laplace.

LOIS DE BODE.

On avait depuis longtemps remarqué un certain rapport entre la masse et la distance des planètes, mais ces proportions relatives étaient interrompues entre Mars et Jupiter par un saut brusque qui déroutait tous les calculateurs.

La découverte de quatre petites planètes au commencement de ce siècle est venue combler la distance, et faire supposer qu'un de ces corps, originairement placé dans l'intervalle, avait été brisé par une cause fortuite, et que ses débris circulaient maintenant dans cette région de l'espace, sous des inclinaisons différentes.

En cherchant de nouveau à déterminer un rapport entre les distances planétaires, Bode, astronome de Berlin, eut l'idée d'ajouter le nombre quatre à la proportion géométrique suivante : 0, 3, 6, 12, 24, 48, 96, 192. Il eut ainsi : 4 pour Mercure, 7 pour Vénus, 10 pour la terre, 16 pour Mars, 28 pour les petites planètes intermédiaires, 52 pour Jupiter, 100 pour Saturne et 196 pour Uranus, distances proportionnelles s'accordant *à peu près* avec la réalité. Mais d'abord la proportion n'est pas exacte entre les deux premiers termes, et ensuite Neptune, grosse planète récemment découverte, devrait occuper le terme 388, tandis qu'elle n'est qu'à 300.

La première idée de cette loi, qui n'a plus d'ailleurs aucune valeur scientifique, est attribuée par Voiron à Titius de Wittemberg.

LOIS DE KEPLER.

Dès que cet astronome eut conçu l'idée que tous les corps célestes devaient être régis par une même règle, il s'appliqua sans relâche à la découvrir. Ce ne fut qu'après vingt-deux ans de recherches et de calculs qu'il atteignit enfin son but, le plus beau que l'intelligence humaine pût se proposer.

Ces lois, qui sont la base de l'astronomie, s'expriment ainsi :

1° Les rayons vecteurs décrivent des aires proportionnelles aux temps ;

2° Les orbites sont des ellipses dont le soleil occupe le foyer commun ;

3° Les carrés des temps des révolutions sont entre eux comme les cubes des grands axes des orbites.

On peut concevoir l'importance de ces lois générales quand on sait, par exemple, que le retour d'un astre en un point du ciel étant connu, ou seulement une portion de l'arc qu'il décrit, on en déduit aussitôt sa distance exacte du soleil ; quand surtout on sait que ces merveilleux rapports entre les corps célestes ont conduit Newton aux principes de la gravitation universelle, dont il nous a révélé, non la cause, mais les admirables conséquences.

LOIS DE LAPLACE.

Ce grand géomètre a découvert, entre les mouvements et les positions des satellites de Jupiter, différents rapports très-singuliers, auxquels la plupart des astronomes ont conservé son nom.

Ainsi, par exemple, les trois premiers ne peuvent être éclipsés en même temps, parce que de la combinaison de leur longitude, il résulte toujours une demi-circonférence, ou 180 degrés.

Si l'on ajoute au mouvement du premier le double du troisième, le total est égal à trois fois celui du second.

Laplace a prouvé que si dans l'origine ces rencontres merveilleuses n'ont pas existé, l'attraction mutuelle des satellites et celle de la planète, nonobstant ses perturbations séculaires, ont dû amener nécessairement l'état actuel de précision rigoureuse entre les révolutions et la rotation de ces satellites. *Voyez* Ju-piter.

LONGITUDE.

Pour faciliter les recherches et les observations, on suppose le globe terrestre divisé de l'un à l'autre pôle en 360 parties égales, qui sont les *degrés de longitude*, ou des méridiens. Arago, pour les faire mieux comprendre, compare ces divisions aux tranches d'*un melon*.

Chaque peuple compte ces degrés de sa ville capitale, mais toujours d'occident en orient; la ligne qui passe au zénith de Paris est notre premier méridien, et marque zéro de longitude; tous les autres sont comptés de celui-ci, en procédant de la gauche à la droite.

L'Angleterre fait partir son premier méridien de l'observatoire de Greenwich, très-voisin de Londres; la différence entre ce méridien et le nôtre est, suivant J^n Herschel, de 2° 20′ 22″, qui est pour nous la longitude de Greenwich, tandis que pour cette ville Paris est à 357° 39′ 38″. Cette *distance*, réduite en temps, fait 9^m 21^s à raison de 15 degrés par heure, valeur de l'arc céleste que le soleil paraît décrire autour de la terre pendant cette durée.

Ainsi, une montre bien réglée à Paris doit retarder d'à peu près 10 minutes quand on arrive à Londres, et avancer d'une heure si l'on se transporte à Vienne en Autriche, située à environ 15° de Paris, ou plutôt à 345 degrés de longitude.

On obtient de même avec de bons chronomètres la longitude en mer, c'est-à-dire la distance où l'on se trouve relativement au méridien du départ, ou de tout autre, auquel on veut rapporter la marche du navire.

La longitude céleste se compte à l'est, par tous les astronomes, du point ♈ qui marque l'équinoxe de printemps. Celle d'un astre est indiquée par l'arc de cercle compris entre ce point et le lieu que cet astre occupe au moment donné. Le mouvement apparent des étoiles en sens contraire de la rotation réelle de la terre fait que cette supputation paraît avoir lieu dans la direction opposée, c'est-à-dire de l'est à l'ouest.

Cette longitude ou *ascension droite* augmente d'environ 50″ par année pour les étoiles, par l'effet de la précession, et même de 61″,8 par l'action de Vénus et celle de Jupiter, qui déplacent l'écliptique ou l'apogée solaire de 11″,8 chaque année.

Pour déterminer plus exactement les longitudes, on s'est déjà servi des télégraphes électriques établis aux États-Unis; on ne manquera pas d'utiliser au même effet le télégraphe sous-marin maintenant établi entre la France et l'Angleterre, puisqu'ainsi la même observation peut être *simultanée* aux observatoires de Paris et de Greenwich.

LUCIFER.

On prenait autrefois Vénus pour deux étoiles différentes : lorsqu'on la voyait le matin précéder le soleil, c'était Lucifer; quand le soir elle paraissait suivre le soleil couchant, on la nommait Vesper, ou *étoile du Berger*.

LUCULES.

Rides lumineuses qui se croisent, dans tous les sens, sur l'enveloppe du soleil ; elles lui donnent, dans les lunettes, l'aspect d'un nuage pommelé, ou l'irrégularité d'une orange.

Ce sont les ondulations de son atmosphère gazeuse, agitée par les courants, qui la soulèvent et l'écartent quelquefois assez pour faire apparaître le corps plus obscur de cet astre.

LUMIÈRE.

On croyait autrefois, et bien des gens croient encore, que la transmission de la lumière est *instantanée* ; des expériences faites par Galilée l'avaient même entretenu dans cette erreur.

Bacon, dans son *Organum*, ne la partageait pas lorsqu'il disait : *Ces étoiles que nous voyons briller n'existent déjà plus, peut-être !*

Ce fut Roemer qui prouva en 1675, par la différence de durée entre les occultations des satellites de Jupiter, que les rayons lumineux employaient $16^{m}\ 26^{s}$ de plus à nous parvenir lorsque cette planète était en opposition, que quand elle se trouvait en conjonction, c'est-à-dire plus rapprochée de la terre de toute l'étendue de notre orbite, qui est de 30 millions 4/10 de myriamètres (76 millions de lieues).

Comme la moitié de cette orbite est notre distance au soleil, il s'ensuit que la lumière de cet astre met $8^{m}\ 13^{s}$ à franchir 38 millions de lieues, ou 77,860 lieues par seconde.

D'autres astronomes modernes ont trouvé une durée un peu plus forte, 78,000 lieues par seconde.

Arago a proposé nouvellement d'obtenir la vitesse de la lumière par l'observation des étoiles rapidement changeantes, telles qu'Algol de Persée.

Enfin, tout récemment, M. Fizeau, au moyen d'un appareil fort ingénieux, a mesuré matériellement la vitesse rayonnante d'une étoile artificielle, renvoyée, par un miroir placé à 8,633 mètres, sur un disque tournant avec une rapidité prodigieuse. Un compteur, marquant les intermittences du passage et de l'arrêt de la lumière dans les nombreuses dentelures de ce disque, a donné 17,266 mètres dans la dix-huit millième partie d'une seconde, ou 78,706 lieues de 4,000 mètres. Cette vitesse est moins grande dans l'eau, et l'on a même observé des différences lorsque cet élément est en repos ou en mouvement ; la lumière passe aussi plus vite en suivant un courant qu'en le remontant.

Si donc la terre était immobile, le soleil serait à l'horizon depuis 8^m 13 à 14^s, quand ses rayons viendraient frapper nos yeux ; il serait réellement sous l'horizon, que nous verrions encore son image pendant la même durée.

Mais la rotation diurne nous fait arriver *dans l'espace*, aux points où notre rayon visuel rencontre les rayons que cet astre émet incessamment ; de sorte que nous le voyons aussitôt, non pas par la lumière émise à ce moment, mais par les rayons partis 8^m 13^s plus tôt. *Voyez* ABERRATION et NUTATION.

La lumière se réfléchit sur les surfaces lisses avec la même obliquité dont elles en sont frappées ; ou, en d'autres termes, l'angle de réfraction est, dans ce cas, égal à l'angle d'incidence.

Dans les corps diaphanes, gazeux ou aqueux, l'angle de réfraction dépend de la nature des milieux où la lumière vient tomber ; dans l'eau, la réfraction n'a lieu que pour les trois quarts de la valeur angulaire de l'incidence.

Un prisme de cristal décompose les rayons lumineux, qui, reçus sur un papier, s'y peignent, comme dans l'arc-en-ciel, suivant leur réfrangibilité respective ; c'est la vitesse et l'étendue de leurs parties qui déterminent les couleurs.

Soumise au polariscope, la lumière directe ne donne que des rayons blancs, tandis qu'un rayon réfléchi se bifurque en présentant une image blanche et une colorée.

Les expériences d'Arago établissent que la lumière du soleil est de la même nature que le gaz de notre éclairage ; mais est-ce un gaz produit par l'électricité de cet immense appareil qui circule comme tous les autres soleils dans l'espace ? Est-ce un gaz produit par dégagement, à travers les atmosphères qui enveloppent la masse plus obscure que nous pouvons apercevoir dans les écartements de ces atmosphères ?

C'est un problème encore à résoudre.

Des épreuves photographiques, obtenues instantanément pendant la dernière éclipse de soleil, paraissent établir que la lumière des bords a sensiblement moins d'action que celle du centre.

Le mode de propagation de la lumière est aussi le sujet de conjectures différentes : le système des ondulations a trouvé Huygens pour défenseur ; Newton croyait à la transmission directe ; les physiciens modernes ne sont pas tous d'accord sur ces phénomènes, mais on concilierait peut-être leurs opinions en admettant que la lumière traverse directement l'espace, et que ce sont les densités différentes qu'elle rencontre dans notre atmosphère qui produisent les interférences ainsi que la scintillation des corps lumineux.

La *lumière zodiacale* est un autre mystère de l'astronomie physique. Cette espèce de fuseau lenticulaire dont la tranche est dans l'équateur du soleil est visible le matin, en septembre, octobre et novembre, avant le soleil; en mars, avril et mai, on ne peut le distinguer que le soir, après que le soleil a disparu.

Cette lumière s'étend au delà de l'orbite de Vénus, et parfois jusqu'à la terre; elle serait composée, selon nous, d'un fluide subtil dont l'origine est dans les formations planétaires. J^n Herschel croit qu'il est chargé des particules diaphanes de la queue des comètes, attirées par le soleil lors de leurs périhélies; les parties les plus denses de ce milieu résistant courberaient alors les vapeurs plus légères de ces traînées, dont l'étendue varie de 30 à 90° en longueur, et qui sont bien plus distinctes dans les régions tropicales que sous nos latitudes.

La *lumière de la lune*, comparée à celle de l'étoile α du Centaure, a été reconnue 27,400 fois plus forte; l'éclat du soleil est 800,000 fois plus grand que celui de notre satellite; donc la lumière du soleil serait à celle de α du Centaure comme 22 mille millions est à un. D'après la parallaxe de Sirius, cette belle étoile serait 63 fois plus grande, si elle était ramenée à la distance où se trouve de nous le soleil.

La lumière cendrée qui, dans les quadratures, nous montre la partie du disque lunaire non éclairée par le soleil, est réfléchie par notre planète; c'est pour la lune un *clair de terre* quinze fois plus éclatant que le clair de lune, dont la lumière réfléchie n'a aucune chaleur lorsqu'elle a traversé les couches de notre atmosphère.

LUNAISON.

L'intervalle entre deux pleines lunes ou entre deux néoménies se nomme révolution synodique ou lunaison, dont la durée est de *vingt-neuf jours douze heures quarante-quatre minutes deux secondes.*

L'année tropique se compose de 12 lunaisons et 11 jours environ.

Chaque jour la lune retarde de 52^m 42^s sur les étoiles, et de 48^m 48^s sur le soleil ; c'est la cause du retard journalier de la marée dans tous nos ports.

Les mahométans comptent encore leurs mois par lunaisons de 29 et 30 jours, en ajoutant, pour ramener la néoménie au premier jour de chaque mois, un jour au dernier mois de onze années qui sont désignées, dans une période de trente ans.

Le cycle de Méton était de 235 lunaisons, période où devaient se reproduire, dans le même ordre, toutes les éclipses de lune et de soleil qui avaient eu lieu dans la précédente ; mais après trois cent douze ans cette période avait déjà un jour de trop.

LUNE, ☾.

Corps opaque éclairé directement par le soleil et par la réflexion de la terre, dont elle est éloignée d'environ 38 millions 1/3 de myriamètres (96,000 lieues.) Son volume n'est que le 49e de celui de la terre ; sa densité, le 57e ; sa masse, le 68e. Son inclinaison sur l'écliptique n'est que de $1°$ $30'$ $11''$; sa révolution synodique, ou son retour au même point du ciel relativement au soleil, est de 346 jours 61. 963.

Dans toutes ses évolutions ce satellite de la terre lui présente la même partie de sa surface. Ce phénomène,

commun à tous les satellites, est un des effets de la pesanteur universelle, et la preuve de la malléabilité primitive de tous ces corps, dont les masses se sont allongées vers les planètes qui les attiraient, après qu'elles
en furent détachées.

Le mouvement de la lune autour de la terre est beaucoup plus compliqué qu'il ne paraît l'être; ainsi :
1° notre planète dans sa translation annuelle autour du
soleil entraîne son satellite, qui, tout en suivant ce
mouvement, décrit autour d'elle des ellipses très-allongées, espèces d'épicycloïdes dont la terre est le
centre mobile; l'arc décrit ainsi en 24 heures par la
lune est de 13° 10′ 35″.

2° La vitesse de la lune et l'excentricité de son ellipse sont continuellement modifiées dans les conjonctions et les oppositions par l'attraction plus ou moins
forte du soleil, combinée avec l'attraction de la terre,
vers laquelle l'action de ces forces la fait tomber d'environ un millimètre par seconde.

3° Lorsque la terre ralentit son mouvement en s'é-
loignant du soleil, ou qu'elle augmente sa vitesse vers
son périhélie, le mouvement de son satellite en est encore affecté proportionnellement.

4° D'autres causes produisent encore des variations
dans l'axe de rotation de la lune, dans l'inclinaison de
son orbite et dans la rétrogradation de ses nœuds,
c'est-à-dire des points où elle coupe l'écliptique.

Ces perturbations, calculées par les astronomes, sont
indiquées avec la plus grande précision dans des tables
qui donnent, avec certitude, le lieu où chaque jour
notre satellite se trouve dans son orbite.

Dans toutes ces révolutions il nous présente toujours
la même face, parce qu'il tourne sur lui-même préci-

sément dans le même temps qu'il tourne autour de nous ; néanmoins, par l'effet de la libration en latitude et en longitude, on a calculé que sur 1,000 parties 576 sont successivement visibles de différents points de la terre, et que 424 seulement nous seront toujours inconnues. Selon d'ingénieuses considérations, on peut admettre avec probabilité que les régions de l'hémisphère opposé sont constituées comme celles que nous pouvons apercevoir si distinctement, et qu'ainsi nous ne devons pas regretter cet inconnu.

Lorsque la lune est nouvelle, elle passe au méridien vers midi ; à son premier quartier, le passage a lieu à 6^h du soir ; dans la pleine lune, il se fait vers minuit, et à 6^h du matin lors du dernier quartier.

Aujourd'hui qu'on peut observer notre satellite avec des grossissements qui nous font voir sa surface comme si elle était seulement à 10 ou 12 lieues, on connaît les plus petits détails de sa topographie ; on a les cartes de toutes ses vallées, la mesure et la forme de toutes ses montagnes, dont quelques-unes, de près de 6,000 mètres, sont ainsi moitié plus hautes que le mont Blanc. Un grand nombre ont d'immenses cratères, semblables à ceux de nos volcans éteints. On a pu remarquer, à l'Exposition de Londres, des images photographiques de la lune dont le diamètre a plus de 70 centimètres, et qui représentent les accidents les plus petits de sa constitution physique. *Voyez* planche Ire.

Tout y paraît à l'état de solidité et de congélation ; on n'a même pas revu les traces d'ignition qu'Herschel croyait avoir aperçues.

Les expériences les plus délicates ont démontré l'absence de toute atmosphère, que Laplace croyait avoir été attirée par la terre.

Les nuits lunaires étant de 15 fois 24 heures, une aussi longue absence des rayons du soleil et le manque d'atmosphère doivent y produire un froid excessif; dans un jour de la même durée, la chaleur y doit être aussi insupportable.

S'il pouvait y exister des habitants, ils verraient la terre treize fois plus grande que nous ne voyons la lune, et leur *clair de terre* y serait *treize fois* plus intense que pour nous la pleine lune; alors ils ne pourraient voir les étoiles qu'en se transportant dans l'hémisphère qui nous est opposé.

Parvenue au zénith, la lune se trouve réellement plus près d'un observateur d'environ 1,500 lieues que lorsqu'il la voyait à l'horizon, où l'épaisseur de la terre était *de plus* entre lui et cet astre à son lever; elle lui paraît cependant plus grande à cette dernière position. Cet effet tient d'abord aux vapeurs qui remplissent les couches basses de l'atmosphère, et dont les réfractions augmentent considérablement parfois le diamètre des astres vus à travers; ensuite, aux objets intermédiaires que nos yeux prennent involontairement comme points de comparaison, sur la courbe aplatie que les rayons réfléchis par la lune ont à traverser pour nous parvenir.

C'est à tort qu'on appelle quelquefois les lunes par le nom des mois; car, soit qu'on les désigne par celui où elles commencent, soit qu'on les nomme par le mois où elles finissent, il peut y avoir confusion, ou inconséquence.

Ainsi par exemple : pour 1851, en suivant le dernier mode, on aurait appelé *lune de janvier* celle qui s'est presque entièrement passée en *décembre* 1850, et qui a fini le 2 janvier 1851; celle commencée alors, ayant duré jusqu'au 1er février à 6^h 11^m du matin, serait la *lune de février*. Il en eût été de même pour les lunes de mars, avril et mai, qui n'auraient eu qu'un ou deux jours dans leurs mois.

Si, au contraire, le mois de la néoménie devait les dénommer, il y aurait eu deux lunes de mai, l'une commencée le 1er à 9h 11m du matin, et la deuxième le 30 mai à 8h 56m du soir. Les lunes de juin et de juillet n'auraient pas eu non plus *deux jours* écoulés dans les mois dont elles auraient porté le nom, etc. *Voyez* PHASES, MARÉES, INFLUENCE.

LUNE ROUSSE.

En avril et mai, mois dans lesquels cette lune a lieu, des pluies fréquentes alternent toujours dans nos climats avec des temps clairs, sous une température moyenne de 4 à 5 degrés; il en résulte souvent des gelées qu'on attribue à l'influence de notre satellite, qui en est fort innocent.

Les plantes laissent échapper la nuit, dans l'air raréfié d'un ciel serein, le calorique que la terre et la température ambiante leur avaient communiqué pendant le jour : phénomène qui a lieu en toute saison, mais d'une manière plus brusque et plus sensible au printemps. Pour éviter l'effet trop subit de ce rayonnement, il suffit de couvrir les plantes, soit dans la *lune rousse*, soit dans les autres lunaisons.

Lorsque le temps est couvert, les nuages servent d'écran entre les plantes et les couches supérieures de l'atmosphère qui sont toujours les plus froides; le rayonnement se fait alors peu à peu et sans dangers.

La prolongation des pluies ne tient pas davantage à cette lune *rousse*, souvent maudite mal à propos.

On reviendra de ce préjugé, en apprenant que cet astre nous présente toujours la *même face*; qu'il ne nous donne *pas plus de chaleur* dans un temps que dans un autre ; et qu'enfin cette *même lune* éclairant pendant sa durée et *pendant la même nuit* d'autres pays ayant l'été, l'hiver ou l'automne quand nous avons le printemps, ne change pas de nature en passant sur ces différentes régions, qui n'éprouvent pas cependant alors la mauvaise influence qu'on veut trop souvent lui supposer. *Voyez* INFLUENCE.

LUNETTE.

Ce fut par hasard, et dans la position accidentelle de deux verres, que des enfants reconnurent le grossissement des objets vus à travers, et à distance.

Galilée, qui apprit cette circonstance, se hâta d'en profiter, et réussit bientôt à construire une lunette d'environ 50 centim. de longueur, grossissant 5 à 7 fois, et avec laquelle il aperçut les satellites de Jupiter. Plus tard, il obtint des grossissements de 30 fois, qui lui montrèrent les phases de Vénus et les taches du soleil.

Huygens, avec une lunette de 8 mètres amplifiant 150 fois, découvrit le premier satellite de Saturne et put distinguer la forme de son anneau.

On voulut pousser de plus en plus la courbe des lentilles, afin d'augmenter la puissance visuelle ; mais alors les images se montraient tellement irisées et déformées, que, pour éviter cet inconvénient, on tomba dans un autre, en établissant des lunettes de 80 à 100 mètres, trop difficiles à manœuvrer.

Newton croyant l'obstacle insurmontable se rejeta sur le système des *réflecteurs* ou télescopes, qui, avec des dimensions moyennes, ont une grande puissance de pénétration, malgré la perte de lumière qui a lieu dans la réflexion des images.

16.

La découverte de l'achromatisme par Dollond, fils d'un réfugié français, fit une nouvelle révolution, et l'on obtint alors des *réfracteurs* ou des lunettes d'une force extraordinaire, surtout après le perfectionnement du flint et du crown-glass.

L'avantage des *lunettes* sur les *télescopes* consiste en ce que, dans les premiers instruments, l'observateur vise directement aux objets, l'œil placé à l'oculaire sur lequel vient se grossir l'image reçue par l'objectif.

Dans les télescopes, les objets se réfléchissent sur un miroir de métal placé au fond d'un tube d'où ils sont rejetés sur un petit miroir plan, placé soit en face, soit de côté, et dans lequel l'observateur peut les examiner à la loupe; mais cette double réflexion diminue beaucoup la clarté et la netteté des images.

Les plus fortes lunettes aujourd'hui en usage n'ont pas plus de 38 centimètres (14 pouces), mais on en dispose avec des lentilles de 50 centimètres (18 pouces) de diamètre.

L'adaptation des lunettes à tous les instruments de mesure et d'observations a rendu de grands services à l'astronomie, à la géodésie et à l'art nautique; leur usage est une source continuelle de curieuses recherches et de connaissances qui élèvent l'esprit, en agrandissant le spectacle de l'univers.

LYNX (LE).

Constellation peu remarquable de très-petites étoiles en ligne sinueuse, entre le Cocher, les Gémeaux et les étoiles à droite des gardes de la grande Ourse.

LYRE (LA).

Constellation boréale dont la principale étoile est

Véga, opposée à la Chèvre de l'autre côté du pôle,
mais à une distance un peu plus grande. Elle est le
sommet de l'angle droit que feraient deux lignes tirées,
l'une vers l'étoile polaire et l'autre vers Arcturus du
Bouvier. Un petit triangle formé par deux tertiaires et
une quartaire à gauche de Véga fait encore reconnaître
cette belle étoile, toujours placée à environ 52° du pôle.

M

MANILIUS.

Poëte du temps d'Auguste ; il a fait sur l'astronomie
un ouvrage dont quelques fragments nous ont été conservés, mais sans grande utilité pour cette science.

MARÉES.

D'après Strabon, c'est Pythéas de Marseille, contemporain d'Aristote, qui, s'étant avancé vers le nord de
l'Europe, eut le premier, parmi les astronomes, l'occasion d'observer les phénomènes du flux et du reflux
de l'Océan. Aristote, qui mentionne seulement cette élévation des eaux par la lune, dit que l'effet est plus fort
sur une grande mer que sur une petite ; Pline en attribue la cause au soleil ainsi qu'à la lune.

Les marées sont effectivement produites par l'attraction combinée de ces deux astres, proportionnellement
à leur masse et à la distance où ils se trouvent relativement à la terre.

Sur l'Océan, on a reconnu que l'action de la lune
était à peu près trois fois plus grande que l'action

produite par le soleil. Ainsi, à Brest, la plus haute mer étant de $5^m,888$, et la plus basse de $2^m,788$, ces hauteurs sont à peu près comme deux est à un ; donc l'action de la lune qui produit cette différence est presque triple de l'action du soleil.

Si cet astre attirait *seul* les eaux de la mer, on n'éprouverait chaque jour sur le globe que deux hautes et deux basses marées ; les premières auraient lieu sur l'hémisphère frappé de ses rayons, et les antipodes auraient alors les plus petites ; douze heures après, l'effet contraire se manifesterait sur les mêmes points.

Il en serait de même si la lune agissait *seule* sur l'Océan, en attirant ses flots dans la direction de l'ellipse qu'elle décrit autour de la terre ; mais comme les deux astres concourent à ces phénomènes d'attraction, ils doivent continuellement varier d'intensité, selon la distance et la position réciproque de la lune, du soleil et de la terre : on conçoit ainsi pourquoi les marées sont plus grandes dans les conjonctions que dans les oppositions, et même dans cette dernière position de la lune, que dans ses quadratures.

Dans le premier cas, les deux astres étant du même côté, leurs forces attractives s'ajoutent en se combinant ; dans le second cas, la lune étant d'un côté de la terre et le soleil de l'autre, ils agissent chacun séparément avec toute leur force, faiblement balancée par l'effet qui se manifeste en sens contraire aux points diamétralement opposés. On comprend aussi que dans les quadratures la lune élevant les eaux de l'Océan, tandis que le soleil placé à angle droit les attire de son côté, l'action directe de notre satellite doit en être un peu affaiblie.

Le 26 septembre 1851, la plus forte marée de cette année a eu lieu sur nos côtes, parce que, trente-six

heures auparavant, les deux astres passaient ensemble
au méridien, et étaient alors à leur distance la plus
rapprochée de notre planète.

L'heure des marées varie pour chaque port selon
sa longitude, la configuration des rivages et la profondeur de la mer, circonstances qui retardent ou favorisent
l'arrivée du flot; mais, pour chaque lieu, l'intervalle
entre deux pleines mers ou entre deux marées basses
est toujours de 12^h 25^m 2^s, terme moyen.

Chaque jour le retard a lieu suivant la rétrogradation
de la lune, c'est-à-dire qu'il est d'environ 50 minutes
(trente-six heures après son passage au méridien).

La révolution de la terre par rapport aux nœuds de
la lune étant de 346^j 62, il s'ensuit que, dans cet intervalle, on doit éprouver deux très-grandes et deux très-
petites marées.

Les positions relatives de la terre avec le soleil et la
lune étant renfermées dans une période d'environ 235
mois lunaires, d'où le cycle de Méton a été établi, on
sait que pour chaque lieu les variations dans les marées se reproduisent, comme les éclipses, après cette période, sauf néanmoins les modifications que des causes
fortuites, telles que les vents, peuvent apporter dans
l'intensité du phénomène.

Il existe des ports où, par la configuration locale et
celle des points correspondants, il n'y a aucun flux ni
reflux lorsque la lune et le soleil sont dans leur plan;
on a observé cette circonstance sous l'équateur, dans le
royaume de Tonquin. Pour les ports de la France, les
eaux mettent un jour et demi à leur arriver : ce n'est
donc que 36 heures après le passage de la lune au méridien que l'effet de ce passage s'y fait sentir.

Les partisans de l'impulsion gravifique expliquent

le phénomène des marées en disant que le soleil et la lune garantissant les surfaces fluides opposées à la ligne qui correspond au centre de ces astres, contre la pression moléculaire qui s'exerce partout ailleurs, les eaux doivent s'élever *sous ces boucliers mobiles*, avec les variations qu'on attribue à l'attraction newtonienne.

MARS, ♂.

Cette planète vient après la nôtre par sa position relativement au soleil, dont elle est éloignée d'environ 23 millions de myr. (58 millions de lieues); mais elle n'a que le septième du volume de la terre.

La durée de sa révolution est de 686^{j} 22^{h} 18^{m} 27^{s}, dans une orbite inclinée de $1°$ $51'$ $6''$. Elle emploie 37^{m} 23^{s} de plus que la terre, à faire sa rotation sur un axe incliné de $66°$ $33'$.

Dans les oppositions qui reviennent tous les deux ans et cinquante jours environ, cette planète, maintenant visible, est très-brillante lorsqu'elle se trouve à son périhélie. On peut alors observer ses phases, qui présentent un ovale plus ou moins allongé; mais ensuite elle s'éloigne tellement, qu'on ne peut plus la voir à l'œil nu.

La lumière de Mars est d'un rouge obscur, qui lui fait supposer une atmosphère épaisse et nébuleuse : cependant vers ses pôles, aplatis de $\frac{1}{16}$, on peut distinguer de grandes taches neigeuses qui disparaissent alternativement, selon que le soleil éclaire l'un ou l'autre des hémisphères de cette planète, où la chaleur et la lumière ne doivent pas être la moitié aussi grandes que sur la terre.

Des bandes obscures, parallèles à son équateur, semblent y indiquer des courants nuageux très-intenses, emportés dans le sens de la rotation; au télescope d'Herschel (celui de 6 ᵐ 1/2), cette planète présentait distinctement, le 16 août 1830, des taches bien terminées, d'une nuance rougeâtre, ayant l'aspect de continents ou de grands espaces verts qui seraient ses océans.

La lune éclipse quelquefois, mais rarement, cette planète; l'histoire nous a cependant conservé le souvenir d'une de ces occultations, observée par Aristote environ 350 ans avant J.-C.

MASSE DES CORPS CÉLESTES.

La masse d'un corps est la réunion des particules de matière qui y sont agglomérées, et d'après lesquelles il se manifeste une action sur les corps à distance, selon les lois de l'attraction universelle.

La masse du soleil, comme la plus considérable dans notre système, retient tous les autres corps autour d'elle, en les empêchant de s'échapper dans toutes les directions, suivant les forces impulsives qui les ont originairement lancés dans l'espace.

Ces corps, exerçant de leur côté une action sur le soleil, devraient accélérer de plus en plus leurs mouvements de translation; mais comme le rapport de leurs révolutions est encore à très-peu près conforme aux lois de Kepler et *proportionnel* à leurs distances au soleil, on peut en conclure avec certitude que la masse de ces corps est comparativement très-petite.

La masse du soleil est effectivement environ huit cents fois la masse totale des planètes et de leurs satellites. Elle équivaut à 1050 globes comme Jupiter, à 355,000 comme la terre, et à plus de 31,000,000 de lunes semblables à la nôtre.

Selon la troisième loi de Kepler, la vitesse des satellites dépend de la masse de leurs planètes ; et comme l'observation de ces vitesses est facile, on en déduit les masses planétaires et même leur densité.

Ainsi, par exemple, le premier satellite de Jupiter en est à peu près à la même distance que la lune de notre globe, et tourne seize fois plus vite ; le carré de 16 ou 256 indique alors combien de fois la masse de Jupiter surpasse la masse de la terre. On sait d'ailleurs que le volume de Jupiter est environ 1500 fois plus grand que celui de notre planète ; donc sa densité est cinq fois moindre que la nôtre.

Quant à la masse des planètes privées de satellites, elle ne peut s'évaluer que par les perturbations éprouvées par les autres corps qui les approchent, et dont la masse est connue. Aussi les résultats indiqués jusqu'à présent ont encore besoin d'être soumis à de nouvelles épreuves.

La masse de la lune, déduite de son action sur les marées, a été évaluée par Laplace au soixante-huitième de la masse de la terre.

MAUPERTUIS.

Célèbre mathématicien, envoyé, sous Louis XV, par l'Académie des sciences, pour déterminer au nord la figure du globe, par la mesure trigonométrique de différents arcs d'un même méridien.

MAYER.

Astronome, né en 1723, et mort à trente-neuf ans. Il est connu par les tables célestes qu'il a dressées, et qui portent son nom.

MÉCANIQUE CÉLESTE.

Les lois du mouvement et de l'attraction sont universelles ; tous les corps, tous les fluides de notre monde solaire, et sans doute aussi des autres systèmes qui peuvent exister dans l'espace, sont régis par elles.

Ces mouvements, ainsi que les formes et les combinaisons résultant de l'action des forces primitives régulières ou accidentelles, sont du domaine de la mécanique céleste, science dont l'illustre Laplace, et avant lui Galilée, ont fait les plus admirables applications.

L'inertie de la matière étant considérée comme l'état originaire ; si un corps se déplace, on en conclut qu'il est choqué par un autre, ou sollicité par une force attractive, agissant sur ses points matériels.

Deux points matériels qui se choquent à l'opposé, avec une vitesse égale, demeurent en repos.

Une fois le mouvement produit, il est rectiligne et perpétuel, à moins que le corps frappé ne trouve un obstacle ou soit choqué dans une autre direction ; alors le mouvement se combine en raison des forces motrices.

La vitesse, ou l'espace parcouru, est en raison des masses et des forces mises en action.

La force vive d'un corps est le produit de sa masse par le carré de sa vitesse.

Sa masse est le produit de ses points matériels.

La quantité de mouvement dépend des masses, de la vitesse première, de la direction des corps qui se rencontrent, et de la distance relative de ceux qui s'attirent.

Les forces contraires agissent en raison de leur différence.

Les mouvements moyens résultent des forces composantes.

Ces principes généraux de la mécanique servent de base aux savantes théories qui dégagent tous les termes inconnus, dans les problèmes les plus compliqués de l'équilibre et du mouvement.

MÉNISQUE.

Si l'on suppose que la terre était d'abord un globe régulier, et que la vitesse de sa rotation a fait porter ses molécules vers les régions équatoriales, on comprendra que les parties polaires se soient abaissées, et que l'équateur se soit proportionnellement élevé. *Cette plus grande épaisseur*, reconnue géométriquement, et que la diminution de la pesanteur rend très-sensible sur cette partie de la terre, est désignée sous le nom de *ménisque.*

L'effet de cet excédent de sphéricité se manifeste par la précession des équinoxes, certaines inégalités dans les mouvements de notre satellite, et jusque dans les perturbations séculaires observées dans notre système particulier.

MERCURE.

Petite planète qui ne s'écarte pas à plus de 5,200,000 myriam. (treize millions de lieues) du soleil, et qui est presque toujours absorbée par son éclat.

Ce n'est que dans ses plus grandes élongations supérieures, allant jusqu'à 29°, et revenant tous les 116 jours, qu'on peut la distinguer le matin par un temps très-pur ; on doit croire alors que son mouvement moyen a diminué, puisque les anciens pouvaient presque toujours l'observer à la vue simple.

Les lunettes font reconnaître ses phases sous la forme d'un croissant *échancré*, d'où l'on suppose sur cette planète des montagnes évaluées à 16,000 mètres.

Son volume n'est cependant que le seizième de celui de la terre : mais si l'on en juge par les perturbations que cette planète occasionne, sa densité serait à peu près trois fois plus grande ; ce qui a pu être évalué d'une manière satisfaisante, par son action sur la comète d'Encke en 1848.

Elle accomplit sa révolution autour du soleil en 87$^{j.}$ 23^h 15^m, avec une vitesse de 254 myr. (635 lieues) par minute.

La durée de sa rotation est de 24^h 5^m 30^s.

Les passages de Mercure sur le soleil sont très-rares, à cause de l'inclinaison de son orbite, qui est de 7° relativement à l'écliptique. Dans ces occasions, on le voit traverser le disque solaire comme un point noir, en moins de 3 heures. Ce petit corps céleste paraît avoir une atmosphère très-épaisse, et de nature à modifier l'effet des rayons du soleil, qui sans cela y produiraient une température égale à la chaleur de l'eau bouillante.

MÉRIDIEN.

Toutes les étoiles semblent décrire parallèlement entre elles des courbes ou des cercles, suivant leur position et leur distance au pôle visible. Si l'on remarque les points où elles apparaissent et ceux où elles passent sous l'horizon, les points culminants seront au milieu de chaque courbe ; et la ligne qui joindra ces points, prolongée d'un côté vers le pôle et de l'autre jusqu'à l'équateur, sera le *méridien céleste* du lieu de l'observation. Chaque jour, *à midi*, le soleil se trouvera plus haut ou plus bas sur cette ligne, selon qu'on approchera du solstice d'été, ou qu'on s'en éloignera en rétrogradant vers le solstice d'hiver.

Le *méridien terrestre* de chaque lieu est la ligne prolongée directement vers l'un et l'autre pôle sur la surface de la terre, dans le même plan que le méridien céleste.

On partage le globe en 360 parties ou degrés de longitude, allant d'un pôle à l'autre.

Chaque degré terrestre répond verticalement au même degré du méridien céleste, ou plutôt au cercle horaire supposé dans le ciel. Si donc la terre était exactement ronde, la distance entre chaque degré serait de 11 myr. 110 (25 lieues de 4444 mètres); et c'est pour reconnaître le fait contraire, indiqué par la théorie, qu'on a mesuré plusieurs fois, même anciennement, des parties assez étendues d'un méridien.

Celui qu'on fait passer par Paris a été mesuré trigonométriquement depuis Dunkerque jusqu'à l'île Formentera, sur les côtes d'Espagne. Des opérations semblables ont eu lieu vers les pôles et sous l'équateur; il en est résulté la preuve de l'aplatissement qu'on supposait, puisque le méridien de Suède surpasse celui de l'équateur d'environ 800 mètres.

On n'a pu s'accorder sur un méridien d'où l'on compterait partout la longitude; chaque nation tient à en faire partir les degrés de sa ville capitale; mais toute observation peut être aussitôt ramenée au méridien de chaque lieu par un simple calcul en plus ou en moins, d'après le méridien connu où l'observation a été faite.

MÉRIDIENNE.

Afin d'obtenir l'heure à midi, on emploie divers procédés pour tracer sur un plan une ligne où le soleil vienne projeter chaque jour, à ce moment, l'ombre d'un fil à plomb.

Une tige fixée sur un plan horizontal où l'on a tracé

une méridienne, donne sur cette ligne, par la mesure
de son ombre, le jour des solstices et celui des équinoxes.

Un fil à plomb, ou l'arête d'une fenêtre, peuvent servir à tracer cette méridienne sur le parquet, au moyen
d'une montre bien réglée et des rectifications nécessaires
pour obtenir l'instant du *midi vrai*.

Une boussole convenablement construite donne aussi
la méridienne, en faisant correspondre le pôle nord de
l'aiguille au degré de déclinaison connu pour chaque
lieu; il était à Paris de 20° 25' le 16 novembre 1851.

La nuit, on obtient la méridienne en alignant d'abord
l'étoile polaire, dont on indique la direction par un signal; *onze minutes après le passage de ε*, première étoile
de la queue de la grande Ourse dans la direction première, on aligne de nouveau la polaire, *qui donne alors
la méridienne*. Cette précaution est nécessaire, parce que
l'étoile polaire est à 1° 38' du pôle boréal, et ne passe
au méridien que 11 minutes après l'étoile qui vient
d'être indiquée.

Une tige fixée sur une vitre convenablement située,
et orientée comme il vient d'être dit, donnera une ligne
verticale autour de laquelle on pourra tracer des divisions comme sur un cadran solaire, et lire toutes les
heures de la nuit.

MESURES.

Pour assurer leur fixité et retrouver au besoin le
type primitif, on a combiné nos nouvelles mesures sur
une division de la circonférence de la terre.

Le mètre, choisi pour unité, est la *dix-millionième
partie* de l'arc du méridien allant du pôle à l'équateur,
et équivaut à 3 pieds 11 lignes 296, ancienne mesure.

L'are est un décamètre carré ; le stère, un mètre cube ; le litre, un décimètre cube. Le gramme est le poids d'un centimètre cube d'eau distillée à la température de 4 degrés centigrades.

Le franc pèse cinq grammes d'argent, à 9/10e de fin.

La pièce de 20 francs doit peser 6^{gr},4516.

Cinq degrés centigrades équivalent à 4 degrés du thermomètre de Réaumur et à 41° de celui de Fahrenheit.

Les mesures anglaises établies sur la longueur du pendule, qui varie proportionnellement du pôle à l'équateur, n'ont pas la même certitude.

Le pied anglais équivaut à 0^m,34079 ; c'est le tiers du yard.

Le mille anglais (1760 yards) vaut 1609^m,3150 (à peu près 2/5 de lieue).

Le *pint* (huitième du gallon) est de 0,568 de litre.

L'*acre* (4840 yards carrés) équivaut à 0^{hect},4046 ; ainsi l'hectare représente environ 2 acres 1/2.

La *tonne* anglaise (20 quintaux de 112 livres) pèse 1016^{kil},04.

La *coudée* égyptienne répond à 0^{m}344, ou 3 coudées à 1 mètre environ.

MÉTÉORE.

On confond parfois sous ce nom des phénomènes bien différents par leur nature et leur origine.

Les météores proprement dits prennent naissance, se manifestent et s'éteignent dans l'atmosphère.

Des combinaisons de substances gazeuses et de vapeurs chargées d'électricité, forment des corps qui s'enflamment et brillent un instant avant de disparaître sans laisser de trace durable, mais après une explosion plus ou moins forte.

Les *aérolithes*, les *bolides*, les *étoiles filantes*, sont des formations d'un ordre plus élevé, et remontent peut-être à la création de notre système. *Voyez ces mots.*

MÉTIS.

Petite planète trouvée le 25 avril 1848 par M. Graham de Mackrée, en Irlande, avec un objectif de Cauchois.

Elle circule entre Iris et Hébé, dans une orbite inclinée de 5° 35′ sur l'écliptique, à la distance moyenne de 36 millions de myr. (90 millions de lieues) du soleil, et dans une période de 1347 jours.

MÉTON.

Célèbre astronome grec, né près d'Athènes, environ 500 ans avant notre ère.

Ayant voyagé en Égypte, en Chaldée et dans le nord de l'Asie, il revint proposer aux Grecs, assemblés aux jeux Olympiques, l'adoption de la période chaldéenne de dix-neuf années lunaires, comprenant toutes les éclipses qui se reproduisaient dans le même ordre à chacune des périodes suivantes. Les Athéniens furent si satisfaits de cette connaissance, qu'ils en firent graver les calculs *en lettres d'or*, d'où est venu le nom de *nombre d'or*, encore usité pour désigner ce cycle de Méton.

Adopté généralement dans la Grèce l'an 432 avant J.-C., ce cycle manquait cependant d'exactitude ; et l'on s'aperçut, après soixante-seize ans, qu'il avançait de six heures sur le cours de la lune. On établit alors une période de seize cycles, dont on retrancha un jour. *Voyez* Cycle.

MICROMÈTRE.

Appareil ou réseau de fils très-fins, dont l'un est mobile, et qu'on dispose parallèlement au foyer d'une lunette ; on est parvenu à les établir en métal étiré aussi délicatement que les fils d'araignée, qui étaient employés d'abord.

Cette disposition donne le moyen de mesurer les diamètres apparents des astres et les plus petits intervalles avec une grande précision.

On se fera une idée de la perfection d'un tel appareil, quand on saura que le mouvement d'une étoile autour d'une autre peut être ainsi constaté en moins de six mois, lors même que la révolution complète de cette étoile ne pourrait s'accomplir en moins d'un million d'années!

M. Froment a disposé pour l'équatorial de notre observatoire un de ces appareils, destiné à l'observation des comètes et des nébuleuses; les fils sont mis en communication avec une pile électrique qui permet de les éclairer subitement.

MIDI.

Ce mot ne répond exactement à sa signification que deux jours de l'année où *midi* est le milieu du jour, partageant avec égalité le temps entre le lever et le coucher apparent du soleil.

Ces jours sont le 15 juin et le 24 décembre, vers les solstices, ou plus exactement aux aspides, c'est-à-dire à l'apogée ou aphélie d'une part, et au périgée ou périhélie d'autre part.

Aux 15 avril et 1er septembre, le soleil se trouve aussi d'accord avec le temps moyen ; pour tout autre jour, la première moitié est plus grande ou plus courte que la seconde. Le midi *vrai* n'est pas celui *moyen* et régulier que marque une bonne horloge.

Le *midi vrai* est l'instant où, pour chaque lieu, le soleil paraît arrivé à sa plus grande hauteur, variant chaque jour, et indiquée par des points différents sur la méridienne.

La rotation de la terre sur un axe incliné, et sa translation autour du soleil avec une vitesse qui s'accélère ou se ralentit, selon qu'elle s'approche ou s'éloigne de cet astre, occasionnent ces avances ou ces retards du temps vrai sur le temps moyen.

Ainsi, du 24 décembre, le temps moyen avance successivement sur le temps vrai jusqu'au 11 février, jour auquel une montre bien réglée doit marquer midi $14^{m}\,32^{s}$ lorsqu'il est midi au cadran solaire ; de là le temps moyen retarde de moins en moins jusqu'au 15 avril, jour où la montre et le soleil sont d'accord à très-peu près ; le retard continue insensiblement pendant un mois, puis diminue et revient à s'accorder le 15 juin. De ce jour, le temps moyen recommence à avancer sur le temps vrai jusque vers le 27 juillet, rétrogradant ensuite jusqu'au 1ᵉʳ septembre : alors le soleil et la montre sont de nouveau à peu près d'accord. Le temps moyen retarde de plus en plus jusque vers le 3 novembre, époque à laquelle le retard est de $16^{m}\,17^{s}$; puis il diminue jusqu'à ce que, le 24 décembre, le temps vrai et le temps moyen se retrouvent d'accord.

Le *temps moyen* peut être représenté par un *soleil fictif marchant toujours de la même vitesse ;* et le *temps vrai,* par celui réel, qui marcherait tantôt plus vite et tantôt plus lentement ; de sorte que ces deux soleils ne seraient sur la même ligne que quatre fois, dans le cercle d'une entière révolution.

On voit ainsi l'inconvénient de régler sa montre au soleil, si ce n'est aux époques précédemment indiquées, à moins de faire pour les autres jours les rectifications convenables.

17.

Même à l'équinoxe de printemps, la première moitié du jour surpasse l'autre de 1^m 12^s : c'est le contraire à l'équinoxe d'automne.

Le *midi*, ou le *sud*, est marqué à l'horizon de chaque lieu par une ligne tirée du pôle perpendiculairement à l'équateur ; ou encore, par la direction d'une ligne méridienne prolongée.

MILLE.

Mesure de distance qui varie selon les pays. Le mille anglais vaut 1609^m,3150, et est contenu 69 fois et demie dans un degré de 28 lieues 1/2 de 4,000 mètres ; ce degré contient 15 milles d'Allemagne et 60 d'Italie.

MIRA.

Au milieu de la ligne qui unirait les Hyades à Fomalhaut, se trouve cette étoile extraordinaire découverte par Hevelius dans la constellation de la Baleine. C'est une changeante rougeâtre, dont la périodicité est de 331^j 15^h 7^m. Elle brille comme une étoile secondaire pendant quinze jours, décroît pendant trois mois, et disparaît à la vue simple pendant environ six mois, après lesquels on la voit revenir à son premier éclat.

Ces variations ne se représentent pas avec la même intensité, ni avec les mêmes intervalles ; Hevelius a même mentionné que pendant quatre années, d'octobre 1672 à décembre 1676, on ne l'a revit pas. C'est Jacques Cassini qui s'occupa le premier à établir la période de variabilité de cette étoile, et qui a fixé l'attention sur le changement d'éclat reconnu depuis pour un grand nombre de ces astres.

Argelander pense que la période indiquée est sujette à des alternatives de ralentissements et de raccourcissements qui doivent s'étendre à 25 jours dans une période de 88 révolutions.

MIRAGE.

Effet de réfraction, qui reproduit dans les couches de l'atmosphère les images renversées des lieux ou des objets qu'on a devant soi. Ce phénomène, occasionné par un *air chaud*, adhérent à la surface échauffée d'un *corps solide*, se rapporterait à l'astronomie, en expliquant, selon M. Faye, les protubérances rosées qui s'aperçoivent autour du limbe de la lune pendant les éclipses totales du soleil. Le cône d'ombre produirait alors des raréfactions subites dans les différentes couches d'air, en rendant ainsi visibles des montagnes de notre satellite favorablement situées.

Cette opinion, combattue par M. Airy et autres astronomes, ne paraît pas devoir être adoptée.

MIROIRS.

On appelle ainsi les verres objectifs ou de réflexion placés au fond des télescopes.

Le miroir du grand télescope d'Herschel, dont la distance focale avait 40 pieds anglais, avait un mètre 22 centimètres de diamètre, et pesait vingt quintaux (ancienne mesure).

Le télescope de lord Rosse a 60 centimètres de plus en diamètre, et se compose de deux réflecteurs qui ont partout la même épaisseur; sa puissance est alors presque quadruple de celui d'Herschel.

Ces miroirs sont composés d'étain, de cuivre et de cristal en certaines proportions. On en fait en argent, mais il est difficile de leur donner le poli et l'éclat nécessaires.

Les miroirs ardents, ou d'Archimède, ne sont plus que des objets de curiosité : ils se composent d'un grand nombre de plaques de verre ou de métal, disposées de manière à réfléchir au *centre* tous les rayons lumineux qu'elles reçoivent.

On a maintenant des instruments plus sensibles pour éprouver le calorique.

MOIS.

Cette mesure du temps n'a plus aucun rapport avec les phénomènes astronomiques ; leurs noms n'expriment même plus, comme autrefois, le rang qu'ils occupent dans l'année : Quintilis a été nommé juillet, en l'honneur de Jules César ; Sextilis août, en l'honneur d'Auguste ; *septembre* est aujourd'hui le *neuvième* mois, et les suivants ont reculé de même de deux rangs dans l'ordre originaire.

Au lieu d'avoir un mois de février de 28 ou de 29 jours, on ne conçoit pas que tous les mois n'aient pas été faits alternativement de 30 et de 31 jours, en retranchant le dernier jour du dernier mois, sauf dans les années bissextiles.

Les mois dans le calendrier de la première république étaient tous de 30 jours, avec 5 ou 6 jours complémentaires, selon que l'année était ou non bissextile ; leurs significations rappelaient du moins des états météorologiques, ou des époques d'agriculture.

Le mois lunaire périodique est de 27^{j} 3/10, et il faut encore 2 jours et quelques minutes pour que la lune se retrouve dans la même position relativement au soleil.

La révolution synodique, ou lunaison, est de 29^{j} 12^{h} 44^{m} 2^{s} ; aussi les peuples qui comptent par mois lunaires sont obligés à de nombreuses intercalations, et chez les Turcs le premier jour de l'an passe successivement dans les quatre saisons pendant une période de trente-trois ans.

Les mois *embolismiques* étaient les sept derniers du cycle de Méton, qui en avait fait six de 30 jours et le septième de 29 jours, afin de compléter la période de dix-neuf ans qui devait ramener dans le même ordre les phénomènes astronomiques.

MONTAGNES PLANÉTAIRES.

On a reconnu de très-hautes montagnes sur les disques de Mercure et de Vénus; mais celles de la lune ont particulièrement fixé l'attention des observateurs, parce que la proximité de notre satellite permet de les bien distinguer, et même de les mesurer très-exactement.

Avec de bons instruments, les taches diffuses qu'on voit à l'œil nu présentent des irrégularités qui varient avec leur position relativement au soleil; des ombres prononcées tournent autour de points lumineux dans la direction opposée à cet astre; un grand nombre de cônes creux, avec des coulées de lave rayonnant alentour, présentent les images de nos volcans éteints.

Pendant les éclipses, les bords qui se découpent alors sur le soleil ont des dentelures profondes qui accusent toujours les mêmes formes et les mêmes élévations.

Galilée, qui avait d'abord observé ces montagnes, leur donnait jusqu'à 9,000 mètres de hauteur; Herschel croyait que les plus élevées ne dépassaient pas le tiers de cette estimation. Des moyens mieux combinés ont permis plus récemment de mesurer près de 1100 de ces montagnes avec une grande précision : 22 sont au-dessus de 4,800 mètres (hauteur du mont Blanc), et 6 au-dessus de 6,000 mètres.

Leurs noms sont : Dorfel, qui a 7,623 ^{m}; Newton, 7,264 ^{m}; Casatus, 6,956 ^{m}; Curtius, 6,769 ^{m}; Callipus, 6,216 ^{m}; et Tycho, 6,151 ^{m}. Cette dernière est à peu près de la hauteur du Chimboraço, l'une des montagnes terrestres les plus élevées.

On a pu voir, à la dernière Exposition de Londres, des cartes topographiques de la lune observée avec de grands télescopes; les plus petits détails y sont figurés, et font connaître autant que possible l'hémisphère toujours tourné vers nous.

Les nombreux cratères qui se distinguent à la surface de notre satellite sont maintenant éteints, puisque, par une cause ignorée, il n'a plus aucune atmosphère; le cratère d'*Ératosthène* a 28 milles anglais de diamètre (plus de 11 lieues).

Les autres planètes sont entourées de nébulosités si épaisses, ou sont à une telle distance, qu'il est impossible d'apercevoir les inégalités de leurs surfaces; mais on doit penser que, partout, des causes semblables ont produit les mêmes effets.

MONTRES MARINES.

Ces instruments destinés aux observations s'appellent aussi des chronomètres; ils servent à donner la longitude en mer, en comparant l'heure vraie actuelle avec l'heure réglée sur le méridien, au lieu du départ dont la longitude est connue.

La différence des heures indique l'espace parcouru vers l'est, ou la direction opposée, à raison de 15° par chaque heure d'avance ou de retard. *Voyez* AVANCE, CHRONOMÈTRE.

MOUSSONS

Vents qui soufflent régulièrement à certaines époques et sous de certaines latitudes. Les principales causes de ces courants atmosphériques sont d'abord la chaleur du soleil, qui dans les régions équatoriales dilate les couches inférieures de l'air et les élève constamment, en attirant ainsi de proche en proche les couches les plus éloignées ; la rotation de la terre, plus sensible à l'équateur, ajoute à cet effet en lui imprimant une direction constante d'un côté pendant six mois, et en sens contraire pendant l'autre moitié de l'année. Les grandes surfaces de l'intérieur des continents, diversement échauffées que les océans dont elles sont environnées, occasionnent aussi des dilatations et des réfractions alternatives, qui se combinent en produisant des vents réguliers, des *moussons* que les navigateurs mettent à profit.

En Égypte, le vent *étésien*, ou du nord, succède toujours au vent du midi ou de l'intérieur, vers le solstice d'été. *Voyez* Vents.

MOUVEMENT DES CORPS CÉLESTES.

Rien n'est en repos dans l'espace ; la matière, animée par le calorique ou par une impulsion primitive, est partout en mouvement.

Sur notre planète, les corps en apparence les plus immobiles sont soumis à une agitation moléculaire, pénétrés et traversés par les agents invisibles de la nature, par le son, la lumière, l'électricité, l'éther, le magnétisme, les forces de l'attraction ou de l'impulsion.

Une fois produit, le mouvement se transmet, se modifie, s'accélère ou se ralentit, mais sans jamais se détruire.

Les lois de la mécanique nous enseignent que la quantité du mouvement est le produit de la masse d'un corps multipliée par la vitesse ; que si le mouvement originaire était, par exemple, de 30 mètres par seconde, une nouvelle impulsion qui seule imprimerait au même corps une vitesse de 40 mètres dans la première seconde, le fait mouvoir avec une vitesse de 50 mètres dans la deuxième seconde, de 64ᵐ,03 dans la troisième seconde, etc.

Les corps célestes décrivent, en vertu de leur impulsion primitive et des lois de l'attraction, des courbes *proportionnelles aux carrés des temps* : on obtient ainsi l'étendue de leurs ellipses autour du soleil, ou des satellites autour de la planète principale, en connaissant les périodes de révolution.

Notre soleil, qui est l'une des étoiles de la Voie lactée, nous emporte avec tout son cortége, dans les déserts de cette strate lumineuse, vers l'une des étoiles de la constellation d'Hercule, située à 260° d'ascension droite et à 34° de déclinaison boréale ; mais le but est *si éloigné*, que, lors même que le mouvement ne se ferait pas dans une courbe autour d'un centre de gravité, comme cela est probable, notre monde solaire s'avançant vers ce point avec une vitesse de 15,000 myr. (38,000 lieues) par jour, mettrait encore *trente-six millions d'années* avant d'y arriver!

Un grand nombre d'étoiles, soleils lointains d'autres mondes, ont déjà livré aux calculs de la science la mesure de leur distance et la vitesse de leurs mouvements particuliers.

La 61ᵉ du Cygne et l'étoile d'Argelander, qui ont, la

première, un mouvement propre de 5″ et la deuxième de 7″ par année, sont 3 et 4 fois plus éloignées de notre soleil que l'étoile α du Centaure, dont le mouvement est de 3″,58; ainsi ces astres lumineux ne sont pas plus que nos planètes assujettis à des règles proportionnelles, dans leurs courbes de révolution.

Sans leur éloignement inimaginable, nous verrions tous ces astres tourner sur eux-mêmes, circuler les uns autour des autres, comme la lune autour de la terre; d'autres groupes accompagner des corps plus puissants dans leur circulation, de même que nos planètes autour de notre soleil; et enfin des multitudes de systèmes solaires décrire des courbes immenses à l'entour d'une masse centrale plus considérable, ainsi que notre soleil le fait avec tout son cortége vers la région des Pléiades, dans laquelle les lunettes nous font apercevoir des cèntres nombreux d'attraction.

MOYEN (TEMPS).

Toutes les horloges bien réglées indiquent le *temps moyen*, ou l'heure que marquerait le soleil sur les cadrans, si la terre, pendant sa translation annuelle autour de cet astre, en était toujours à égale distance et marchait avec la même vitesse.

Comme il n'en est ainsi que quatre fois dans l'année, l'*heure vraie*, c'est-à-dire le moment où chaque jour le soleil paraît arriver au méridien, diffère, en plus ou en moins de l'heure moyenne, d'une quantité que marque une bonne montre comparée avec l'ombre d'un cadran solaire.

Le temps moyen est d'accord avec le temps vrai les 15 juin, 24 décembre, 15 avril et 1ᵉʳ septembre; la plus grande avance du premier sur le second a lieu vers le 11 février pour environ 14ᵐ 1/2 ; et vers le 3 novembre, le plus fort retard est d'environ 16ᵐ 17ˢ. *Voyez* TEMPS, HEURE, etc.

MURAL (CERCLE).

On appelle ainsi un cercle ordinairement en cuivre, fixé parallèlement à la surface d'un mur construit dans le plan du méridien.

Une lunette munie d'une alidade indique sur le cercle, qui est gradué, l'angle fait par l'astre observé avec le zénith ; le complément à 90° est alors la hauteur de l'astre sur l'horizon du lieu.

Le cercle mural indique l'heure des passages au méridien ainsi que la déclinaison, ou la distance à l'équateur.

On cite les sextants gigantesques d'Abou-Mohammed, astronome arabe, sur lesquels un tuyau pratiqué dans la voûte de l'observatoire faisait tomber à midi l'image du soleil, donnant sur le limbe gradué de 6 en 6 minutes le complément de sa hauteur, ainsi qu'une lunette le fait aujourd'hui sur un cercle mural.

N

NADIR.

Point opposé au zénith, dans la partie inférieure du ciel ; il répond sur la terre aux antipodes de chaque lieu. Le nadir de Paris se trouve dans l'océan Pacifique, entre la Nouvelle-Hollande et l'Amérique méridionale.

NAVIRE (LE).

Constellation australe à gauche du grand Chien. Elle comprend d'abord trois tertiaires disposées en arc, et voisines de l'étoile secondaire qui termine de ce côté le triangle au-dessous de Sirius : deux ou trois petites étoiles plus à gauche sont les mâts du Navire ; le bas de cette constellation, qui comprend Canopus, la plus belle étoile du ciel après Sirius, n'est pas encore visible sur notre horizon ; mais dans quelques siècles nos successeurs pourront l'apercevoir.

NÉBULEUSES.

Taches diffuses et blanchâtres dont la Voie lactée est pour nous la plus considérable, parce que notre monde solaire se trouve placé à peu près au milieu, et qu'ainsi notre vue se prolonge dans la prodigieuse étendue de cette strate jusqu'aux limites de son grand axe, dont les dernières couches d'étoiles se distinguent de moins en moins, et ne produisent plus qu'une lueur presque imperceptible.

A droite et à gauche, le peu d'épaisseur de cette espèce de meule irrégulière nous permet d'en apercevoir toutes les étoiles, et entre elles les autres nébuleuses, dont quelques-unes plus étendues que la Voie lactée, où circule notre système particulier.

Herschel a distingué dans cette zone 157 groupes et 18 sur ses limites, dont à la vue simple on peut remarquer la différence d'éclat. L'une de ces nébulosités vient couper la nôtre à angle droit ; elle est fort importante, puisqu'on en peut suivre les contours à travers les constellations de la grande Ourse, de Cassiopée et de la Vierge.

Certaines nébuleuses, visibles à l'œil nu, se changent en étoiles avec une faible lunette; d'autres exigent de très-forts grossissements. Les lueurs qui résistent à telle amplification deviennent résolubles avec un plus fort objectif.

Il existe cependant des nébulosités qui paraissent, jusqu'à présent du moins, de la matière simple ou à l'état élémentaire. Si l'on juge de leur éloignement par la faiblesse de leur lumière, ayant 160 fois moins d'éclat que les étoiles de 1344me grandeur, il a fallu plus de cinq cent mille années pour que le rayonnement d'une telle lueur parvienne jusqu'à nous.

La première nébuleuse observée en 1612 est celle d'Andromède qui est en forme de navette, avec le milieu plus brillant et visible à l'œil nu (voir Pl. II, fig. 3). La nébuleuse d'Orion, presque invisible sans lunette, répandait dans le télescope d'Herschel une lumière égale au jour à midi; des changements de forme ont été déjà constatés dans cette nébuleuse, qu'on peut assez bien distinguer avec une moyenne lunette. La figure 2, pl. II, représente la partie centrale du trapèze, où sont *six étoiles* qui paraissent en dépendance réciproque.

En 1783, on n'avait encore compté que 96 de ces nuages lumineux; trois années après, Herschel en indiquait plus de mille; puis le double en 1789; en 1802, ses catalogues en désignaient près de 1800. Son fils John en a observé 525 de plus, pendant son séjour au cap de Bonne-Espérance.

W. Herschel, qui a fait une étude spéciale de ces corps, les divise en huit catégories, présentant des caractères distincts. Le quatrième de ces groupes comprend 58 nébuleuses dites planétaires, parce qu'elles ont presque l'aspect des planètes, leur éclat étant de la même in-

tensité partout. Le 6me groupe contient 35 amas d'é-
toiles très-pressées, qui paraissent se concentrer.

M. Hind a observé, le 4 janvier 1850, une nouvelle
nébuleuse très-brillante dans la grande Ourse.

Ces nébuleuses affectent toute espèce de forme : les
unes sont très-étroites et allongées, les autres en aigrettes, en éventail, arrondies, annulaires ou globulaires;
quelques-unes, et surtout le n° 51 du catalogue de
Messier, montrent des spirales bien déterminées (voir
Pl. II, fig. 1). Peut-être même que ce caractère est général, et que la différence du rayon visuel occasionne
seule les différences de forme dans les autres, car le
n° 99 de Messier montre aussi un tel arrangement.

En général, plus les nébuleuses sont étendues, moins
elles sont régulières; celles arrondies sont de petite dimension, et unies quelquefois par un filet qui indique
la commune origine des corps ainsi attachés.

On a évalué à plus de deux cent mille les étoiles
d'une nébuleuse *globulaire,* ayant le diamètre apparent de la lune.

La plus remarquable des nébuleuses annulaires est
le n° 59 des catalogues d'Herschel; elle est située entre
β et γ de la Lyre, et visible avec une lunette ordinaire;
le centre, plus obscur, occupe la moitié de la figure.

Des nébuleuses planétaires visibles sur notre hémisphère, la plus importante est située un peu au sud
de β, étoile des Gardes, opposée à la queue de la grande
Ourse. La fig. 5, pl. II, représente une nébuleuse planétaire bleu clair avec deux étoiles rouges voisines, indiquées par J. Herschel dans l'hémisphère austral.

Ainsi qu'entre les étoiles, on trouve des systèmes
doubles dans les nébuleuses, avec la même diversité de
forme et d'éclat.

Les environs de ces amas sont peu riches en étoiles ; on dirait des espaces ravagés, dont la matière, réunie ou plus condensée, a produit soit des astres isolés, soit des nébuleuses à différents degrés de concentration.

Les grands espaces lumineux présentent çà et là des points plus brillants ; au télescope on aperçoit dans les nébuleuses résolubles des dispositions vers un centre ; partout l'uniformité originaire paraît s'être modifiée et contractée, afin de former des groupes de plus en plus réguliers, dont l'état stellaire semble la dernière transformation.

Il suffira de comparer à l'avenir les images des nébuleuses tracées aujourd'hui, pour juger les changements que le temps peut y opérer : dès à présent il est constaté, par le télescope de lord Rosse, que plusieurs des nébuleuses décrites par Herschel ont éprouvé des modifications. Les récentes observations faites avec cet instrument semblent indiquer un même but dans le pouvoir de concentration qui fait grouper ces amas de soleils. La fig. 4, pl. II, représente quatre de ces groupes nébuleux dans la garde de l'épée d'Orion.

Ticho-Brahé regardait l'étoile apparue en 1572 comme produite par la matière nébuleuse en condensation dans l'espace. Kepler avait la même opinion sur l'étoile nouvelle qui se montra dans la Voie lactée en 1604.

Si l'on ne peut prouver la réalité de ces formations en créant un de ces astres avec la matière nébuleuse, il est facile de faire l'opération contraire en dilatant une étoile jusqu'à ce qu'elle n'offre plus qu'une lueur diffuse et blanchâtre ; il suffit d'éloigner progressivement l'oculaire, pour que dans la lunette cette étoile ait tout à fait l'aspect d'une nébuleuse.

NÉOMÉNIE.

Terme dont l'étymologie est synonyme de *nouvelle lune*. Dans cette position de notre satellite, nous ne pouvons l'apercevoir, parce que le soleil en éclaire la surface directement opposée; c'est le moment de la *conjonction*.

Environ vingt heures après, on commence à distinguer un très-mince croissant, dont la concavité est tournée vers nous; les anciens peuples célébraient cet instant qui commençait pour eux un nouveau mois, comprenant ainsi tout l'intervalle écoulé entre deux nouvelles lunes.

NEPTUNE, ♆.

Cette précieuse acquisition de notre monde solaire, en ce qu'elle en a reculé prodigieusement l'étendue, a été faite, le 23 septembre 1846, par M. Galle de Berlin, sur les indications de M. Leverrier.

Dans le même temps, M. Adams de Cambridge signalait la présence d'une planète perturbatrice à 2° 27' de différence longitudinale de la place indiquée par M. Leverrier. Cette nouvelle planète était marquée comme une étoile, sous le n° 26266, dans le catalogue de Lalande; son mouvement très-lent l'avait alors fait confondre avec les fixes.

On a maintenant reconnu qu'elle tourne sur elle-même en $5^j,8750$, circulant en $60,127^j$ (164^{ans} 7^{mois} 13^j), dans une orbite inclinée de 1° 47' seulement sur l'écliptique, à une distance moyenne de 456 millions de myriamètres (1240 millions de lieues) du soleil, lequel ne peut être vu de cette planète que comme une étoile de *deuxième grandeur*.

Son premier satellite, découvert à Liverpool par M. Lassell, circule à environ six fois le diamètre de cette planète, et lui a fait attribuer une masse équivalant à $\frac{1}{17,000}$ de celle du soleil, ainsi qu'une densité sept fois moindre que la densité de notre globe.

Ce satellite accomplit sa révolution autour de Neptune en 5^j 20^h 50^m 45^s, dans une orbite inclinée de 35° environ sur l'écliptique, et par conséquent de 33° 13′ sur l'orbite de la planète.

On croit lui avoir reconnu un second satellite, et il est probable qu'elle en possède un plus grand nombre ; mais il y a lieu à confirmation.

NEWTON.

Né à Woolstrope en 1642, la même année qui voyait mourir en Italie le célèbre Galilée, il a vécu quatre-vingt-cinq ans pour la gloire de l'Angleterre, qui lui a fait élever un tombeau dans l'abbaye de Westminster.

Sa belle découverte de l'attraction universelle fut cependant plus de cinquante années à être généralement adoptée par les savants du dix-huitième siècle : aujourd'hui même, reçue comme un fait qui s'accorde merveilleusement avec les phénomènes célestes et ceux de la pesanteur à la surface de notre planète, on n'en conçoit pas plus que son auteur le principe surnaturel. *Voyez* ATTRACTION, GRAVITÉ, etc.

NIVEAU A BULLE D'AIR.

Cet instrument se compose d'un tube de verre fermé, contenant de l'alcool coloré, et laissant un petit espace vide qu'on appelle *la fenêtre*, dont la bulle occupe toujours *le milieu*, lorsque le tube est exactement parallèle à l'horizon.

On peut ainsi trouver cette ligne et le zénith de l'observateur, s'assurer de l'aplomb des édifices, et reconnaître les oscillations qui peuvent s'y manifester.

NOEUDS.

On désigne ainsi les deux points où un astre coupe le plan d'une autre orbite ; l'un des nœuds de la lune est dans la région supérieure de l'écliptique, et l'autre à l'opposé, dans la partie inférieure de cette ligne.

Le nœud *ascendant* comme celui *descendant* rétrograde sans cesse par l'effet de l'attraction du soleil qui change le plan de l'orbite lunaire, sauf aux quadratures et aux syzygies, parce qu'alors la lune est dans l'écliptique, ou parallèlement à son plan.

Cette révolution *synodique* s'étend à 19° 20' par année, et sa période est de 18 ans 7 mois 1/2 à peu près.

Les nœuds de l'équateur solaire sont les points où la terre, parcourant l'écliptique, se trouve dans le plan de cet équateur, savoir : le 11 juin, au nœud ascendant, et le 12 décembre, au nœud inférieur ou descendant.

Dans ces positions, les taches du soleil décrivent des lignes droites sous les yeux de l'observateur ; le premier nœud arrive à 80° 21' ; le deuxième, à 260° 21' au côté opposé.

NOMBRE D'OR.

Les Athéniens avaient fait graver *en lettres d'or*, pour en exposer publiquement les calculs, les combinaisons de la période de dix-neuf ans ou de 235 lunaisons, proposée par Méton aux jeux Olympiques de la Grèce.

De là est venu le *nombre d'or*, qui aujourd'hui encore répond aux épactes et figure dans nos calendriers,

18.

indiquant l'une des années du cycle réformé par le concile de Nicée.

Ce nombre d'or avait déjà été corrigé, parce qu'après soixante-seize ans on avait remarqué que la néoménie arrivait six heures trop tôt, et après 16 cycles un jour auparavant que les nombres d'or ne l'indiquaient. L'avance était, plus exactement, de un jour après trois cent huit ans.

NORD.

L'un des quatre points cardinaux qu'on emploie le plus souvent pour s'*orienter*.

Une ligne perpendiculaire à l'équateur, et prolongée vers le pôle boréal à 1° 38' de l'étoile polaire, vers ε de la grande Ourse, va marquer ce point à l'horizon de chaque observateur.

L'aiguille aimantée des boussoles indique toujours ce point, quand on connaît la déclinaison qu'elle éprouve aux lieux où l'on veut la consulter.

NOYAU DES COMÈTES.

Lorsque ces corps approchent du soleil en dégageant d'immenses traînées de vapeur, ils éprouvent une telle chaleur, que leur noyau même, s'il en existe un, peut se vaporiser entièrement. Cet effet a été observé pour la *comète de* 1811, qui laissait voir les plus petites étoiles à travers sa queue.

Il existe presque toujours un intervalle entre les noyaux et les nébulosités dont ils sont précédés et suivis.

NUÉES DE MAGELLAN.

Ce sont deux nébuleuses d'une forme ovale dont l'une est plus grande, et qui sont perceptibles à la vue simple dans l'hémisphère austral; elles ont l'apparence de la Voie lactée.

Abd-Urrahman-Sufi, astronome arabe, est le premier qui, selon Ulug-Beig, ait fait mention de ces taches diffuses, mentionnées dans ses tables sous le nom du *Bœuf blanc.*

NUTATION.

L'action de la lune sur le ménisque de la terre, ou son renflement à l'équateur, augmente sans cesse la précession des équinoxes; elle change aussi l'obliquité de l'écliptique, en faisant osciller l'anneau équatorial et décrire à l'axe de la terre une petite ellipse vers chacun des pôles, mouvement qui suit les nœuds de la lune et s'accomplit en dix-neuf ans à peu près. L'action solaire ajoute un peu à cet effet dans le cours de l'année, et le résultat qui constitue la nutation luni-solaire est évalué à $9'',22$.

C'est Bradley qui, voulant s'assurer du mouvement parallactique d'une étoile, s'aperçut, à son grand étonnement, que ce mouvement était réel, mais non dans la direction indiquée par la translation de la terre.

O

OBJECTIF.

C'est le verre le plus large d'une lunette ou d'un télescope, étant ainsi nommé parce qu'il est tourné vers l'*objet* qu'on veut observer; il en reproduit l'*image* à son foyer, soit derrière lui, soit dans un autre miroir placé obliquement.

Ces objectifs, dont l'Angleterre n'a plus seule le monopole, se font quelquefois en deux parties, comme pour le télescope de lord Rosse à Parsontown, dont l'ouverture est d'un mètre 80 centimètres. Les miroirs concaves ont une épaisseur de dix centimètres, et contiennent dans leur composition 126 parties de cuivre et 58 d'étain.

Malheureusement ces miroirs, qui cèdent sous la pression de la main, sont tellement fragiles et flexibles, qu'ils sont sujets à de graves accidents; il faut de plus les repolir très-souvent pour leur conserver la clarté, qui en fait le principal mérite.

OBLIQUITÉ DE L'ÉCLIPTIQUE.

Aux équinoxes, l'axe de la terre se trouvant tout à fait perpendiculaire au plan de l'écliptique, c'est-à-dire à la trace qu'elle parcourt dans l'espace en circulant en 365^j 1/4 autour du soleil, il en résulte que dans sa rotation diurne tous les points du globe décrivent des cercles parallèles à cet astre, qui alors les éclaire pendant douze heures.

Si cette position venait à se perpétuer, chaque zone de la terre aurait une température invariable; mais à mesure que la terre avance dans son orbite, l'inclinaison de son axe devient de plus en plus grande, et ce fait, qui produit les saisons différentes pour chaque pays, est ce qu'on appelle l'*obliquité de l'écliptique*.

Le défaut de sphéricité du globe et l'attraction de la lune occasionnent un balancement de l'axe de la terre, d'où il suit que la ligne prolongée de chacun de ses pôles décrit une petite ellipse, et répond dans le ciel à des étoiles différentes; par l'effet de ce mouvement, l'axe est donc diversement *incliné sur l'é-*

cliptique, ou sur la ligne que la terre parcourt. La période de cette inégalité est d'environ dix-neuf ans, comme la révolution des nœuds de la lune et l'attraction du soleil modifient légèrement cette perturbation, selon la place de la terre dans sa translation annuelle.

L'attraction combinée des planètes sur notre globe et sur le ménisque de son équateur, produit un changement bien plus étendu dans l'obliquité de l'écliptique, ou en d'autres termes dans le degré d'inclinaison de l'axe de la terre sur son orbite. Cette diminution est par siècle d'environ 52″ de degré, ou de 1° en six mille neuf cents ans.

Les savantes théories expliquant cette diminution démontrent qu'elle ne peut aller au delà de 4 à 5°, et qu'elle se renferme dans une période de 26,000 années, après lesquelles cette obliquité augmentera pendant le même temps, et ainsi de toute éternité.

L'équateur ne coïncidera donc jamais avec l'écliptique, et la terre ne jouira pas d'un équinoxe perpétuelle.

Le maximum de l'inclinaison était, au 1ᵉʳ janvier 1851, de 23° 27′ 28″; il était de 23° 51′ 350 ans avant J.-C., selon les observations de Pythéas; et de 24° environ, suivant une observation chinoise rapportée par le père Gaubil, comme ayant été faite par Tcheou-Kong 1150 ans avant notre ère.

Les anciennes mesures d'Hipparque et des astronomes arabes, tirées de la hauteur de l'ombre des gnomons aux solstices, étaient bien plus grandes, parce qu'elles étaient affectées de la fausse parallaxe et de la réfraction, que l'antiquité ne pouvait connaître; mais elles ont été corrigées depuis et ramenées aux quantités réelles, qui prouvent l'authenticité et l'exactitude des observations.

Ainsi l'obliquité, que les phénomènes de l'attraction et de la nutation donnent aujourd'hui plus exactement, doit se calculer sur le centre du soleil, et non sur l'ombre d'un gnomon éclairé par les bords de l'astre ; il y avait donc lieu à retrancher, de l'obliquité ainsi obtenue, le demi-diamètre apparent du soleil, ou environ 16'.

La réfraction, qui fait attribuer aux astres une place différente du lieu où ils sont en réalité, est aussi une découverte moderne, et ses calculs ont dû être appliqués aux mesures anciennes de l'obliquité de l'écliptique. Ces corrections faites, les observations d'Ebn-Jounis, vers l'an 1000 de notre ère, étant ramenées à 26°,1932, sont d'une grande exactitude, puisque la théorie donne 26°,2009 à cette époque et pour cette latitude.

Un fait matériel prouve aujourd'hui la diminution constante de cette inclinaison de l'axe de la terre : l'histoire cite un puits de la ville de Syène, autrefois situé sous le tropique, puisque chaque année, au jour du solstice, l'image du soleil s'y réfléchissait à midi. Ce puits est maintenant à sec ; mais, loin de pouvoir s'y réfléchir *au fond*, l'astre n'en éclaire plus même *les bords*, ce qui prouve que cette ville d'Égypte n'est plus sous le tropique.

Par l'effet de ce mouvement successif de l'axe de la terre, les étoiles qui étaient autrefois au-dessous du solstice d'été ont passé au-dessus, tandis que le contraire a eu lieu pour les étoiles qui étaient alors sur notre horizon au solstice d'hiver. Dans la suite des temps, les constellations que nous voyons aujourd'hui de ce côté n'y seront plus visibles, et d'autres de l'hé-

misphère austral viendront les remplacer au côté opposé. *Voyez* PRÉCESSION, RÉFRACTION, ÉCLIPTIQUE.

OBSERVATIONS.

Les anciens peuples ne pouvaient observer les astres
qu'à la vue simple, ou au moyen d'instruments fort
imparfaits, dont il n'existe presque aucune trace.

Ils avaient cependant reconnu la précession des équinoxes, l'obliquité de l'écliptique, la durée exacte de
l'année, la circonférence de la terre, et autres faits
astronomiques d'une observation très-difficile. Ebn-Jounis, astronome arabe du onzième siècle, observa, à
une époque qui, ramenée au temps moyen de Paris, se
rapporte au 31 octobre de l'an 1007, une conjonction
de Jupiter et de Saturne : l'excès de longitude héliocentrique de ce dernier sur le premier fut trouvé de 4444
secondes de degré, résultat aussi exact qu'une telle observation peut le comporter.

Dès la plus haute antiquité, les Indiens et les Chinois
observaient les gnomons et les éclipses ; ils avaient des
périodes sexagésimales calculées sur les phénomènes
célestes.

Des observations chaldéennes de 1903 années remontant à l'an 2234 avant notre ère, c'est-à-dire
soixante-trois ans seulement après le déluge *selon
Moïse*, furent trouvées à Babylone, et envoyées par Cal-
listhène à Aristote, précepteur d'Alexandre.

Des catalogues d'étoiles et de quelques nébuleuses
ont aussi été dressés par Hipparque, Ératosthène et
Ptolémée.

Depuis deux cent cinquante ans, l'invention des lunettes et leur perfectionnement progressif ont ouvert aux
observations une carrière sans limites ; elles ont aujour-

d'hui une telle précision, qu'un astronome place un instrument plusieurs mois à l'avance, l'oriente, le dirige; et puis, le laissant immobile, l'astre qu'il a désigné vient s'y présenter au jour et à la minute que ses calculs lui ont fait connaître et annoncer avec certitude!

L'observateur va découvrir dans l'espace une comète presque imperceptible; reconnaître, parmi des étoiles télescopiques, une planète encore inconnue; surprendre dans les nébuleuses les changements qui s'y manifestent, et constater enfin des mouvements de circulation séculaires, à la distance que la lumière ne peut parcourir en moins de quatre-vingt-dix ans!

OCCIDENT.

L'un des quatre points cardinaux ayant le nord à droite, le midi à gauche, et l'orient à l'opposé.

Le soleil paraît s'y coucher aux équinoxes, puis s'en éloigner pendant trois mois, et y revenir pour recommencer les mêmes apparences dans un sens contraire.

OCCULTATION.

Terme synonyme d'éclipse. Le moment de l'occultation est celui où l'un des corps célestes paraît se plonger dans un autre, en passant, soit derrière lui, soit entre cet astre et la terre.

Vénus et Mercure sont quelquefois occultés par le soleil; la lune occulte très-souvent les étoiles; les planètes occultent leurs satellites.

L'occultation des plus brillantes étoiles par la lune prouve leur prodigieux éloignement, parce qu'elles disparaissent tout à coup, comme si elles n'avaient aucune dimension, aussitôt qu'on les voit arriver en contact. *Voyez* Éclipse.

OCÉAN.

Au lieu de nuire au mouvement du globe, la masse fluide des Océans établit, suivant les calculs de Laplace, la permanence de l'axe de rotation. Ils occupent les trois quarts de la surface de notre planète, et leurs profondeurs sont aussi différentes que les montagnes sur les parties découvertes. Le capitaine Rosse a filé jusqu'à 8,250 mètres sans atteindre le fond ; c'est à peu près le double de la hauteur du mont Blanc.

Les mers couvraient autrefois la majeure partie de l'Europe actuelle, de l'Asie, et presque toute l'Afrique ; elles se sont retirées par l'effet des dislocations qui ont fait surgir les Alpes, les Pyrénées, l'Apennin et l'Atlas, quand le refroidissement plus intérieur a occasionné la rupture de la croûte immergée par les eaux.

OCTANTS.

On appelle ainsi les positions de la lune entre les quadratures et les syzygies.

C'est aussi le nom d'un instrument dont on se sert à bord pour mesurer jusqu'à 90° les arcs sous-tendus par les angles que font les objets observés.

OCULAIRE.

On nomme ainsi le verre très-convexe d'une lunette où s'applique l'œil de l'observateur.

Dans un télescope les images étant réfléchies, soit de front, soit obliquement sur un petit miroir plan, au-dessus ou à côté du tube de l'instrument, l'oculaire étant mobile, l'observateur lui donne la direction et l'amplification convenables.

OLBERS.

Médecin allemand, né à Brême en 1758. Il découvrit en 1802 la planète de Pallas, et Vesta cinq ans après ; on lui doit, de plus, une bonne méthode pour calculer l'orbite des comètes.

OLYMPIADE.

Période grecque de quatre années, dont le nom provient des jeux Olympiques qui se célébraient la première année de ces périodes, établis 776 avant J.-C.

OMBRE.

Si l'on mesure avec soin l'ombre projetée par un objet fixé verticalement, le moment du jour où elle sera la plus courte sera le midi vrai. Cette ombre est la plus courte possible au solstice d'été, et c'est par ce moyen, fort imparfait d'ailleurs, que les anciens reconnaissaient cette époque. Le jour où à midi l'ombre est la plus longue, indique à l'opposé le solstice d'hiver.

L'ombre n'est jamais brusquement tranchée avec la lumière ; le passage a lieu par dégradations dont l'étendue et la densité dépendent du corps lumineux. Ainsi, dans les éclipses de lune, le cône d'ombre de la terre laisse déborder à droite et à gauche une partie des rayons solaires qui se croisent, en formant au delà un autre cône renversé, d'une teinte intermédiaire qu'on appelle pénombre.

OPHIUCHUS.

Constellation bordée inférieurement par la Balance, le Scorpion et le Sagittaire. Elle comprend d'abord une secondaire α qui marque la tête de cette figure très-près et à gauche de celle d'Hercule. Une tertiaire β et une quartaire γ indiquent l'épaule droite ; beaucoup plus bas, une autre secondaire η marque la jambe droite ; plus loin , vers la droite, se trouve Antarès du Scorpion.

Ophiuchus est représenté tenant dans ses mains le serpent, dont la tête se redresse vers α d'Hercule, au-dessous de la Couronne boréale. *Voyez* Serpent.

OPPOSITION.

Deux astres sont dits en *opposition* lorsque, vus de la terre, ils se trouvent à 180° l'un de l'autre en longitude et sous le même arc de latitude, dans les régions op-posées.

La lune n'éclaire la terre qu'à peu près le quart du temps que chacun de ses points est privé de la lumière directe du soleil. Si notre satellite avait été créé pour cet usage, il devrait toujours rester en opposition , et se mouvoir à peu près, dans le plan de l'écliptique, avec une vitesse de translation proportionnelle à celle de la terre. C'est une des raisons qui faisaient dire à Alphonse, roi d'Aragon, que, s'il avait assisté au conseil du Créa-teur, le monde eût été mieux ordonné qu'il ne l'est en réalité.

ORBE, ORBITE.

On désigne ainsi la courbe fermée que suit ou paraît suivre un corps céleste dans l'espace.

Cet orbe n'est jamais un cercle régulier, mais une ellipse, un ovale plus ou moins allongé, en raison des forces qui ont déterminé la direction primitive mo-difiée par les attractions que ce corps a subies ou qu'il peut éprouver, soit régulièrement, soit fortuitement.

L'orbite de la terre , toujours parallèle au centre du

soleil, s'appelle écliptique : c'est la trace que cet astre paraît décrire en 365^{j.} 1/4 environ, et que la terre parcourt réellement autour de lui, en s'éloignant davantage d'un côté de cette courbe que du côté opposé. Le soleil n'est donc pas placé au centre du mouvement de translation, mais seulement à l'un de ses foyers mobiles.

Entre ces points, la différence de distance est d'environ 600,000 myr. (1,500,000 lieues), et l'axe le plus grand a 30,000,000 de myr. (76,000,000 de lieues).

L'orbe lunaire est plus excentrique et plus compliqué dans sa direction comme dans son plan. *Voyez* Lune, Planètes, etc.

ORIENT.

L'un des quatre points cardinaux, également éloigné du nord et du midi, et vers lequel le soleil paraît se lever aux équinoxes.

ORIENTATION.

On *oriente* une lunette, un cadran ou tout autre appareil d'observation, en dirigeant leur plan ou leurs axes de vision dans la direction de la méridienne ou de toute autre ligne.

ORION.

C'est la plus belle de nos constellations, qu'on peut admirer *le soir* dans les mois d'hiver vers l'orient, et vers l'occident au printemps.

Elle se compose principalement d'un grand quadrilatère ayant deux étoiles de première grandeur : *Bételgeuse* ou Adaher à gauche et au nord ; *Rigel*, à l'angle

opposé. *Bellatrix*, de deuxième grandeur, marque l'angle
au-dessus de Rigel, et $\varkappa$, de troisième grandeur, le quatrième angle. Au milieu sont trois secondaires en ligne
oblique, qui s'appellent *le Baudrier*, ou *les trois Rois*.
L'étoile du milieu est *Anilam; Mintaka* est à droite, et
Alnitak à gauche; les deux premières sont doubles,
ainsi qu'une quartaire σ, voisine d'Alnitak et un peu
au-dessous à droite. Au-dessous du Baudrier on voit
une file d'étoiles qui forment l'épée d'Orion, terminée
par une tertiaire nommée *Thabit*. Au-dessus de la garde
de cette épée l'on peut distinguer avec une forte lunette
six étoiles, dont deux infiniment petites, paraissant
composer un système particulier au centre d'une magni-
fique nébuleuse. *Voyez* fig. 2, pl. II.

OSCILLATIONS.

Le mouvement de va-et-vient ou les oscillations du
pendule varient suivant les lieux, d'après les lois de la
pesanteur; elles ont ainsi donné le moyen de mesurer
la différence des rayons du globe terrestre entre le
pôle et l'équateur.

Ces oscillations prouvent aujourd'hui la rotation
même de la terre, par le déplacement progressif que
fait vers l'est un pendule convenablement disposé.

Suivant les nouvelles idées de M. Buisson, les phénomènes de la pesanteur (qu'il distingue de l'impulsion
gravifique) résulteraient d'une *oscillation moléculaire*,
transmise de la surface de l'atmosphère aux couches
inférieures et même à tous les corps, jusqu'au centre
de la terre. *Voyez* PENDULE, GRAVITATION.

OURSES (LES DEUX).

Ces constellations bien connues ne se couchent jamais pour nos latitudes, et prennent toutes les positions en tournant autour du pôle, situé à 1° 38' de l'étoile placée à la queue de la petite Ourse, dans la direction prolongée des *deux gardes* de la grande, marquant les angles du carré au côté extérieur.

On reconnaît de suite la grande Ourse par sept étoiles disposées en *chariot renversé* : quatre forment un carré irrégulier, et trois sont en ligne courbe dirigée vers Arcturus du Bouvier. L'étoile supérieure α des Gardes se nomme *Dubhe*; celle ζ, au milieu de la queue, se nomme *Mizar*; une autre étoile, nommée *Alcor*, est à 11' 48" de celle-ci, et visible à l'œil nu pour quelques personnes. Elle est appelée *le Témoin* par les Arabes, parce qu'en effet il faut une très-bonne vue pour la distinguer. L'étoile ε, proche du carré, est variable, ainsi que la polaire. La dernière de la queue, η, est Alkaïd.

En avant des Gardes, la tête de l'Ourse est indiquée par de très-petites étoiles, et les pattes sont marquées par cinq quartaires, dont deux vers le Lynx et trois vers le petit Lion.

La petite Ourse (*le petit Chariot*) présente absolument la même disposition que la grande, mais dans un sens inverse. On attribue à Thalès la découverte de l'étoile polaire placée à l'extrémité de la queue dans les figures de cette constellation : c'est l'étoile qu'on appelait *la Tramontane*, et qui est le meilleur point pour s'orienter la nuit, parce qu'il indique toujours le nord, et par conséquent les autres points cardinaux.

Il est digne de remarque que les habitants du nord

aient eu le même nom pour désigner cette constellation que les peuples du midi de l'Asie et de l'Égypte,
quand ces différents peuples semblaient inconnus les
uns aux autres; car les sept étoiles de l'Ourse peuvent aussi bien représenter tout autre objet qu'un tel
animal.

P

PALLAS, ♀.

Petite planète reconnue par Olbers le 28 mars 1802 :
l'inclinaison de son orbe étant de 34° 35′ 49″, c'est la
planète qui s'écarte le plus de l'écliptique. Cette orbite
se croise en deux points avec celle de Cérès, l'un vers
la Vierge et l'autre vers la Balance; ce qui rend possible la rencontre de ces deux corps célestes, et fait supposer qu'ils ont une commune origine.

La révolution sidérale de Pallas est de 1686ᴶ, et sa
distance moyenne au soleil d'environ 38 millions de
myriam. (94 millions de lieues).

PAQUES.

Suivant les décisions de l'Église, supposant que l'é-
quinoxe arrive toujours le 21 mars, cette fête doit se cé-
lébrer le premier dimanche après la pleine lune ecclésiastique et celle qui suit effectivement le 20 mars. Ainsi
elle ne peut pas tomber avant le 22 de ce mois, comme
en 1818; ni plus tard que le 25 avril, ainsi que cela
est arrivé en 1734.

PARABOLE.

Ligne courbe et ouverte dont les extrémités, se prolongeant à l'infini, s'écartent de plus en plus du foyer primitif.

Un certain nombre de corps cométaires paraissent affecter les éléments de cette courbe qui les éloigne de notre système solaire pour un temps illimité, et peut même les faire tomber dans une autre force attractive, capable de les enlever définitivement à notre monde solaire.

PARALLACTIQUE.

La machine ainsi nommée est fort utile et fort usitée dans les observations astronomiques : elle se compose principalement d'une tige parallèle à l'axe de la terre et mobile autour d'un cercle gradué, fixé perpendiculairement à la tige, près de laquelle, et sur le même plan, est un autre cercle de division pour marquer les angles que fait, avec l'axe de la terre, l'étoile qu'on veut observer.

Un mécanisme fait tourner à la fois la tige, la lunette et le cercle latéral sur le cercle perpendiculaire, de manière à suivre dans son mouvement la direction de l'étoile, qui se trouve toujours ainsi dans le champ de la lunette.

On peut avec cet appareil, qui porte aussi le nom d'*équatorial*, fixer exactement la méridienne, constater les arcs parcourus dans un temps donné, distinguer les planètes et les comètes des étoiles, etc., etc.

Une inégalité dans le mouvement lunaire, lorsque notre satellite arrivant en conjonction avec le soleil en est attiré davantage, se désigne aussi sous le nom de *parallactique*. Son étendue est d'environ 2′ de degré en longitude, et sa période est renfermée dans la lunaison, c'est-à-dire dans une révolution synodique.

Les perturbations occasionnées par l'attraction réciproque des planètes sont encore des *mouvements parallactiques* qui déforment les orbites, en faisant varier la
position de leurs foyers proportionnellement aux forces
attractives qui sont en présence.

L'illusion qui s'empare de nous lorsque, voyageant
avec vitesse sur un chemin de fer élevé, nous fixons
nos regards sur un point un peu distant, est un *effet parallactique;* alors les objets les plus éloignés autour de
ce point paraissent avancer avec nous, tandis que ceux
les plus proches semblent s'éloigner en sens contraire;
ou plutôt toute la campagne semble tourner autour du
centre vers lequel notre vue cherche à s'arrêter.

La nuit, cela nous fait reconnaître que sur deux lumières en mouvement, celle qui paraît s'avancer dans
notre direction en laissant l'autre derrière, est à coup
sûr la plus éloignée de nous. *Voyez* Unité.

PARALLAXE.

Ce mot exprime la distance d'un astre à la terre, ou
plus exactement l'angle sous lequel, du centre de cet
astre, *on verrait* le diamètre de notre globe.

La géométrie élémentaire enseigne comment on peut
suppléer à l'impossibilité d'une telle observation.

Rappelons d'abord que deux angles d'un triangle
étant connus, l'on a la valeur du troisième, qui est le
complément de 180 degrés; ensuite, que si l'on connaît
de plus l'un des côtés de ce triangle, les deux autres
sont nécessairement indiqués.

Cherchons maintenant à faire comprendre comment
deux observateurs éloignés sous le même méridien,
prenant le même jour, à midi, l'angle que le soleil fait

avec le zénith, cette simple opération peut suffire à trouver sa parallaxe.

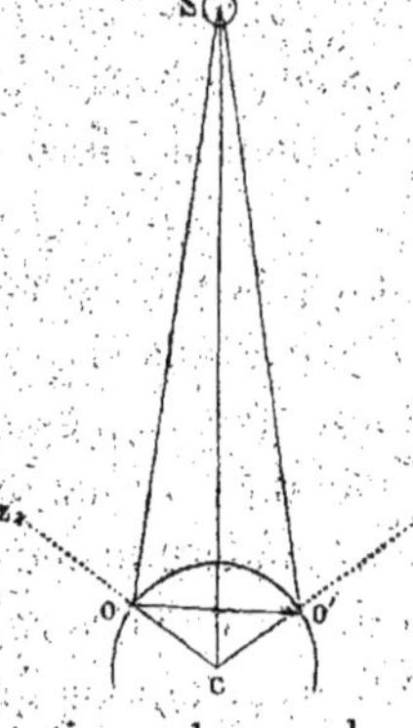

Soient (figure ci-contre) S le soleil, C le centre de la terre, O et O' les points d'observations, Z, Z' le zénith de chacun de ces points.

L'on voit que la corde O, O' forme *un triangle* avec les lignes menées des stations au centre du soleil, où autrement : que OC et O'C, rayons de la terre, sont la mesure de l'angle OCO', différence dans la latitude connue des deux stations ; les angles SOC, SO'C formés par les directions au soleil et au centre de la terre sont aussi connus : on doit donc avoir la valeur de l'angle OSO', qui est celle totale des angles OSC, O'SC, ayant ensemble le demi-diamètre de la terre pour mesure.

On voit de plus que les deux triangles SOC, SO'C, formés par la diagonale SC du soleil au centre de la terre, ont chacun un côté connu, puisqu'il est le rayon de la terre.

Il ne s'agit donc plus que de savoir combien de fois le côté SC, commun aux deux triangles, contient ce rayon, qui est de 640 myr. *La figure exactement faite,* on trouve 24,096 fois, ce qui donne environ 15 millions et demi de myr. pour distance de la terre au soleil, ou pour la valeur angulaire qu'aurait le diamètre de notre globe, s'il était *vu du soleil.*

On a obtenu plus exactement encore la parallaxe de cet astre par les divers passages de Mercure et de Vénus sur son disque, ainsi que la parallaxe relative de ces deux planètes. La moyenne ayant été trouvée de 8″ 6,

et la parallaxe de Vénus de 30″, la parallaxe relative
est alors de 21″,4.

La parallaxe de la lune obtenue par les mêmes moyens
a donné 60 fois le rayon terrestre, ou 38,400 myr.
(96,000 lieues).

Aristarque de Samos, supposant cette distance connue, avait imaginé de calculer celle du soleil au moment
où l'ombre de la lune était perpendiculaire à la direction du satellite au soleil. L'observateur avait alors un
angle droit ou de 90°, dont le sommet était à la lune ;
l'angle formé par les lignes de la terre au soleil et à la
lune était aussi connu ; le troisième côté du triangle
était donc le complément à 180°. Comme l'un des côtés
(distance de la lune à la terre) était supposé connu,
ce géomètre avait ainsi obtenu la parallaxe du soleil
aussi exactement que les instruments imparfaits et la
mesure qui lui servait de base pouvaient la donner à
cette époque.

La parallaxe de *hauteur* se distingue de la parallaxe
horizontale, en ce qu'elle a de moins *le rayon de la
terre*, que l'on déduit de cette dernière lorsqu'on en fait
usage.

On objectait principalement au système de Copernic
qu'en se déplaçant sur la terre, et plus encore dans ses
positions opposées, si elle circulait autour du soleil,
son axe devait répondre dans le ciel à des étoiles différentes, tandis que l'étoile polaire se voyait toujours
dans la même direction. Comme aujourd'hui, on répondait alors par l'exemple d'un objet très-éloigné, qui
ne paraissait pas changer de place pour un observateur
marchant dans un cercle fort restreint : la distance prodigieuse des étoiles, maintenant prouvée et mesurée
exactement, renverse tout à fait cette objection.

Il était impossible d'obtenir directement la parallaxe des étoiles, tant que les instruments, même en prenant l'orbite de la terre pour base, ne mesuraient pas avec précision des angles au-dessous d'*une minute de degré;* cette valeur angulaire *prouvait seulement* que ces astres étaient éloignés de plus de 3,438 fois 38 millions de lieues, demi-diamètre de cette orbite.

Quand les mesures micrométriques furent poussées jusqu'à *une seconde de degré*, et qu'on put s'assurer qu'aucune étoile ne supportait une aussi faible parallaxe, on fut certain que ces astres étaient *au moins* à 206,000 fois 38 millions de lieues.

Ce résultat positif obtenu était déjà satisfaisant; mais bientôt des instruments de Frauhoffer, qui mesuraient des angles d'*un dixième de seconde*, permirent de résoudre complétement le problème, puisque cette quantité, représentant plus de *deux millions de fois* 38 *millions de lieues*, était moindre que la valeur angulaire supportée par un grand nombre de ces astres.

La parallaxe, ou la distance des étoiles, ne s'est pas trouvée, comme on le supposait, en proportion de leur grandeur apparente : ainsi α du Centaure, dont la parallaxe est la plus grande qui soit connue, n'est pas plus brillante que α de la Lyre, dont la parallaxe est cependant cinq fois plus petite. Arcturus, qui est de première grandeur, a une parallaxe trois fois plus petite que la soixante-et-unième du Cygne, étoile de sixième grandeur à peine visible à l'œil nu, et la première dont la parallaxe fut déterminée par Bessel après trois années d'observations.

Il faudrait une trop longue suite de chiffres pour indiquer en myriamètres la distance que donnent ces parallaxes; mais on peut s'en faire une idée quand on sait qu'à raison de 80,000 lieues par seconde, il faut à la lumière émise par cette dernière étoile près de *dix années* pour nous parvenir, et à celle d'Alcyone cinquante fois cette durée, ou près de cinq cents ans !

Voici les parallaxes de quelques étoiles, selon l'ordre dans lequel elles ont été calculées :

α du Centaure.	0″,913	Arcturus du Bouvier. .	0″,127
61ᵉ du Cygne.	0,374	α de la Lyre.	0,207
Sirius.	0,230	Polaire.	0,106
Étoile d'Argelander. .	0,224	La Chèvre.	0,200
(N⁰ 1830 de Groombridge).		Alcyone des Pléiades . .	0,0065
ι de la grande Ourse. . .	0,200		

Ces résultats indiquent *avec certitude* que les étoiles les plus brillantes ne sont pas les plus voisines de notre monde solaire.

PARALLÈLES.

La rotation diurne fait supposer que le soleil décrit chaque jour des cercles *parallèles* à l'équateur terrestre, dont il semble se rapprocher et s'éloigner alternativement de l'un à l'autre des solstices.

Sous nos latitudes les arcs de cercle ne dépassent jamais une étendue moyenne ; mais si l'on s'avance vers les pôles, on les voit s'agrandir et même s'effectuer complétement sur l'horizon, que le soleil ne quitte plus pendant quelques mois.

Ces *parallèles* marquent les degrés de latitude ; et deux villes sont dites sous le *même parallèle*, lorsqu'elles se trouvent, quoique sous des longitudes très-différentes, à la même distance de l'équateur, d'où se comptent, de 0 à 90°, les divisions et subdivisions de la surface de la terre entre l'équateur et les pôles.

PARANATELLON.

Cette expression désignait en Égypte les constellations *se levant ensemble*, c'est-à-dire qui bordaient l'horizon au moment où le soleil entrait dans l'un des signes du zodiaque.

Les principales fables des Grecs ont été tirées de ces phénomènes : l'astre qui se levait *triomphait* de celui qui se couchait, ou celui-ci *donnait naissance* à l'autre.

La précession des équinoxes a modifié la position relative des constellations, qui dans les temps anciens étaient ensemble sur le même horizon.

En changeant de latitude, les paranatellons changent aussi ; et c'est ce qui a prouvé que certaines projections de la sphère céleste n'étaient pas le résultat des observations des hommes auxquels on les avait attribuées.

PARASÉLÈNE.

Phénomène produit par réfraction dans les vapeurs de l'atmosphère, et présentant des images *semblables à la lune* aux bords des halos, ou couronnes lumineuses qui accompagnent ordinairement ces fausses lunes.

Pline fait mention de trois lunes qu'on aperçut à Rome l'an 632 de sa fondation ; on en vit autant à Rimini 234 ans avant J.-C.

Le 19 août 1850, à 8 heures 1/2 du soir, la lune étant près du méridien et entourée d'un cercle, on a distingué à Namur, pendant 5^m, sur le bord oriental, une autre lune qui s'est allongée en forme de cône, et s'est effacée en deux minutes ; l'image opposée n'a pas été visible.

PARHÉLIE.

Les mêmes causes qui produisent les parasélènes ou les fausses lunes donnent les parhélies ou les soleils apparents, que le vrai soleil réfracte quelquefois sur les vapeurs nuageuses lui étant opposées.

Cet effet de réfraction est ordinairement accompagné de halos, couronnes lumineuses dans lesquelles les rayons rouges et jaunes sont du côté du soleil, tandis que les rayons bleus et violets sont de l'autre côté.

Ces couronnes sont parfois multiples; on cite une observation de 1629, à Rome, où l'on vit en même temps cinq soleils, et même une de six à Arles en 1666.

Tout récemment (le 9 mai 1851), à Uzès et dans les environs de cette ville, un grand nombre d'habitants armés de verres colorés ont vu, de 6 heures à 7$^{h.}$ 1/2 du matin, un second soleil très-éclatant, à environ 25 degrés au-dessus du véritable, qui se distinguait aussi nettement dans la brume; 25 degrés au-dessus, se montrait encore un troisième soleil, plus éclatant et lançant des jets lumineux; enfin, à une grande distance, se voyait un quatrième astre de même grandeur que les autres, mais obscur et mal défini.

Entre le deuxième et le troisième parhélies se trouvait une portion d'arc-en-ciel très-prononcé.

PARTHÉNOPE.

Petite planète découverte, le 11 mai 1850, par M. Gasparis de Naples; elle fait sa révolution en 3^{ans},8279 dans une orbite inclinée de 4°36′ 51″ sur l'écliptique, à une distance moyenne d'environ deux fois et demie la distance de la terre au soleil.

PASSAGES.

La lunette *méridienne* s'appelle aussi *des passages*, parce qu'elle indique l'arrivée des astres au méridien vers lequel elle est dirigée.

Les passages inférieurs ont lieu entre l'horizon et le pôle ;

Les passages supérieurs, entre celui-ci et le point opposé de l'horizon.

Lorsqu'un satellite se projette sur sa planète, ou quand une petite planète passe entre la terre et le soleil, ces émersions s'appellent aussi des passages. Ceux de Vénus sur le soleil durent 7^h 52 à 54^m, lorsqu'ils ont lieu par le centre de cet astre : ils donnent ainsi le moyen d'obtenir leurs parallaxes. Kepler, en annonçant un de ces passages, ne le considérait que comme une curiosité astronomique ; ce fut Halley qui en montra toutes les conséquences, à l'occasion de ceux de 1761 et 1769.

PÉGASE (LA GRANDE CROIX).

Constellation dans laquelle trois étoiles de deuxième grandeur forment avec celle placée à la tête d'Andromède un grand carré opposé à celui de la grande Ourse, de l'autre côté du pôle nord ; elle se trouve par conséquent un peu au-dessous et à droite de Cassiopée. La base méridionale de ce quadrilatère se termine à gauche par *Algenib,* et à droite par *Markab ;* à l'angle au-dessus de cette dernière est *Scheat,* et en face *Sirrah,* étoile d'Andromède.

Les deux autres secondaires d'Andromède, qui sont, ainsi que celle de Persée, équidistantes sur la même courbe, offrent, avec les étoiles de Pégase, l'aspect de la grande Ourse, mais en sens inverse et dans une dimension plus étendue. Une secondaire ε se trouve sur la continuation de la base inférieure du carré ; une tertiaire η est à droite, et un peu plus au nord que Scheat ; une autre tertiaire ζ est située au bas et à droite de Markab.

PENDULE.

Les oscillations d'un même pendule sont plus lentes sous l'équateur que vers les pôles ; ce qui prouve que les corps y pèsent davantage, et que le centre de gravité y est plus près de la surface.

Selon la théorie, la différence des rayons terrestres n'exigerait qu'un raccourcissement de 3 millim. 60, pour que le pendule qui bat *les secondes* à l'équateur les batte encore sous les pôles : et cependant il est reconnu qu'il faut le raccourcir de 5^m,50, pour y obtenir *cette durée* entre chaque oscillation.

Cet excédent est attribué à la force centrifuge très-grande à l'équateur, où chaque point doit parcourir dans la rotation diurne un cercle très-étendu, tandis que sous les pôles chaque point de la surface n'a qu'un très-petit cercle à effectuer dans le même temps.

C'est au moyen de cet instrument, inventé par Galilée, et dont un de ses disciples, *Viviani* de Florence, avait fait remarquer la déviation constante *vers l'orient*, que M. Foucault a récemment démontré le mouvement de la terre.

Si notre globe était immobile, un pendule écarté de son centre de gravité, et rendu à la force de pesanteur, reviendrait vers les deux mêmes points à chacune de ses oscillations, jusqu'à ce que l'action de cette force qui l'attire au centre de la terre l'ait fait demeurer en repos.

Comme les pendules publiquement exposés dévient toujours *vers la gauche*, dans le sens de la rotation de la terre, il est évident que cette cause produit l'effet observé.

Sous l'équateur, les oscillations libres d'un pendule étant parallèles au mouvement de rotation, il n'y a point d'écart vers l'est ni vers l'ouest, et le balancement s'effectue comme si la terre était réellement immobile.

Sous les pôles, la déviation serait aussi insensible, parce que le mouvement très-lent de rotation est perpendiculaire. C'est donc la latitude de chaque lieu qui détermine l'étendue de cette déviation.

D'après de récentes expériences faites au Panthéon, ainsi que celles de M. Foucault, le pendule n'est pas exactement perpendiculaire à la surface des eaux tranquilles ; on a reconnu, pour une hauteur de 57 mètres, une déviation boréale de 4 millimètres 1/3 sur l'image verticale réfléchie par un miroir de mercure.

D'autres observations, avec un pendule de 20^m seulement, ont fait reconnaître une différence d'un quart d'heure pour 25° de déviation en $2^h,376$, à partir de la méridienne, et en $2^h,110$, à partir de la perpendiculaire à cette ligne. Ce ralentissement est attribué à la force centrifuge, qui tendrait à écarter le pendule de la perpendiculaire. *Voyez* FIL A PLOMB.

PÉNOMBRE.

État intermédiaire qui se remarque toujours entre l'ombre pure et la lumière, dont les rayons se réfractent en partie sur les limites de l'espace qui n'est pas directement éclairé.

Dans ses éclipses, la lune commence par nous mon-

trer un éclat plus affaibli, avant que les parties de
son disque soient successivement cachées par le cône
d'ombre de la terre; il en est de même à la fin de
ces phénomènes. Cette pénombre existe aussi pendant
les éclipses de soleil.

On corrige l'inconvénient de ces pénombres en per-
çant l'extrémité des gnomons ou les plaques des cadrans solaires, de sorte que l'heure est alors plus nettement indiquée par un très-petit point lumineux.

Les images réfractées par les objectifs des grandes
lunettes sont aussi entourées de pénombres qui gênent
les observations.

Les pénombres qui attirent particulièrement l'attention des astronomes sont celles bordant les taches
du soleil, et manquant quelquefois, surtout entre les
taches très-voisines. En admettant que cet astre soit enveloppé de deux atmosphères, et que celle lumineuse et
extérieure vienne à s'écarter ou à se soulever, les pénombres seraient alors les portions rendues visibles de
la photosphère intérieure, obscure relativement à la
première; si les deux atmosphères s'écartent à la fois,
on distingue alors le corps encore plus obscur du soleil
sous la forme d'une tache noire sans pénombre, ou
avec une pénombre si étroite, qu'il est fort difficile de
l'apercevoir.

PÉRIGÉE.

C'est l'un des apsides, ou le point d'une orbite opposé à l'apogée ou aphélie. La terre est à son périgée
ou périhélie vers le solstice d'hiver; alors elle se trouve
au plus près du soleil, et sa translation se fait avec la
plus grande vitesse; le diamètre apparent du soleil est
aussi plus grand qu'à toute autre époque, quoique sa

chaleur soit plus faible, en raison de l'obliquité avec laquelle ses rayons nous arrivent.

PÉRIODES.

Pour mesurer le temps en le faisant coïncider avec les phénomènes célestes qu'ils croyaient immuables, les anciens peuples ont tous cherché et adopté des *périodes* ou cycles devant renfermer tous ces phénomènes, et les ramener dans le même ordre pendant les périodes suivantes.

Ces idées ont donné lieu à la fable du phénix, au retour de l'âge d'or, aux prédictions de la fin du monde, et à d'autres erreurs répandues dans l'antiquité et le moyen âge.

La *grande année* des anciens a été différemment interprétée : selon Bérose, elle avait commencé lorsque les sept planètes alors connues s'étaient trouvées en conjonction ou sur la même ligne, ainsi que le soleil, la terre et la lune le sont pendant les éclipses ; cette grande année devait finir quand toutes les planètes se trouveraient de nouveau en conjonction. Pingré avait calculé que cette position pouvait se reproduire après 25 millions d'années ; mais alors on n'avait pas trouvé les quatre petites planètes dites astéroïdes, découvertes au commencement du siècle courant. Les dix autres acquisitions de ces dernières années démontrent l'impossibilité d'une semblable position de tous ces corps, même dans une durée incalculable.

Les Chaldéens avaient plusieurs périodes, dont celle nommée *Saros* comprenait 235 lunaisons, pendant lesquelles toutes les éclipses avaient lieu et revenaient *à peu près* aux mêmes dates dans les périodes suivantes. C'est le même cycle que Méton avait expliqué aux

Grecs, et dont les Athéniens avaient fait graver les calculs en lettres d'or, pour mieux les conserver.

Les Égyptiens et les Perses avaient adopté une période de 1461 ans, nommée sothiaque, parce que le lever héliaque de Sirius, alors appelé Sothis, revenait coïncider avec le premier jour de l'année civile, à la fin de cette période.

Géminus, contemporain de Sylla, attribue aux Chaldéens une période de 19,156 jours, pendant laquelle la lune faisait 669 révolutions, pour se retrouver dans la même position relativement au soleil. Cette indication est le plus ancien document astronomique avant l'école d'Alexandrie.

Les Indiens, qui suivaient la méthode des intercalations, faisaient cette période de quatre fois 365 ans, ou de 1,460 années.

La période sothiaque est aussi l'origine de la mystérieuse révolution de 36,525 ans, qui renferme précisément autant d'années que l'année renferme de jours.

Josèphe attribue aux patriarches une période de 600 ans, en usage avant le déluge; Cassini a calculé que 7,421 révolutions lunaires correspondaient à 600 années solaires de 365^j 5^h 51^m 36^s, durée qui ne diffère pas de trois minutes avec l'année actuelle. Cette période sexagésimale était répandue chez les plus anciens peuples connus; celle de 3,600 ans, des Babyloniens, avait sans doute aussi une origine antédiluvienne.

Notre période grégorienne est de 400 ans; mais, comme toutes les précédentes, elle est sujette à rectification, parce que d'abord on a donné une durée un peu trop grande à chaque lunaison; il en résulte que ce n'est pas après 312 ans 1/2, mais après 307 ans 929, qu'on trouve un jour d'excédent. Ensuite, parce que la lune éprouve des variations séculaires qui ont été négligées.

PERSÉE.

Constellation placée entre Cassiopée et le Cocher. Elle se distingue à une étoile de 2me grandeur qui continue la courbe formée par les quatre secondaires de Pégase et d'Andromède. Cette *luisante*, nommée Mirfak, est double, et fait avec deux tertiaires un arc dont la prolongation conduit à la Chèvre. *Mirfak* passe au méridien onze heures après la dernière des trois étoiles formant la queue de la grande Ourse.

Une changeante nommée *Algol*, ou la tête de Méduse, se trouve à 10° au-dessous de l'arc; et encore plus bas on distingue un petit triangle formé par deux quartaires et une étoile de cinquième grandeur.

Au-dessus de γ, vers Cassiopée, les lunettes font apercevoir plusieurs petites nébuleuses.

PERSPECTIVE.

Les règles de la perspective donneraient la distance relative des étoiles, si tous ces astres étaient en réalité de la même grandeur. Mais il n'en est pas ainsi, et les parallaxes déjà connues prouvent que les étoiles paraissant avoir le même éclat ont des diamètres fort différents.

On a remarqué qu'un feu ayant un mètre de largeur offrait, à 5 myriamètres d'éloignement, l'aspect d'une étoile de troisième grandeur.

La surface de la terre perceptible des lieux élevés est proportionnelle à la perpendiculaire; ainsi MM. Biot et Gay-Lussac, dans leur ascension aérostatique jusqu'à 7,000 mètres, ont pu embrasser une étendue de 2,200 myriamètres, ou la 4000me partie de la surface totale du globe.

A une élévation de 1^m,624 (5 pieds), la vue peut s'étendre à 4,180^m (un peu plus d'une lieue.)

De 3^m,25 (10 pieds) d'élévation, on peut voir jusqu'à près de. . . . . 6,000^m (1 lieue 1/2);

De 16^m,24 (50^p), jusqu'à 13,250^m (3 lieues 1/3);

De 162^m,43 (500^p), jusqu'à 41,860^m (8 lieues 1/2);

De 259^m,87 (800^p), jusqu'à 52,930^m (13 lieues 1/4).

PERTURBATIONS.

Les mouvements planétaires ne sont qu'à peu près soumis aux lois de Kepler; ils éprouvent des *perturbations* et des irrégularités, merveilleusement expliquées par l'attraction newtonienne.

Ainsi les perturbations de l'orbite lunaire, qui ne pouvaient se comprendre auparavant, dépendent évidemment des attractions alternatives et combinées du soleil et de la terre.

Les satellites de Jupiter éprouvent les effets de cette force, qui règle et modifie leurs mouvements de translation ; Saturne et Jupiter se troublent mutuellement, et la vitesse de l'un s'accélère quand le mouvement de l'autre se ralentit ; la période de ces perturbations réciproques est de neuf cent dix-huit ans.

L'action de Vénus et la masse de Jupiter déplacent aussi l'écliptique, c'est-à-dire la régularité de l'ellipse de la terre autour du soleil ; les autres planètes, quand elles arrivent en conjonction, ajoutent à l'attraction solaire, et occasionnent des perturbations séculaires qui après un certain temps se balancent, pour recommencer ensuite dans le même ordre et avec la même étendue.

20

N'oublions pas que c'est à *une perturbation*, dont M. Leverrier recherchait la cause, que l'on doit la découverte de la planète de Neptune.

PESANTEUR.

Au temps d'Hésiode, on avait déjà certaines idées sur la chute des graves, puisque, dans sa *Théogonie*, il dit que la foudre dont Jupiter terrassa les Titans mit neuf jours et neuf nuits à tomber sur eux.

Aristote avait enseigné que les corps tombaient avec une vitesse proportionnelle à leur poids; ce fut Galilée qui, faisant tomber du haut de la tour de Pise des boules de même densité et de poids très-différents, prouva l'erreur d'Aristote, passant alors pour aussi infaillible en physique que le pape en matière religieuse. Simplicius avait déjà enseigné que les corps célestes ne tombaient pas, parce qu'une force centrifuge dominait la force qui les attirait en bas.

Copernic attribuait la gravitation au soleil, comme centre du monde.

Kepler calcula les forces de l'attraction réciproque de la terre et de la lune en raison de leur masse, c'est-à-dire de la quantité des particules de matière agglomérées qu'elles contiennent.

Suivant les lois de l'attraction newtonienne, les corps tombent vers le centre d'attraction avec une vitesse qui s'accroît comme *le carré des temps*; si, par exemple, la chute est de 2^m dans la première seconde, elle devient de 4^m dans la deuxième seconde, de 9^m dans la troisième, de 16^m dans la quatrième, etc.; sur la terre et dans la première seconde, les corps tombent dans *le vide* de $3^m,66$; sur la lune, de 1^m; d'environ 13^m sur Jupiter, et de 132^m sur le soleil.

En raison du renflement de la terre à l'équateur, la pesanteur étant un peu moins grande sous les pôles, un corps qui pèserait 290$^{kil.}$ à l'un de ces points n'en pèserait plus que 289, s'il était transporté à l'équateur.

La force centrifuge qui ajoute un peu à cet effet venant à s'augmenter de 17 fois, ou, en d'autres termes, si une cause quelconque faisait tourner la terre 17 fois plus vite, tous les corps mobiles à sa surface s'échapperaient dans l'espace, comme s'ils étaient lancés par un volcan.

La vitesse actuelle de rotation n'a aucun effet sur la chute des corps tombant d'une petite hauteur : mais d'un sommet très-élevé, où la vitesse est plus grande qu'à la base, cette rotation fait dévier les graves d'environ 15 centimètres pour 100^{m}.

La pesanteur agit dans le vide absolu avec la même intensité sur tous les corps : une plume y tombe avec la même vitesse qu'une balle de plomb, et toutes les planètes supposées en repos à la même distance du soleil descendraient vers lui avec une égale vitesse, malgré leur différence de volume, de masse et de densité. *Voyez* GRAVITÉ, ATTRACTION.

PHASES.

Lorsque la terre est entre la lune et le soleil, tous les habitants du globe ont la *pleine lune* dès qu'elle arrive à leur méridien ; dans la position contraire, ils ne peuvent voir la face éclairée qu'elle présente au soleil : c'est alors la *néoménie* ou *nouvelle lune*, qui se lève et se couche pendant que le soleil est sur l'horizon. Sept jours après, la lune passe au méridien à 6 heures du soir, sous la forme d'un croissant dont la convexité est à droite ; c'est alors le premier quartier ou la quadrature. Le dernier quartier a lieu sept jours après la pleine lune, sous la forme d'un croissant tourné à gauche, passant au méridien à 6 heures du matin.

Ces positions se succèdent en 29^{j} 12^{h},734; et s'indiquent à l'avance, pour une année quelconque, par des calculs très-simples, en ayant égard aux bissextiles.

On peut distinguer les phases de Mercure, de Vénus et de Mars; mais les autres planètes trop éloignées paraissent seulement plus ou moins brillantes, selon leur position relativement à la terre et au soleil.

PHÉNIX.

L'ancienne fable qui fait renaître cet oiseau de ses cendres n'est qu'une allégorie de la période sothiaque.

Après une vie de 1461 ans on le faisait arriver des Indes, selon les uns; des contrées de la nuit, c'est-à-dire des *contrées boréales*, selon les autres, pour se brûler dans le temple d'Héliopolis aux feux du soleil, et recommencer une vie nouvelle de la même durée.

PHOTOGRAPHIE.

Cette science, qui ne cesse de perfectionner ses procédés, paraît appelée à rendre de très-grands services à l'astronomie.

Elle obtient déjà des images de la lune et du soleil qui sont d'un grand intérêt sous le rapport des comparaisons qu'elles permettent de faire entre des épreuves obtenues à des intervalles différents.

Pendant l'éclipse du 28 juillet de l'année 1851, on a obtenu presque instantanément, au moyen de procédés particuliers, des images daguerriennes qui indiquent *matériellement* une action moins intense des rayons lumineux émanant des *bords* du soleil, que du faisceau provenant du *centre* de cet astre.

PHOTOMÉTRIE.

Cette branche de l'optique a pour but l'appréciation comparative de la lumière des corps cosmiques.

Selon une lettre de Lesage à la Condamine, Lambert aurait eu la première idée de ces observations, dont quelques astronomes, et entre autres notre savant Arago, se sont fort occupés.

Comme il est plus que probable que tous les corps célestes se déplacent dans l'espace, il serait très-important de fixer avec exactitude l'intensité lumineuse de chacun de ces corps, pour juger, par la différence qui serait constatée dans l'avenir, l'étendue des mouvements respectifs qui auraient eu lieu.

Jusqu'à présent il n'existe aucun moyen de mesurer directement la lumière de deux corps célestes ; mais on peut ramener la plus forte à la plus faible, en combinant la distance des verres de deux lunettes, et jugeant ainsi, par comparaison, de combien l'une surpasse l'autre.

Arago a fait voir que deux lentilles placées l'une sur l'autre donnent autour de leur point de contact, par voie de réflexion et de transmission, des anneaux colorés dont les nuances *complémentaires se neutralisent* quand la lumière réfléchie devient égale à la lumière transmise par les deux corps qu'il s'agit de comparer.

C'est alors le degré d'éloignement ainsi produit qui permet d'apprécier la différence réelle d'intensité lumineuse entre les corps observés.

PHOTOSPHÈRE.

On désigne ainsi l'enveloppe gazeuse d'un corps sphérique, c'est-à-dire l'atmosphère qui l'environne ; celle du soleil est double, et de nature différente ; la première

paraît nuageuse, et destinée à garantir sa surface de
l'éclat et de la chaleur, qu'elle devrait éprouver, si
l'enveloppe gazeuse et extérieure qui nous envoie ses
rayons la frappait directement.

PIAZZI.

Astronome né à Palerme, où il découvrit la planète
de Cérès le 1ᵉʳ janvier 1800, en travaillant à un catalogue d'étoiles. Il est mort en 1826.

PINNULES.

Ouvertures qui se correspondent horizontalement aux
points opposés d'un cercle ou d'un support. On a trouvé
de tels instruments établis sur une grande dimension
pour observer les astres chez les anciens peuples; mais
ils ne leur étaient pas d'un grand secours, et, sans l'invention des lunettes, l'astronomie serait encore à peu
près ce qu'elle était alors.

PLANÈTE.

On donne ce nom aux corps célestes qui, n'étant pas
lumineux par eux-mêmes, empruntent dans notre
système tout leur éclat du soleil; on les distingue des
étoiles en ce qu'elles scintillent moins à la vue simple
que ces astres, surtout à une certaine hauteur.

Les anciens peuples ne connaissaient que sept de ces
corps, dont les jours de la semaine ont tiré leurs noms;
Homère ainsi qu'Hésiode ne citent même que Vénus
dans leurs poëmes, et il ne se trouve aucune observation
sur les planètes dans la série de 1900 ans qui existait
à Babylone à l'époque des conquêtes d'Alexandre.

Artémidore, cité par Strabon et Pline, soutenait,
100 ans avant notre ère, que le nombre de ces corps

était infini, et que leur éloignement seul empêchait de les distinguer. Démocrite avait aussi cette opinion, et Sénèque parle de la possibilité de découvrir d'autres planètes que les cinq alors connues.

Il a fallu dix-huit siècles et l'invention des lunettes pour confirmer ces prévisions de la philosophie.

C'est en 1781 qu'Uranus, considéré d'abord comme une comète par Herschel, vint augmenter le cortége planétaire de notre soleil; les premières années du dix-neuvième siècle en ajoutèrent quatre autres, dites asté-roïdes. Dans ces derniers temps, en outre de la brillante conquête de Neptune, onze petites planètes et trois nouveaux satellites ont porté à quarante-cinq le nombre de ces corps. Les principaux sont : Mercure, Vénus, la terre avec la lune pour compagne; Mars, Jupiter et ses quatre satellites; Saturne avec ses anneaux et huit satellites; Uranus et Neptune, l'un avec six et l'autre avec deux satellites.

Les petites planètes sont : Flore, Vesta, Iris, Métis, Hébé, Astrée, Junon, Cérès, Pallas, Hygie, Parthénope, Clio, Égérie, Irène, et Eunomia.

Les mouvements de rotation et de circulation autour du soleil ont lieu, pour tous les corps qu'on a pu distinctement observer, d'occident en orient; deux des satellites d'Uranus paraissent seuls faire exception à cette règle générale, en circulant à peu près perpendiculairement à l'axe de leur planète, couchée sur l'écliptique.

On a vainement cherché des rapports proportionnels entre les distances, les volumes, les densités, la vitesse rotative, l'inclinaison des axes et des orbites : il a fallu reconnaître qu'une force unique et régulière n'avait pas créé ni disposé tous ces corps dans l'espace, mais que, partout où le hasard avait mis une anomalie trop grande, la puissance des lois universelles a rétabli la pondération et l'harmonie que nous admirons aujour-d'hui.

John Herschel a essayé de faire mieux comprendre les relations approximatives, entre le volume et la distance des planètes autour du soleil, par la supposition suivante :

Si un globe de 60 *centimètres* de hauteur, représentant le soleil, était placé sur un terrain découvert; *pour figurer proportionnellement les planètes,* il faudrait indiquer :

Mercure, par un grain de moutarde placé à   28 mét.
Vénus, par un pois. . . . . à   50
La terre, par un autre pois. . . . . . à   75
Mars, par une grosse tête d'épingle. . à   114
Les petites planètes, par des grains de
    sable placés depuis. . . . 175 jusqu'à   210
Jupiter serait une moyenne orange. . à   400
Saturne, une petite orange. . . . . . à   644
Uranus, une grosse cerise. . . . . . à 1,205
Et Neptune, une grosse prune. . . . . à 1,610

PLANISPHÈRE.

Une carte céleste des constellations ne peut les représenter exactement, parce que la position relative des étoiles est nécessairement altérée par la projection sur *une surface plane.* Pour établir ces cartes, il faut supposer que l'œil est placé en un point d'où il voit tous les cercles de la sphère qu'on rapporte au plan de projection, et sur lequel l'image de la voûte étoilée est ainsi aplatie; il en résulte que les alignements sont prolongés dans un sens et rapprochés dans l'autre.

Ces planisphères suffisent néanmoins pour reconnaître les principales constellations.

La planche III est un planisphère dont *la projection stéréographique* représente dans leurs formes apparentes les constellations centrales, tandis que celles extérieures sont nécessairement étendues de plus en plus en s'éloignant du centre.

Il existe pour les astronomes des cartes et des catalogues où chaque étoile est indiquée avec précision par son ascension droite et sa déclinaison.

PLÉIADES.

Constellation zodiacale appelée vulgairement *la Poussinière*, parce qu'elle présente à l'œil nu un groupe d'étoiles très-serrées, au-dessus d'Aldébaran, qui marque l'œil du Taureau. Ce groupe était jadis de sept étoiles visibles ; mais l'éclat de l'une d'elles a, dit-on, diminué pendant le siége de Troie. On la nomme *Mérope*, ou l'invisible ; il n'y a en effet que les vues extraordinaires qui puissent aujourd'hui l'apercevoir. Avec une lunette moyenne on distingue dans ce groupe une trentaine d'étoiles, dont le nombre croît avec la force des instruments d'observation. Les grands télescopes montrent plus de cent de ces astres dans une étendue de 15° à l'entour ; soixante paraissent marcher au sud, comme si *Alcyone*, la plus brillante des Pléiades, était leur centre de gravité ; quarante-neuf semblent maintenant stationnaires ; et une seule tourne dans une direction opposée aux premières.

Suivant Mädler, cette constellation serait le centre de gravité de notre univers ; mais une telle opinion, avant d'être adoptée, exige une plus longue observation.

POISSONS (LES), ♓.

Au-dessous et un peu à gauche du grand carré de Pégase, on voit deux files d'étoiles divergeant vers Andromède et le Verseau ; elles forment, avec une tertiaire qui les réunit vers l'équateur, la constellation des Poissons, qui, autrefois, était en Égypte le symbole de la complète inondation du Nil.

Le *poisson austral* est situé sous le Verseau, et porte à sa bouche *Fomalhaut*, belle étoile primaire qui s'élève très-peu sur notre horizon ; c'est vers l'automne que cette étoile peut être plus facilement aperçue.

POLAIRE.

L'étoile portant ce nom, parce qu'elle est *aujourd'hui* la plus voisine du pôle boréal, paraît presque immobile, quoiqu'elle décrive chaque jour autour de ce point un cercle d'environ 3° de diamètre.

On trouve facilement cette étoile, qui est toujours dans la direction prolongée des Gardes de la grande Ourse (les deux dernières du carré), à environ 49° d'élévation. Elle a une compagne de neuvième grandeur, qui en est séparée par un intervalle de 18″ seulement.

Par suite du mouvement de précession qui paraît porter lentement les étoiles vers l'orient, on sait maintenant que c'était ϰ de la constellation du Dragon qui occupait le pôle il y a trois mille cent cinquante ans, et que, dans quelques milliers d'années, ce sera l'une des étoiles de Céphée qui remplacera la polaire actuelle. L'étendue de ce mouvement est de 19″ de degré par année, ou de 1° en cent quatre-vingts ans.

Jⁿ Herschel a fait remarquer que les Pyramides de Gizeh et d'Abousséir ont leurs entrées inclinées de 26 à

27° sur l'horizon ; de sorte que la direction de ces passages se rapportait à la plus basse culmination de l'étoile α du Dragon, la plus remarquable dans le voisinage du pôle, il y a quatre mille années.

Du fond de ces *couloirs* on pouvait donc observer l'étoile *polaire* de ces temps ; et cette circonstance, qui, sans aucun doute, a déterminé l'orientation et les ouvertures de ces pyramides, marquerait ainsi d'une date astronomique irrécusable l'origine de ces immenses constructions.

POLARIMÈTRE.

C'est un polariscope perfectionné et gradué au moyen de plaques dont l'inclinaison peut faire apprécier l'intensité de la lumière polarisée.

POLARISATION.

Un rayon de lumière tombant sur une surface plane de verre ou d'eau tranquille, ne dévie pas de sa route.

Si on le reçoit sur une feuille de spath ou de cristal d'Islande, ce rayon se divise ; une partie du faisceau suit la direction première, l'autre se dévie selon des lois connues. Faisant passer alors chacun des deux faisceaux par un second cristal parallèle au premier, l'un suit la direction primitive, et celui déjà dévié continue sa déviation ; aucun ne se dévie de nouveau.

Que l'on change l'inclinaison du second cristal, les deux rayons vont aussitôt changer de rôle ; le rayon dévié devient direct, et l'autre se dévie.

La lumière change donc de nature suivant certaines circonstances de réflexion ; elle a des côtés différents, des *pôles,* comme les objets aimantés.

C'est en combinant ces propriétés de la lumière que M. Arago a trouvé le phénomène de la polarisation. Avec un polariscope, instrument très-simple de son invention, il prouve : 1° que la lumière naturelle et directement transmise ne donne aucune image polarisée ; 2° que la lumière réfléchie ou polarisée se réfléchit de nouveau en haut ou en bas, mais non sur les côtés. Cela suffit pour démontrer que la lumière du soleil provient d'un gaz, non d'un corps fluide ou solide ; autrement, la lumière des bords, réfléchie sur le disque, offrirait des traces de polarisation.

Ainsi la lumière émise par un corps solide ou fluide incandescent est naturelle, si son incidence est perpendiculaire ; mais si l'incidence est fortement oblique, le polariscope donne deux images colorées. Présenté sous toutes les inclinaisons à un bec de gaz, l'instrument ne donne que des images blanches ; donc le soleil, qui ne donne que des images blanches, est de la même nature que le gaz qui nous éclaire.

La lune, les planètes et même les comètes, dont la lumière est réfléchie, donnent, au contraire, des images colorées : on peut dès lors savoir si un corps céleste est lumineux par lui-même, ou s'il ne brille que d'un éclat emprunté au soleil.

Voici comment un fait qui semble d'abord insignifiant peut conduire à des résultats aussi admirables qu'inattendus.

M. Brewster, avec un polariscope particulier, a reconnu que la lumière d'un ciel bleu, polarisée suivant tel plan, se polarisait dans un plan différent par l'effet de la réfraction d'un nuage.

Reste maintenant à savoir si les astres dont la lumière est polarisée ne peuvent pas encore en conserver une qui leur soit propre, ainsi qu'on le suppose pour Vénus et quelques comètes.

POLARISCOPE.

Instrument avec lequel on éprouve si des rayons lumineux sont directs ou réfléchis : il est composé de deux plaques de spath parallèles, donnant des images blanches ou colorées, selon la nature de la lumière qui les traverse sous une inclinaison d'au moins 35° ; car lorsque l'incidence est perpendiculaire, les corps terrestres échauffés donnent de la lumière naturelle. *Voyez* POLARISATION.

PÔLES.

Les étoiles paraissent tourner en 24 heures autour d'un axe dont les points opposés sont les *pôles célestes ;* le pôle boréal, seul visible sur notre hémisphère, est incliné de 48° 50′ 14″ sur l'horizon de Paris.

Les pôles terrestres correspondent aux pôles célestes, et sont aussi désignés par les noms de boréal ou arctique, et d'austral ou antarctique, à 90° de l'équateur.

POLLUX.

Étoile de la constellation des Gémeaux, entre la première et la deuxième grandeur ; elle se trouve placée en direction avec Castor, étoile secondaire de la même constellation, et la Chèvre, étoile primaire du Cocher. *Voyez* LION.

PRÉCESSION.

L'année sidérale, ou le temps que la terre met à revenir au même point de son orbite, surpasse de 20ˢ 1/3 celui qu'elle emploie pour se retrouver au même équinoxe, intervalle qui renferme l'*année tropique*.

Cette avance, qui change successivement le lieu où l'écliptique coupe deux fois par année l'équateur céleste, fait ainsi rétrograder chaque équinoxe, et constitue *la précession*.

Le défaut de sphéricité de notre globe, ainsi que la vitesse de sa rotation journalière, lui imprime, dans son mouvement de translation autour du soleil, un balancement sur son orbite; l'attraction luni-solaire, combinée avec celle des planètes à leur périhélie, contribue à accroître cet effet, renfermé, selon Laplace, dans une période de vingt-six siècles, ou de 1° en soixante-douze ans $2/10^{mes}$.

L'action de la lune dans cet effet de balancement est estimée à plus de deux fois l'action du soleil.

Deux cents ans avant notre ère, les étoiles du Bélier se levaient le matin du jour où le soleil, traversant l'équateur, marquait l'équinoxe du printemps : par l'effet de la précession, cette époque a lieu maintenant dans les Poissons, et l'équinoxe d'automne dans la Vierge, au lieu d'être annoncée par les étoiles de la Balance.

Au temps de Ptolémée, le soleil venait se réfléchir à midi, le jour du solstice, *au fond* d'un puits de la ville de Syène en Égypte; aujourd'hui cet astre n'en éclaire plus même les bords, ce qui prouve matériellement que la précession modifie l'obliquité de l'écliptique.

PRISME.

Verre à deux surfaces obliques, ayant la propriété de décomposer les rayons blancs de la lumière en sept couleurs principales, qui sont : rouge, orange, jaune, vert, bleu, indigo, et violet.

PROCYON.

Étoile primaire formant avec une tertiaire la constellation australe du petit Chien. Elle se trouve au-dessous des Gémeaux, à l'est et sur la direction prolongée des deux étoiles qui marquent le côté supérieur du trapèze d'Orion.

Les variations observées dans le mouvement propre de Procyon ont fait supposer que cet astre est soumis à l'attraction d'un corps opaque plus puissant, ou peut-être d'un corps lumineux si considérable, que *son attraction* ne permet pas aux rayons qui en émanent d'arriver jusque dans notre système solaire.

PROJECTION.

Un projectile lancé avec une force de 7,000 mètres par seconde ne retomberait plus, et circulerait comme un satellite autour de la terre, parce que la pesanteur serait alors balancée par la force centrifuge. Il a donc fallu que la lune fût projetée de la terre avec cette puissance, ou que l'atmosphère primitive de notre planète, à ses régions équatoriales, s'étendît jusqu'à cette hauteur.

Les corps *projetés* horizontalement *dévient toujours vers l'est ;* cette observation, déjà ancienne, devait indiquer plus tôt que la rotation de la terre causait cette déviation, prouvée récemment par les expériences du pendule.

Le mot de *projection* s'applique encore à la représentation, sur un plan, des constellations de la sphère céleste. *Voyez* PLANISPHÈRE.

PROPAGATION.

Que la lumière se propage directement ou par ondulations, comme on l'admet généralement aujourd'hui; sa vitesse de 31,000 myr. (78,000 lieues) par seconde semblera bien lente à ceux qui, regardant une étoile, croient que les rayons qui en émanent arrivent *instantanément* à leurs yeux.

De *toute certitude*, il est démontré que l'étoile la plus voisine ne peut nous faire parvenir son image *en moins de trois ans*, et que la lumière des astres de sixième grandeur ne peut *se propager* jusqu'à nous en moins de *dix ans*.

Le son, qui dans un air tranquille se propage à raison de deux myriamètres seulement (5 lieues) par minute, mettrait ainsi treize jours à venir de la lune, et quinze ans du soleil.

L'électricité se propage avec une vitesse qui dépend des milieux qu'elle traverse, et qui paraît être au minimum de dix mille myriamètres par seconde sur les fils de fer des télégraphes.

PTOLÉMÉE.

Célèbre astronome d'Alexandrie, qui vécut environ trois cents ans après Hipparque, dont il recueillit tous les travaux, ainsi que toutes les connaissances géométriques et astronomiques des siècles précédents. Les Arabes nous ont conservé ces connaissances, en les traduisant dans un recueil intitulé *l'Almageste*.

Le système de Ptolémée, abandonné tout à fait pour celui de Copernic, faisait tourner le soleil et toutes les étoiles, chaque jour, autour de la terre; les planètes se mouvaient dans des cercles particuliers ou épicycles, dont le centre était toujours renfermé dans une circonférence ayant la terre au milieu; les stations et les rétrogradations de ces corps célestes étaient ainsi fort ingénieusement expliquées, pour un temps où l'immensité des cieux et la prodigieuse distance des étoiles ne pouvaient être comprises.

PYTHAGORE.

Chef de la plus savante des écoles de la Grèce, né à Tyr selon les uns, en Toscane suivant d'autres historiens.

Il voyagea longtemps pour s'instruire chez les Chaldéens et les Indiens, dont les brahmes avaient gardé sa mémoire, alors que très-peu d'entre eux pouvaient encore interpréter les signes et les allégories astronomiques de leurs livres et de leurs monuments.

En Égypte, ballotté des prêtres de Thèbes à ceux de Memphis, il obtint enfin, après les plus rudes épreuves, l'initiation à toutes leurs connaissances.

Revenu en Grèce après vingt-deux ans, il fut à Athènes le disciple de Thalès; mais ses compatriotes craignant la colère des dieux en autorisant la nouveauté de ses opinions, il se retira à Crotone en Italie, où il fit connaître avec précaution ce qu'il avait appris dans l'Orient.

Il disait publiquement que la terre était immobile au centre du monde; mais il enseignait en particulier que notre globe tournait autour du soleil, que les planètes étaient nombreuses, et que Lucifer était le même astre que Vesper. Il fit connaître l'obliquité de l'écliptique, l'existence des antipodes, l'origine ignée de la terre, et autres vérités physiques répandues depuis par les philosophes pythagoriciens.

PYTHÉAS.

C'est le plus ancien des astronomes que la France ait produits, puisqu'on le croit contemporain d'Alexandre.

Né à Marseille, colonie fondée par les Phocéens 500 ans avant notre ère, il voyagea beaucoup pour s'instruire. Ayant pénétré vers le nord jusqu'à l'Islande, il y vit le soleil, au solstice d'été, descendre jusqu'à l'horizon, et s'élever aussitôt pour recommencer un nouveau cercle de 24 heures. C'est en effet la première des latitudes où ce phénomène peut avoir lieu.

Lorsqu'il voulut l'expliquer à son retour, ses compatriotes n'y ajoutèrent pas foi; et cependant cette circonstance prouvait précisément l'étendue et la réalité de son voyage.

Il avait aussi observé qu'il n'y avait pas d'étoile près du pôle; celle qui en est aujourd'hui voisine en était effectivement alors assez éloignée.

Au rapport d'Hipparque, Pythéas, au moyen d'un gnomon fort élevé, trouva que la longueur de l'ombre aux deux solstices était dans la proportion de 209 à 600, et qu'ainsi l'obliquité de l'écliptique était de 23° 51'. Cette observation prouve l'étendue de sa diminution depuis cette époque.

Q

QUADRATURE.

On désigne ainsi les positions de notre satellite entre les syzygies, c'est-à-dire entre les nouvelles et les pleines lunes. Dans ces positions la terre occupe à peu près le sommet d'un angle droit, formé par les lignes menées au soleil et à la lune : cette dernière étant 24,000 fois plus éloignée du soleil que de la terre, il s'ensuit que les directions au soleil sont toujours à peu près parallèles relativement à la terre. Cet angle, vu du soleil, n'est que de 17′ de degré environ, à la moyenne distance.

Tout autre corps céleste est dit *en quadrature* lorsque, vu de la terre, il fait avec le soleil un angle de 90°.

QUADRILATÈRE.

Terme géométrique assez souvent employé pour désigner et faire reconnaître certaines constellations ayant *quatre étoiles* marquant les angles d'un carré à côtés *irréguliers*, soit en étendue, soit en direction.

Orion, Hercule, le Dragon, Pégase, le grand Chien, etc., présentent cette disposition, différente du carré ou du parallélogramme, qui sont des figures régulières.

QUARTIER.

Environ 7 ʲ 9 ʰ après la néoménie, la lune passe au méridien à 6 ʰ du soir, ayant son croissant concave *à gauche*; on dit alors qu'elle est *dichotôme* ou en quadrature, ou encore, dans son premier quartier. Environ 14 ʲ 18 ʰ après, le croissant ayant sa concavité *à droite*, notre satellite passe au méridien à 6 ʰ du matin ; c'est alors le *déclin*, ou le dernier quartier.

R

RAYON.

Ligne qui unit le centre à la circonférence. Le fameux et insoluble problème de la quadrature du cercle, consistait à trouver le rapport exact entre la mesure du rayon et l'étendue de la circonférence.

Pour les usages ordinaires, on emploie le rapport 3 1/2 à 22. La proportion de 56 1/2 à 355 est plus exacte ; mais, au moyen des décimales, on peut encore arriver à une solution plus satisfaisante, puisque, pour un cercle de plusieurs millions de myriamètres, la mesure du rayon s'exprime à *un millimètre près*.

Un degré est à peu près la 572e partie du rayon ; et une seconde de degré, la 206000[e] partie.

Le rayon moyen de la terre est d'environ 655 myriamètres.

On entend par *rayon vecteur* la ligne qui est supposée unir le centre d'une planète à celui du soleil, dans le mouvement qu'elle exécute autour de cet astre ; ligne qui s'étend ou diminue, suivant que la force d'impulsion primitive vient à prédominer sur la force attractive du foyer commun, ou celle-ci sur l'autre.

Selon la première des lois trouvées par Kepler, les rayons vecteurs décrivent des aires proportionnelles aux temps ; c'est-à-dire que la terre, par exemple, décrit annuellement, autour du soleil, *un même arc* de cercle dans un *temps égal*, quand sa vitesse est uniforme ; en *moins de temps*, quand sa vitesse s'augmente

vers son périhélie ; et dans une durée *plus longue* lorsque, vers son aphélie, le mouvement se ralentit.

RÉFRACTION.

L'angle d'incidence est égal à l'angle *de réfraction*,
c'est-à-dire que la lumière, comme tous les corps élas-
tiques, frappant une surface sous un angle de 30° par
exemple, revient ou se réfracte de l'autre côté de la
perpendiculaire, sous un angle de 30°.

Le rapport change néanmoins, selon les milieux où
s'opèrent les réfractions ; ainsi, dans l'eau, la réfraction
n'est que les trois quarts de l'incidence.

L'arc-en-ciel formé soit dans l'air, soit dans la vapeur
d'un jet d'eau ou d'une cascade, ne s'aperçoit plus quand
on s'écarte de la place convenable pour l'observer.

Ce phénomène nous fait attribuer aux astres une
place différente de celle qu'ils occupent en réalité : ainsi
la *réfraction horizontale* étant d'environ 33' de degré,
ces astres nous paraissent se lever ou se coucher lorsqu'ils arrivent à ce plan sous l'horizon. Au solstice d'été,
cette réfraction répond à $4^m \cdot 6^s$ de temps.

Les couches supérieures de l'atmosphère réfractent
une partie des rayons du soleil lorsque cet astre est
à 18° sous l'horizon ; la durée de l'aurore et du crépuscule indique alors que ces couches sont à peu près
à 7 myriam. (17 à 18 lieues) de hauteur.

Les vapeurs étant plus fortes près de la surface de
la terre, les effets de réfraction y sont plus considérables ; et quand le soleil ou la lune y paraissent, leur diamètre semble plus grand en hauteur, surtout dans la
moitié inférieure. Au zénith, il n'y a point de réfraction, et les objets y sont vus dans leur vraie direction.

Sans la réfraction, tous les lieux où les rayons du

soleil *ne pénétreraient pas directement* seraient plongés dans l'obscurité, même en plein midi ; car c'est seulement la diffusion de la lumière dans les masses d'inégale température de notre atmosphère, qui produit le jour dont nous jouissons.

De ce que les étoiles n'éprouvent aucune réfraction quand elles passent derrière la lune, on est fondé à croire que notre satellite n'a aucune atmosphère ; par conséquent ni eau, ni feu, ni habitants, qui ne pourraient vivre *sans air*.

Le mirage est produit, dans les couches diversement échauffées de l'atmosphère, par la réfraction des objets élevés à une certaine température ; c'est pourquoi ce phénomène a lieu plus fréquemment sur les plages sablonneuses, où le soleil a une action différente. *Voyez* Mirage.

REFROIDISSEMENT DU GLOBE.

Il est maintenant reconnu que notre planète a été dans un état de fluidité incandescente ; et comme tout corps échauffé tend naturellement à se refroidir, nous pouvons être certains qu'il en a été ainsi pour la terre, flottant dans un milieu raréfié.

Les glaces, qui ne sont que des cristallisations de matières abandonnées par le calorique, n'existaient pas dans l'origine ; elles attestent la vieillesse et le refroidissement du globe.

Si les régions du nord avaient eu leur température actuelle quand la race humaine a paru sur la terre, elles n'auraient certainement pas produit ces innombrables populations qui ont successivement envahi les contrées méridionales de l'Asie et de l'Europe.

Aujourd'hui, sous ces latitudes hyperboréennes, quelques restes d'habitants rabougris et dispersés ont peine à vivre et à se perpétuer ; la nature se retire peu à peu des contrées où elle paraît avoir établi ses premières productions.

Les parties équatoriales, où les rayons du soleil, toujours présents, entretenaient l'incandescence primitive, étaient alors inhabitables ; tandis que les régions voisines des pôles ont dû jouir longtemps d'un climat tempéré.

Les documents historiques sont trop incertains et d'une date trop récente, les observations qui nous sont parvenues sont trop inexactes, pour qu'on puisse constater les différentes périodes pendant lesquelles les végétaux et les êtres organisés se sont retirés des latitudes où leurs débris, enfouis dans des catacombes aujourd'hui glacées, attestent qu'ils vivaient autrefois.

Les nombreux systèmes de montagnes dont les dislocations sont, en général, dirigées du nord au midi, indiquent que le retrait des couches sous-jacentes s'est manifesté plus sensiblement vers les pôles.

L'épaisseur et la solidité de l'enveloppe actuelle ne permettent plus les affaissements considérables des premiers temps du monde ; la chaleur paraît concentrée à l'intérieur, et la surface du globe a maintenant une fixité relative, selon que chaque zone est plus ou moins longtemps et plus ou moins obliquement exposée aux rayons du soleil, qui seul aujourd'hui paraît déterminer la température.

S'il doit se manifester encore une certaine diminution du calorique sur la terre, elle sera presque insensible, et s'effectuera dans une longue suite de siècles. *Voyez* CHALEUR DU GLOBE.

RÉGULUS.

Étoile primaire placée au cœur du Lion, sur le côté inférieur du trapèze qu'on remarque dans cette constellation zodiacale.

Son lever ouvrait l'année solsticiale il y a 4,500 ans; c'est ce qui lui a valu son nom, qui signifie Royal. Trois autres étoiles avaient aussi cette désignation chez les Égyptiens, savoir : Aldébaran, Antarès et Fomalhaut, à environ 90° les unes des autres.

RETARDS.

Chaque jour le soleil *paraît retarder* sur les étoiles de $3^m 56^s$. Ce phénomène est produit par le mouvement de la terre autour du soleil.

Après $365^j 6^h$ environ, cet astre est revenu à la même étoile, et l'année sidérale est accomplie.

Par suite de la différence de vitesse avec laquelle la terre procède dans ce mouvement annuel, l'heure vraie ou sidérale *retarde* sur l'heure moyenne du 15 juin au 1er septembre, ainsi que du 24 décembre au 15 avril; le plus grand retard, qui est de $14^m 32^s$, a lieu du 10 au 12 février.

La lune *retarde* chaque jour de $52^m 42^s$ sur les étoiles, et par conséquent de $48^m 46^s$ sur le soleil; la combinaison de ces causes *retarde les marées* d'à peu près 50 minutes et demie par vingt-quatre heures.

RÉTICULE.

Réseau en fils très-fins, disposés parallèlement au foyer des lunettes d'observation, afin de mesurer exactement les angles que les astres font entre eux, ou avec une direction connue.

RETOUR DES COMÈTES.

On ne remarquait dans les temps anciens que les comètes d'un éclat extraordinaire, et il n'existait aucune idée de leur retour périodique. Depuis que ces corps errants sont bien observés, on a reconnu, dans quelques-uns, des mouvements elliptiques qui les ramènent dans notre système solaire, après une absence qui varie depuis trois ans un tiers jusqu'à cinq cent soixante-quinze ans.

C'est à la résistance de l'éther, et surtout à l'influence des planètes dont les comètes s'approchent, qu'on attribue les variations dans la pérodicité de leurs retours. Clairaut fit voir que la comète de Halley avait dû être retardée de 100 jours par l'attraction de Saturne, et de 518 jours par l'attraction de Jupiter. Uranus, qui n'était pas alors plus connu que Neptune, pouvait aussi retarder la marche de ces corps, et empêcher l'exactitude des calculs. On peut même supposer avec vraisemblance que d'autres planètes, encore *plus éloignées* que Neptune et aussi considérables, occasionnent aux comètes qui s'en approchent des perturbations d'autant plus fortes, que l'attraction du soleil se fait moins sentir dans les régions où circulent *ces mondes inconnus*.

Les comètes à courtes périodes ont des retours plus réguliers, parce qu'elles sont moins exposées à la rencontre de ces planètes perturbatrices.

Quant à l'influence de l'éther, Arago a expliqué qu'elle serait une cause d'avance et non de retard, parce que la force d'un milieu résistant doit agir dans le *sens tangentiel* en diminuant la force centrifuge, et augmentant ainsi la puissance de l'attraction solaire. *Voyez* COMÈTES.

RÉTROGRADATION DES PLANÈTES.

Quand on croyait la terre immobile et qu'on observait Mercure et Vénus, on les voyait s'éloigner du soleil, s'arrêter quelque temps, puis *rétrograder*.

Ces apparences présentent l'aspect que doit avoir le mouvement circulaire de ces corps vus de la terre, et qu'ils accomplissent réellement autour du soleil.

C'est ainsi qu'étant éloignés d'un hippodrome au centre duquel serait un objet très-apparent, les coureurs nous sembleraient traverser rapidement soit à droite soit à gauche de ce point central, puis stationner ou rétrograder suivant la direction où nous marcherions nous-mêmes.

Il n'y a en effet, dans les mouvements célestes, ni stations, ni rétrogradations.

La lune paraît aussi *rétrograder* d'occident en orient, contre l'ordre des signes, avec une vitesse équivalant à 1° 25′ par mois lunaire, ou 19° 1/3 par année, faisant une révolution entière en dix-huit ans et sept mois 1/2 environ. Cet effet est produit par la *nutation luni-solaire*, qui force l'axe de la terre à décrire une petite ellipse autour des pôles, en changeant continuellement l'obliquité de l'écliptique pendant cette période.

Par le changement d'inclinaison, un mouvement *direct* peut devenir *rétrograde*; il suffit que l'axe de rotation vienne à s'incliner au delà de 90°, pour que la révolution qui était auparavant d'occident en orient paraisse s'effectuer en sens contraire; c'est le *même mouvement*, mais *renversé*, ainsi que nous l'avons supposé pour les satellites d'Uranus dans notre Introduction.

Le mouvement apparent du soleil paraît aussi *rétrograder*, ou plutôt retarder d'environ 4 ᵐ par jour sur les étoiles.

RÉVOLUTIONS.

En astronomie, elles ne sont admises que dans les limites originairement fixées par la nature à tous les corps célestes.

On entend généralement, par la révolution d'une planète ou d'un satellite, la marche décrite autour du soleil ou de la planète principale : à part de légères perturbations périodiques ou accidentelles, ces courbes sont régulières et tracées selon des lois universelles régissant notre monde solaire, et sans doute aussi tous les globes semés dans l'espace.

La *révolution de la terre*, ou le retour au même équinoxe, se fait en 365^j 5^h 48^m 51^s.

La *révolution sidérale*, ou le retour à la même étoile, est de 365^j 6^h 9^m 11^s 5.

La révolution *anomalistique*, ou le retour à l'apside, exige 365^j 6^h 13^m 58^s 8.

La révolution *synodique* des planètes, ou leur retour à la même position relativement au soleil et à la terre, est aussi très-différente de leur révolution sidérale. *Voyez* aux noms de ces planètes.

RIGEL.

Étoile de première grandeur, située à l'angle inférieur du quadrilatère d'Orion, au-dessous et à droite des Trois-Rois. *Voyez* ORION.

ROÉMER.

Né en Suède, mais admis à l'Académie des sciences, il fit en 1675 l'exposé de sa théorie sur le mouvement et la vitesse de la lumière, dont la *déviation* prouvait la translation de la terre.

ROTATION DES CORPS CÉLESTES.

Tous les corps sphériques lancés dans l'espace ont *nécessairement* autour d'un centre de gravité un mouvement de rotation dont leur figure a déterminé les pôles, ainsi que le balancement dans l'orbite que ces corps décrivent autour du soleil.

Ainsi l'on peut être assuré que les satellites, qui paraissent présenter toujours le même hémisphère aux planètes, n'en tournent pas moins sur eux-mêmes ; seulement, cette rotation s'effectue dans la même durée que leur mouvement de translation.

La lune, par exemple, dont nous voyons constamment la même surface, et qui tourne autour de la terre en 27 jours 8 heures à peu près, met le même temps à tourner sur elle-même, *comme sur un pivot.*

Les anneaux de Saturne, et tous les autres satellites dont la surface est allongée vers leur planète, présentent le même phénomène ; mais nous pouvons apercevoir successivement leurs différentes parties, comme, du soleil ou des autres corps célestes, on peut voir se succéder toutes les parties de la surface lunaire.

La rotation de la terre sur son axe est parfaitement régulière, et c'est sa durée qui est pour nous *la seule mesure exacte du temps.*

Cette durée est indiquée par le retour d'une étoile quelconque au méridien de chaque lieu ; elle a été divisée en vingt-quatre parties égales qui marquent le temps moyen, suivant une bonne horloge.

L'axe de rotation n'est pas perpendiculaire à la trace de l'écliptique, c'est-à-dire à la ligne que décrit la terre autour du soleil ; et cette obliquité détermine les saisons pour chaque lieu du globe dont les points se meuvent avec une vitesse qui croît progressivement depuis les pôles jusqu'à l'équateur, où cette vitesse rotative est de 30,000 mètres par minute.

La rotation du soleil n'a pu être reconnue et mesurée que par les taches observées à sa surface ; leur mobilité est cause que cette rotation présente encore quelque incertitude. Elle est estimée à 25^j 16^h 48^m ; mais la circulation de la terre autour de cet astre se faisant *dans le même sens*, ce n'est qu'en 27 jours à peu près que les taches nous paraissent accomplir leur révolution, quand elles persistent pendant cette durée.

La translation de la terre, démontrée par le phénomène de l'aberration, impliquait nécessairement le mouvement de rotation. Aussi, malgré les apparences, il a été généralement adopté par l'impossibilité de concevoir le système contraire ; c'est-à-dire de faire circuler tous les astres et tous les mondes autour de notre petite planète avec une vitesse trop prodigieuse.

Aujourd'hui cette rotation est *matériellement prouvée* par les expériences du pendule, instrument que Galilée, martyr de ce mouvement de la terre, a lui-même inventé.

Un observateur, placé dans un ballon immobile dans l'espace, verrait chaque point de la surface de la terre passer sous lui dans une direction qui dépendrait de la latitude du lieu où ce ballon serait arrêté.

Sous l'équateur, les objets terrestres décriraient des lignes droites d'occident en orient ; sous les pôles, les objets *précisément au-dessous* de l'aérostat sembleraient immobiles ; et ceux qui seraient à distance paraîtraient tracer des cercles réguliers autour de l'observateur.

Enfin, sous les latitudes intermédiaires, comme celle

de Paris, par exemple, chaque point décrirait des *lignes obliques*.

Cela étant bien compris ; si l'on établit un pendule convenablement suspendu, d'une certaine hauteur, et que, l'écartant de son centre de gravité, on le rende ensuite à l'action de la pesanteur, on remarquera bientôt que les oscillations ne se feront pas comme avec le balancier disposé dans une horloge. Au lieu de se porter et de revenir constamment vers *deux mêmes points opposés*, le poids librement suspendu se portera de plus en plus *vers l'orient*, ou vers la gauche du spectateur, jusqu'à ce que les oscillations, devenant chaque fois moins étendues, cessent tout à fait. La déviation oblique qui s'est manifestée, et qui était sensible après quelques minutes, ne peut avoir d'autre cause que la rotation de la terre dans le même sens. Cette rotation tend, en effet, à renverser le pendule au moment où la force attractive est la moins grande, c'est-à-dire lorsque cesse d'agir, d'un côté et de l'autre, la force impulsive qui a mis le pendule en mouvement.

Si la force de pesanteur qui le ramène toujours au même centre, venait à cesser complétement ; ce pendule décrirait alors une courbe oblique, comme les objets terrestres le feraient pour un spectateur dans la position précédemment supposée.

L'écart vers la gauche qu'on voit faire au pendule suspendu à la voûte du Panthéon, n'est autre chose que cette courbe oblique qui *se fractionne* presque insensiblement à chaque oscillation.

S

SACS À CHARBON.

On remarque, dans certaines parties les plus brillantes de la Voie lactée, des espaces nus, à travers lesquels il semble qu'on entrevoit les déserts de l'infini. Les marins désignent ces espèces de trous sans étoiles sous le nom de *sacs à charbon*.

La plus remarquable de ces places obscures, aperçue et mentionnée par Améric Vespuce dans son troisième voyage, est située au milieu d'une large masse d'un grand éclat, vers la Croix du Sud et le Centaure, dans l'hémisphère austral. Cet espace, d'environ 8° sur 5°, ne présente à l'œil nu qu'une seule petite étoile; mais au télescope on peut en apercevoir un certain nombre, de sorte que ces trous noirs ne sont en réalité que des effets de contraste.

Une place de la même nature peut s'observer dans la constellation du Cygne entre les étoiles ε et γ, d'où rayonnent trois courants stellaires de la couleur laiteuse qui distingue *la galaxie* sur la voûte céleste de notre hémisphère.

SAGITTAIRE (LE), ↦.

Constellation du zodiaque, s'élevant très-peu sur notre horizon. Elle comprend un petit trapèze dont deux angles opposés sont marqués par deux étoiles tertiaires; une file de petites étoiles conduit, vers la droite, à trois autres tertiaires figurant l'arc du Sagittaire, dont la flèche est dirigée sur le Scorpion.

SAISONS.

Elles sont déterminées pour toutes les régions de la terre par l'inclinaison de l'axe de rotation sur son orbite.

Aux solstices, c'est-à-dire à son apogée ou à son périgée, notre planète étant, relativement au soleil, à ses plus grandes déclinaisons, l'un des hémisphères est tout éclairé dans le mouvement diurne, tandis que l'autre est dans l'obscurité ; les points intermédiaires ont ainsi des étés et des hivers plus ou moins longs, selon leur position relativement à l'équateur ou aux pôles.

Aux équinoxes, le plan de l'équateur est perpendiculaire à l'écliptique, et la terre présente successivement tous ses points au soleil, qui les éclaire pendant douze heures.

Si une telle position s'était établie primitivement, ou si un jour la diminution d'obliquité pouvait l'amener, chaque lieu jouirait constamment de la même température, dont l'intensité dépendrait toutefois de sa proximité de l'équateur.

En raison de la différence de vitesse dans le mouvement de translation, les saisons sont pour nous d'une durée un peu inégale. Cette année 1852, le printemps sera de 92^j 20^h 48^m ; l'été, de 93^j 14^h 12^m ; l'automne, de 89^j 17^h 32^m ; et l'hiver, de 89^j 1^h 28^m. Ainsi l'automne sera plus courte que le printemps de 3^j 3^h 16^m.

SAROS.

Nom d'une période chaldéenne de 235 mois lunaires équivalant à 19 années solaires, ou de 223 lunaisons comprenant 18 années et 11 jours solaires. Le renouvellement de cette période devait ramener les éclipses aux mêmes jours et dans le même ordre que dans la période précédente, non toutefois avec l'exactitude que l'astronomie moderne met dans l'annonce de ces phénomènes. C'est le cycle que Méton fit connaître aux Grecs, et dont les Athéniens firent graver les calculs en lettres d'or.

Bailly prétend que cette période avait été enseignée aux Chaldéens par des peuples plus anciens venus du Nord, où la population comme les sciences se sont d'abord développées. Il est certain qu'on a retrouvé cette période chez les Chinois, les Indiens et les Égyptiens, peuples séparés par de grandes distances, et qui n'avaient entre eux aucunes relations.

SATELLITE.

Tous les corps célestes qui circulent autour d'un autre plus considérable prennent cette dénomination.

Les satellites dont on a pu reconnaître le diamètre présentant la même surface à leur planète, comme la lune le fait pour la terre, on est fondé à croire que, dans l'état de malléabilité primitive, une loi générale a allongé la forme de tous ces corps vers la planète originaire qui les retient ainsi dans son attraction.

La durée de révolution des quatre satellites de Jupiter s'étend depuis $1^j 3/4$ jusqu'à $16^j 2/3$; et ce n'est qu'après 437 ans qu'ils se retrouvent dans la même position relative.

Suivant Herschel, le premier (découvert par Huygens) est blanc, à peu près du volume de Mars et plus brillant que les trois autres ; le deuxième est un peu bleuâtre, et d'une densité plus grande que la planète même ; le troisième, d'une teinte blanchâtre, est égal à une étoile de cinquième à sixième grandeur, et serait toujours visible à l'œil nu, sans l'éclat de la planète ; le quatrième est d'un rouge sombre. Leurs distances à la planète sont respectivement de 1′ 51″, 2′ 57″, 4′ 42″, et 8′ 16″.

On connaît maintenant huit satellites à Saturne en outre de ses anneaux, qui paraissent des corps de même nature irrégulièrement allongés et soudés ensemble ; six de ces satellites se meuvent à peu près dans le plan des anneaux concentriques.

Le septième est incliné de 30° sur le plan équatorial ; on les désigne ainsi :

1° *Mimas*, dont la révolution sidérale est de	0ᴶ	22ʰ	27ᵐ	22ˢ
2° *Encelade.*	1	8	53	6
3° *Téthys.*	1	21	18	25
4° *Diane.*	2	17	41	8
5° *Rhéa.*	4	12	25	10
6° *Titan.*	15	22	41	25
7° *Hypérion.*	22	12	»	»
8° *Japet.*	79	7	53	40

Leur distance moyenne à la planète (le rayon équatorial étant pris pour unité) varie depuis 3,36 jusqu'à 64,36.

Herschel a reconnu six satellites à Uranus, dont le deuxième et le quatrième avaient seuls été revus ; mais le premier et le troisième ont été aperçus en 1847 par Lassell et Struve, sans qu'on ait pu déterminer si le mouvement en est rétrograde, comme celui des deux précédents.

Le satellite qui a été observé autour de Neptune fait sa révolution en 5ᴶ 20ʰ 50ᵐ 45ˢ, à la distance de six fois le diamètre de la planète. La découverte d'un second est encore problématique, mais se confirmera sans doute.

SATURNE, ♄.

Après Jupiter, c'est la plus grosse des planètes ; son diamètre est neuf fois plus grand que celui de la terre, et son volume 734 fois le volume de notre globe ; la durée de sa révolution sidérale est de 29 ans, 6 mois, 10 jours et 2 heures environ, dans une orbite inclinée de 2° 29′ 36″, dont la distance moyenne au soleil est de 9 fois 54 celle de la terre, soit 144 millions de myriamètres (360 millions de lieues).

Cette planète tourne sur elle-même en 10 heures 30 minutes, ce qui donne une vitesse de plus de 52 myriamètres (130 lieues) que chaque point de son équateur doit décrire par minute ; aussi les pôles sont aplatis d'un onzième du diamètre équatorial.

La chaleur et la lumière doivent y être 90 fois moins fortes que sur la terre. Enfin, la masse de cette planète est la 3500me partie de la masse solaire, et sa densité tout au plus le quart de la densité de notre globe.

Plusieurs anneaux concentriques paraissent entourer cette planète, et tourner avec la même vitesse à une distance d'environ 3,200 myriamètres, en y comprenant les intervalles qui les séparent, et à travers l'un desquels on peut apercevoir les étoiles. Ces anneaux se présentent quelque temps à la planète comme une grande arche lumineuse par réflexion ; mais ils cachent aussi le soleil pendant plusieurs années à certaines régions de sa surface. *Voyez* ANNEAUX.

La tranche de ces anneaux est si étroite, qu'elle disparaît, même dans les lunettes assez fortes pour faire distinguer les parties intérieures, éclairées non directement par le soleil, mais par la *réfraction de l'atmosphère* qui paraît les environner.

22.

On reconnaît dans ces parties obscures des points plus lumineux, qui confirment l'opinion déjà émise sur la nature des anneaux, considérés comme une multitude de satellites agrégés et étendus selon l'attraction de la planète.

Le plus grand diamètre *n'est pas celui de l'équateur*, et cette forme indique que le centre de gravité est placé hors de cette région planétaire. Les pôles très-aplatis de Saturne lui donnent l'aspect d'un rectangle arrondi, et expliquent le parallélisme des anneaux.

S'il en était autrement, l'attraction du soleil devrait les incliner diversement, et occasionnerait ainsi leur prompte rupture. Ces anomalies, inconcevables dans les formations suivant Laplace, s'accordent, au contraire, avec les idées émises dans la deuxième partie de notre Introduction.

En outre des anneaux, on compte maintenant huit satellites autour de Saturne ; quatre furent découverts par Dom. Cassini, trois par Herschel, et le dernier par M. Lassell, à Liverpool, la même nuit que M. Bond l'observait à Cambridge, aux États-Unis.

La surface de cette planète offre plusieurs bandes obscures, parallèles aux anneaux, et qu'Herschel attribuait à une atmosphère nuageuse très-épaisse.

On distingue aussi vers les régions polaires des taches blanchâtres qui semblent indiquer des neiges perpétuelles. Cette planète, maintenant très-brillante, sera visible toute la nuit en janvier et février 1852 au-dessus et un peu à droite de l'étoile α, Okda des Poissons. *Voyez* Satellites.

SCHEINER.

Astronome allemand, mort en 1650, et qui eut l'idée

de placer des verres colorés avant l'oculaire des premières lunettes ; il put ainsi distinguer sans danger les taches du soleil aperçues par Galilée, qui perdit la vue en observant cet astre sans une telle précaution.

SCINTILLATION.

Quelques-uns des anciens observateurs ont prétendu, fort à tort, que les planètes pouvaient se distinguer des étoiles fixes par la raison que celles-ci *scintillent*, dit Aristote, et non les premières.

En réalité, tous les corps célestes ont une scintillation plus ou moins forte, selon leur hauteur au-dessus de l'horizon, l'état de l'atmosphère, leurs distances relatives et le lieu d'où on les observe. Même en Orient, Mercure et Vénus scintillent beaucoup, malgré la pureté de l'air.

Ce phénomène, qui a exercé la sagacité d'un grand nombre de savants astronomes, depuis Ptolémée jusqu'à nos jours, a été complétement expliqué par F. Arago, dont les démonstrations, appuyées de calculs, prouvent que la scintillation tient d'une part : à la loi des interférences lumineuses, et ensuite à la densité différente des couches d'air inégalement traversées par les rayons partis d'un même point.

Selon les circonstances de leur marche, deux rayons peuvent, en effet, s'ajouter ou se détruire, donner au point de réunion une lumière plus vive, une diminution d'éclat, ou même de *l'obscurité*. Il suffit de la plus légère différence (un demi-millième de millimètre) dans le chemin parcouru, dans la déviation ou le retour à la direction primitive, pour produire tous les phénomènes d'intermittence, de trépidation et de coloration qu'on peut observer alternativement dans la lumière des étoiles.

Les nombreuses couches de notre atmosphère sont plus ou moins réfringentes, plus ou moins dilatées, sèches, humides ou agitées; les faisceaux lumineux qui les traversent doivent donc, *malgré leur contiguité*, éprouver des différences accidentelles qui tantôt les annulent tout à fait, tantôt détruisent seulement la lumière rouge, ou la verte, ou toute autre couleur du spectre; ainsi se produisent les rapides occultations et les colorations observées dans la scintillation.

Sous les tropiques, pendant une grande partie de l'année; dans l'Inde, en Arabie, en Écosse même, ou sur de hautes montagnes, partout enfin où l'air est *d'une grande homogénéité*, la scintillation est presque insensible.

M. de Humboldt écrit que ce phénomène annonce sous l'équateur l'approche de la saison des pluies, et que la fine poussière orangée qui trouble l'atmosphère avant les tremblements de terre augmente la scintillation, même lorsque les astres sont à une grande hauteur.

M. Foucault rapporte à des effets de scintillation les images colorées et mobiles, remarquées à l'instant où les éclipses de soleil vont devenir ou cesser d'être totales.

Les feux électriques, soleils factices de la nuit, pourraient aussi présenter les mêmes circonstances de réfraction et de scintillation, s'ils étaient convenablement disposés.

SCORPION (LE), ♏.

Constellation zodiacale au-dessous de l'écliptique, et dont la principale étoile est *Antarès*, entre Altaïr et l'Épi de la Vierge; un peu à droite cinq à six étoiles, dont une β est secondaire, forment un arc convexe vers la Balance.

La queue du Scorpion, composée d'une file d'étoiles de troisième à quatrième grandeur, descend à gauche, et se relève en ligne courbe vers Antarès.

SÉCANTE.

C'est un rayon prolongé hors de la circonférence, et qui, coupant la tangente élevée perpendiculairement à un autre rayon, forme ainsi un triangle mixtiligne très-usité en astronomie.

SECONDE DE DEGRÉ.

La circonférence d'un cercle se divise en 360 parties ou degrés; chaque degré, en 60 parties ou minutes; chaque minute, en 60 secondes. Les grands instruments d'observations ont même des subdivisions par dixième de seconde, afin d'obtenir une exactitude plus rigoureuse dans les mesures parallactiques.

SEGMENT.

Section d'une sphère, donnée par un arc quelconque, tournant comme sur un axe autour d'un point fixe.

C'est la portion de la terre que peut apercevoir un observateur d'une position quelconque au-dessus de la surface, et dont l'étendue s'accroît proportionnellement avec la hauteur du point central d'observation.

On cite comme le plus grand segment terrestre qui ait été jusqu'à présent vu tout à la fois, l'étendue circulaire que M. Gay-Lussac a eue sous les yeux dans son ascension de 7,000 mètres au-dessus du niveau de la mer. La profondeur du segment terrestre égalant à peu près la hauteur à laquelle ce savant était parvenu, ce segment avait alors une surface de 20,000 lieues carrées, c'est-à-dire environ le double de l'étendue qu'on peut embrasser circulairement, du haut des points les plus élevés du globe.

En général, la surface convexe du segment qu'on peut apercevoir est, à la surface totale de la terre (32 millions de lieues carrées), comme l'épaisseur du segment est au diamètre total.

En mer, ou dans une plaine déserte, la vue s'étend à peu près à 13,000 mètres (3 lieues 1/4), si, à cette limite, sont des élévations d'au moins trois mètres au-dessus du niveau de l'observateur.

SÉLÉNOGRAPHIE.

On désigne ainsi tout ce qui a rapport à notre satellite, de deux mots grecs qui signifient description de la lune.

SEMAINE.

Dion Cassius, écrivain du troisième siècle, indique que les jours ont été classés suivant l'ordre que *les anciens* donnaient à la révolution des planètes, et qui était : Saturne, Jupiter, Mars, le soleil, Vénus, Mercure, et la lune ; chaque jour prenait le nom de la planète qui présidait à sa première heure, et chaque planète présidait successivement aux heures suivantes dans l'ordre ci-dessus.

Quand la semaine commençait le samedi, Saturne présidait à la première heure, Jupiter à la deuxième, etc. ; la vingt-quatrième heure se trouvait consacrée à Mars ; l'heure suivante était donc consacrée au soleil, qui donnait son nom au jour ; la deuxième heure, à Vénus, etc. En continuant cette série, la première heure du troisième jour se trouvait consacrée à Mars, qui donnait son nom, etc., etc. Cette division chaldéenne du temps s'est retrouvée en Chine, aux Indes et en Égypte, avec les mêmes noms et dans le même ordre (quoique le premier jour de la semaine ne fût pas partout le même), tandis que, longtemps après, les peuples de ces pays n'avaient aucune connaissance de la plupart des planètes. Homère et Hésiode ne font mention que de Vénus; c'est donc une tradition conservée chez eux, et qui s'est perpétuée jusqu'à nous.

Ainsi nous avons encore, pour désigner les jours de la semaine, les dénominations païennes des premiers temps astronomiques.

Les Perses n'avaient pas adopté cette division du temps, qui ne pénétra que fort tard en Grèce, en Italie et dans l'Occident avec le christianisme. Suivant les Juifs, le jour du repos (le septième jour) est le samedi; le dimanche est alors le premier jour; les chrétiens en ont fait, au contraire, le dernier de la semaine, celui par conséquent où Dieu, selon la Genèse, a dû se reposer.

SERPENT (LE).

Une ligne sinueuse d'étoiles forme cette constellation boréale, et s'étend de la Couronne vers l'Aigle, en entourant Ophiucus. — La tête comprend 5 tertiaires, à peu près disposées comme le V des Hyades ; au-dessous se trouve une étoile de deuxième grandeur qui marque le cœur ; la queue est terminée par une tertiaire à gauche du quadrilatère d'Ophiucus.

SEXTANT.

Instrument en arc de cercle pour mesurer les angles jusqu'à 60, et par suite jusqu'à 120 degrés.

Les Arabes se servaient d'un quart de cercle, qu'ils

appelaient *instrument des sinus*. Ce sextant donnait, sans calcul, le temps *vrai*, par une simple observation de la hauteur du soleil. — La nuit, cet instrument donnait l'heure, par l'observation d'une étoile dont la déclinaison était connue, en réduisant les degrés en temps.

SIDÉRAL.

L'heure *sidérale* est celle régulière donnée par le mouvement apparent des étoiles. Le jour *sidéral* marque la durée qui s'écoule entre le passage et le retour des mêmes étoiles au méridien supérieur ; il est plus court que le jour solaire moyen d'environ 4^s de temps, équivalant à un arc d'un degré, dont chaque jour le soleil paraît être en retard sur les étoiles.

La révolution *sidérale* des planètes s'exprime par le temps qu'elles emploient à revenir au même point de leur orbite. *Voyez* Planètes, Heure, et Temps.

SIÈCLE.

Ce mot n'a pas toujours exprimé comme aujourd'hui une durée de 100 années, mais des périodes plus ou moins longues, puisque Pline ne lui donne que 30 ans, et Horace 110 ans.

Le premier entendait la durée moyenne de la vie humaine ; et le second une période d'années civiles.

Le premier jour d'un siècle doit s'entendre du 1ᵉʳ *janvier qui suit la centième année du précédent*. Ainsi le 31 décembre de l'année 1700, par exemple, appartenait encore au *dix-septième siècle*, comme toute la centième année faisait partie du *premier siècle* qui, autrement, n'aurait été composé que de 99 années seulement.

SIGNES DU ZODIAQUE.

Les Égyptiens, pour régler les travaux de l'agriculture, avaient partagé la zone que le soleil semblait parcourir chaque année de droite à gauche, en douze signes ou figures qui occupaient à peu près également la ceinture céleste ; on les nommait comme aujourd'hui : le Bélier, le Taureau, les Gémeaux, le Cancer, le Lion, la Vierge, la Balance, le Scorpion, le Sagittaire, le Capricorne, le Verseau, et les Poissons.

Ces signes avaient rapport à des époques ou à des phénomènes propres à ce pays dans les temps anciens ; mais, par suite de la précession des équinoxes, le signe du Bélier ♈, qui sert toujours à marquer l'équinoxe de printemps, ne se place plus dans cette constellation, puisque cette époque arrive aujourd'hui dans la précédente, c'est-à-dire dans les Poissons, et ainsi pour tous les autres signes, qui ont rétrogradé de plus de 30 degrés.

On a expliqué la fable grecque des douze travaux d'Hercule par les figures du zodiaque, alors que ce héros, sous l'emblème du soleil, s'avançait dans sa carrière avec les attributs propres à chaque époque de l'année. *Voyez* ZODIAQUE.

SINUS.

On appelle sinus droit, ou simplement *sinus* d'un arc ou d'un angle, la perpendiculaire AB (*fig.* ci-contre) abaissée de l'extrémité A de

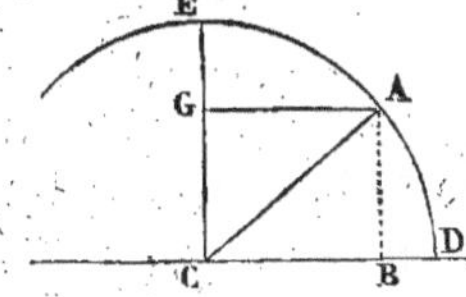

l'arc AD sur le rayon CD, qui passe par l'autre extrémité C de cet arc, ou de l'angle ACD.

Le *sinus* verse est la partie BD du rayon compris entre le sinus droit et l'extrémité de l'arc ou de l'angle.

Le *cosinus* est la mesure AG complémentaire à 90° de l'arc AD ou de l'angle ACD, dont la valeur est le sinus AB; c'est le sinus *du complément*, ou *cosinus*, qui est toujours égal à la partie du rayon comprise entre le centre du cercle et le sinus; ainsi le cosinus AG est égal à BC.

On conçoit que le sinus AB peut devenir *de plus en plus grand*, jusqu'à tomber sur le rayon EC formant avec CD un arc de 90°, ou un angle droit. Dans un angle ou un arc de cette mesure, le sinus est donc égal au rayon. On voit aussi que l'angle droit ECD, ou *le quart de la circonférence*, a pour mesure *le sinus* et *le cosinus*.

Au moyen des sinus et des tangentes, on arrive très-approximativement au rapport du diamètre d'un cercle avec sa circonférence, ainsi qu'à une grande précision dans le résultat des observations faites avec le sextant et autres instruments usités en astronomie.

SIRIUS.

C'est la plus belle étoile du ciel, située à gauche sur le prolongement du Baudrier d'Orion, et marquant l'angle supérieur à droite du quadrilatère du grand Chien.

Le catalogue de Ptolémée l'indique comme une étoile rougeâtre; elle est aujourd'hui très-blanche, quoique sa scintillation nous envoie des rayons vivement colorés, qui lui ont fait donner par les Arabes le nom d'*étoile aux mille couleurs*.

Son mouvement propre, bien constaté, a fait penser que cette étoile était le satellite d'un corps opaque, plus considérable. *Voyez* PROCYON.

SOLEIL, ☉.

Cet astre lumineux est un million quatre cent sept mille cent vingt-quatre fois plus gros que la terre; mais sa masse n'est que trois cent cinquante-cinq mille fois plus forte, ce qui réduit sa densité moyenne au quart de celle de notre planète.

Incliné de 7° 19′ 23″ sur l'écliptique, le soleil tourne sur lui-même en 25^j 7^h 48^m, suivant Herschel; en 25^j 12^h et même en 25^j 0^h 17^m, selon d'autres observations modernes.

Cette différence d'évaluation tient à la mobilité et à la non persistance des taches, d'où seulement l'on peut déduire la durée du mouvement rotatif.

Le soleil étant quatre cent fois plus loin de la terre que la lune, et celle-ci étant quatre cents fois moins grande que le soleil, il en résulte que les deux diamètres apparents sont à peu près les mêmes, c'est-à-dire d'environ un demi-degré. La distance du soleil à la terre varie depuis 38 jusqu'à 39 millions et demi de lieues, que sa lumière franchit en huit minutes 6/10.

L'intervalle qui le sépare de l'étoile la plus voisine (*a* du Centaure) est d'à peu près deux cent mille fois cette distance, que la lumière ne peut traverser en moins de trois ans.

A. *Nature du soleil.*

Dès la plus haute antiquité, on a voulu deviner ce que cet astre pouvait être. Anaxagore ne le croyait pas plus grand que le Péloponèse; Archélaüs disait, il y a 2300 ans : *Le soleil n'est qu'une étoile plus grande que toutes les autres.* Zénon le supposait d'un feu pur, et plus grand que la terre. Galilée pensait qu'il était lumineux par lui-même, mais entouré d'une atmosphère nuageuse qui occasionnait les taches aperçues sur son disque.

Huygens croyait sa masse liquide et enflammée; cette opinion fut partagée depuis par Buffon et Laplace.

Lalande admettait que ses parties solides et obscures étaient recouvertes par une matière lumineuse.

Elliot, Wilson, Mitchell, Schroëter, etc., le croyaient aussi environné d'une telle atmosphère, ayant une grande profondeur.

Enfin Herschel et les astronomes modernes pensent que cet astre est un corps solide, entouré à distance d'une atmosphère nuageuse, surmontée elle-même d'une photosphère dont les expériences d'Arago prouvent l'identité avec le gaz qui nous éclaire, et qui est séparée de la première par un espace obscur, comme la comète de 1811 l'était de sa nébulosité plus brillante.

L'observation des dernières éclipses totales a fait reconnaître, à l'entour du disque lumineux, des protubérances attribuées à des nuages ou à des corps considérables d'une couleur ignée, s'allongeant en crêtes circulaires, et même isolés pour certaines parties de ces étranges appendices. Jusqu'à présent l'on a pu les distinguer quand la lune ne recouvre pas entièrement la photosphère gazeuse et incandescente ; mais ces apparitions font supposer à M. Arago qu'une troisième atmosphère douée d'un mouvement de rotation peu rapide, et se rattachant à la lumière zodiacale, peut encore exister autour du soleil. *Voyez* pl. Iʳᵉ, fig. 1.

Après ces théories sur la constitution physique de l'astre qui nous éclaire, on peut encore admettre avec Brewster, et conformément aux idées que l'auteur de ce dictionnaire a exposées dans l'Introduction, que le corps même du soleil émet les vapeurs et les gaz qui l'environnent pendant les réactions, les effervescences et les soulèvements qui se manifestent à sa surface. Ces émanations alimenteraient les rayons solaires, qui, en effet, semblent toujours à l'état de combinaison, et expliqueraient comment, dans les périodes où le soleil a été tellement couvert de taches qu'on pouvait les distinguer à l'œil nu, la température terrestre a été plutôt au-dessus qu'au-dessous de la moyenne ordinaire.

Herschel pensait que le soleil pouvait être habité, en admettant que son enveloppe nuageuse suffisait à le garantir contre la chaleur de l'atmosphère supérieure, laquelle d'ailleurs pouvait n'avoir que l'intensité d'une aurore boréale de mille lieues de profondeur, ou n'être qu'une agitation magnétique dont les courants et l'éclat produisaient tous les phénomènes observés : ce qu'on sait aujourd'hui sur la vitesse de l'électricité paraît contraire à cette dernière supposition.

B. *Mouvement du soleil.*

Comme la rotation d'un corps implique son mouvement de translation, les astronomes modernes cherchent à déterminer la direction et la vitesse de l'astre qui nous emporte avec lui dans l'espace.

La comparaison faite par Halley, des places occupées par Sirius, Arcturus et Aldébaran, avec les positions assignées à ces étoiles dans les catalogues de Ptolémée ; les mêmes calculs par Mayer, W. Herschel, Bessel et Argelander, ont démontré le mouvement propre d'un grand nombre d'étoiles, même depuis des observations exactes obtenues avec les instruments perfectionnés.

Notre soleil, qui n'est réellement qu'une étoile, devait

donc se mouvoir comme toutes les autres ; et c'est un fait aujourd'hui constaté et démontré géométriquement, que notre monde solaire se porte *actuellement* vers un point de la constellation d'Hercule, situé à 26 0 30′ d'ascension droite et 34° 20′ de déclinaison boréale.

Herschel a fait remarquer que cette région céleste présente aux télescopes, et dans des limites fort resserrées, des *millions d'étoiles* qui doivent être des centres d'attraction d'une grande puissance.

Toutefois, si, comme cela est fort vraisemblable, notre soleil fait partie d'une strate étoilée tournant autour d'un centre commun de gravité, le calcul des déplacements relatifs, d'où l'on a déduit la direction indiquée précédemment, ne serait pas applicable à l'avenir, et devrait plus tard être modifié ; c'est un point fort intéressant, qui exige encore quarante ou cinquante années d'observations pour être fixé avec certitude.

Déjà Argelander a cherché le centre de gravité dans la constellation de Persée ; Madler l'indique vers le groupe des Pléiades, près d'Alcyone.

Quelle que soit la direction de notre soleil et de tous les corps qu'il entraîne à sa suite dans la profondeur des cieux, la vitesse de son mouvement est au-dessus de 15,000 myr. par jour (37,500 lieues), vitesse qui exigerait encore plus de *trente mille années* pour que notre monde solaire pût arriver à l'étoile π de troisième grandeur, vers laquelle il paraît se porter actuellement.

C. *Taches du soleil.* (*Voyez* la figure au mot TACHES.)

En observant cet astre avec de fortes lunettes, on voit souvent sur son disque des taches de diverse intensité paraissant marcher obliquement de gauche à droite, et suivant en réalité sa rotation d'occident en orient, dans le sens de tous les corps planétaires soumis à son attraction.

Les Chinois avaient remarqué, dès l'an 321 avant notre ère, des taches dont l'étendue devait être très-grande, puisqu'elles étaient visibles à la vue simple; Wilson en a mesuré qui étaient cinq fois aussi grandes que la terre; il en a été question aux temps de Virgile et de Charlemagne; les Péruviens eux-mêmes avaient reconnu ce phénomène.

Ce fut Jordan Bruno, victime de l'inquisition, qui le premier paraît en avoir déduit la rotation du soleil, découverte revendiquée par Galilée et Fabricius.

Mieux observées depuis, ces taches paraissent enfin expliquées d'une manière satisfaisante.

On les distingue maintenant, 1° en taches à noyau noir avec ou sans pénombre; 2° en rides lumineuses sans pénombre, dites lucules; 3° en rides avec pénombre, dites facules; et 4° enfin, en larges pénombres sans noyau.

D'après la constitution physique qu'on reconnaît au soleil, la première catégorie pourrait s'observer à la suite d'une ouverture ou d'un soulèvement *simultané* des deux photosphères, qui laisseraient entrevoir le *corps obscur* du soleil *relativement* aux bords plus éclairés de ces ouvertures.

Si l'atmosphère *inférieure* ne s'écarte que *çà et là* au-dessous de l'ouverture *supérieure*, on voit alors plusieurs noyaux obscurs séparés par les pénombres que forment les matières nuageuses, ainsi que du haut d'une montagne on entrevoit le pays au-dessous, à travers les éclaircies des nuages atmosphériques.

Quand l'enveloppe lumineuse vient *seule* à s'écarter, on n'aperçoit alors que la photosphère nuageuse, sous la forme de *pénombre sans noyaux*.

23

Que des courants ascendants se développent, et agitent seulement les régions supérieures de la zone lumineuse, on aura les rides plus éclatantes ou *lucules*, qui parcourent toute la surface avec une rapidité prodigieuse.

Si enfin des courants inférieurs de vapeurs se mêlent à l'atmosphère lumineuse et que celle-ci résiste à la pression, il en résulte des *facules* ou rides brillantes, bordées de rides plus obscures. *Voyez* Taché.

SOLIDITÉ DU GLOBE.

On désigne ainsi la quantité de mesures cubes contenues dans la masse circonscrite par la surface de la terre.

La géométrie élémentaire apprend que la surface d'une sphère est quadruple de sa circonférence, et que, multipliée par le tiers du rayon, elle donne la solidité ou la capacité totale.

Or nous connaissons le diamètre, et par conséquent la circonférence, qui est le produit du rapport approximatif de 1 à 3 1/7me, ou plus exactement de 113 à 355.

Nous pouvons donc savoir combien de fois, par exemple, notre globe contient de myriamètres cubes. En effet, le diamètre moyen de la terre étant de 1340 myr. 89, sa circonférence est 4214,22; la surface quadruple, 16856,88, laquelle multipliée par le tiers du rayon, ou 223 1/2 environ, donne, en nombres ronds, une solidité de 3,760,000 myriam. cubes.

SOLSTICE.

Lorsque, dans son mouvement annuel, la terre est arrivée à l'un des points de son orbite où son équateur est au maximum d'inclinaison, soit au-dessus, soit au-dessous du plan de l'écliptique céleste, elle est, dans le premier cas, au solstice d'hiver qui répond aux jours les plus courts pour les habitants de l'hémisphère boréal, vers le 23 décembre.

Six mois après, la terre est au solstice d'été pour le même hémisphère, qui jouit alors des jours les plus longs. A ces deux époques l'effet contraire a lieu pour l'hémisphère austral.

Le soleil paraît alors aux points les plus bas et les plus hauts du méridien de chaque lieu. L'ombre à midi est la plus longue au solstice d'hiver ; la plus courte de l'année se remarque à la même heure, le jour du solstice d'été.

SOTHIAQUE.

Période de 1461 ans, dont le premier jour coïncidait avec le lever héliaque de Sirius, que les Égyptiens nommaient Sothis, et qui leur annonçait *alors* la prochaine inondation du Nil.

SPHÈRE CÉLESTE.

La voûte des cieux semble partout comme une demi-sphère dont l'autre moitié est sous l'horizon de chaque lieu, au-dessus duquel les constellations, par suite de la rotation diurne, semblent décrire des cercles dont l'étendue décroît insensiblement vers l'un ou l'autre pôle.

La sphère céleste est dite *parallèle* pour les habitants de ces pôles, qui voient toutes les étoiles circuler comme le soleil parallèlement au plan de leur horizon ; elle est *droite* pour les régions de l'équateur, où ces astres paraissent monter et descendre perpendiculairement ; enfin elle est plus ou moins *oblique* pour tous les lieux intermédiaires où, comme dans nos climats, le soleil et les étoiles tracent toujours des cercles plus ou moins inclinés sur l'horizon.

On représente la sphère céleste sur des globes ou des cartes qui indiquent les positions relatives des principales étoiles à l'époque où ces représentations sont faites ; et comme le mouvement de précession des équinoxes amène continuellement des modifications dans l'aspect du ciel, on a ainsi reconnu que certains astronomes grecs avaient donné des projections de la sphère pour le résultat de leurs travaux, tandis qu'elles représentaient un état du ciel bien antérieur à leurs temps, et sous une latitude fort différente.

La sphère d'Ératosthène, par exemple, n'avait pas été faite à Alexandrie, 255 ans avant notre ère ; mais plus anciennement et sous le parallèle d'Esné ou de Thèbes, alors que l'astronomie y florissait.

La sphère donnée par Eudoxe était aussi de dix siècles avant lui.

Celle de Méton dénote également des observations recueillies cinq cents ans avant le temps où il l'apporta dans la Grèce.

SPHÉROÏDE.

Corps à peu près sphérique, comme la terre et les planètes, toutes aplaties aux pôles par l'effet de la rotation, à l'époque de leur fluidité primitive.

STABILITÉ DU SYSTÈME SOLAIRE.

Les conséquences de l'attraction universelle semblaient devoir, dans la suite des temps, réunir à la masse du soleil tous les corps planétaires qu'il entraîne dans sa sphère d'activité. Newton, Euler et plusieurs autres grands géomètres, en observant les nombreuses per-

turbations et les forces contraires qui s'exerçaient dans
notre système, ne le croyaient pas constitué pour une
éternelle durée.

Laplace cependant a fait voir que les grands axes
des orbites, qui auraient dû subir les premiers effets des
perturbations redoutées, n'étaient sujets qu'à un léger
déplacement dans l'espace, tout en conservant leur
étendue invariable.

En expliquant aussi toutes les inégalités d'accélération et de ralentissement par des formules mathématiques tirées des principes mêmes de l'attraction dont
on craignait les effets progressifs, ce grand géomètre a
pu rassurer tout à fait le monde savant sur le sort de
notre monde solaire.

Il a prouvé de plus : que la mobilité des mers, dont
la densité moyenne est inférieure à celle de la masse
solide de la terre, était par cela même une cause de *stabilité* et d'équilibre pour notre globe.

Si donc, aux époques primitives, les eaux de l'Océan,
déposées par une atmosphère plus étendue, ont pu re-
couvrir les parties de la terre maintenant à sec, elles
ne peuvent plus y revenir; les retraites et les cavités
intérieures qui les contiennent doivent plutôt les ab-
sorber de plus en plus, que les rejeter de nouveau sur
nos continents.

L'examen scientifique de notre système solaire semble indiquer dans sa création l'effort d'une intelligence
suprême, pour arriver *savamment à la même stabilité*
qu'elle pouvait *plus simplement obtenir* en isolant tous
les corps, au lieu de les soumettre à des influences réciproques *si compliquées*.

STATIONS.

L'éloignement des planètes les fait paraître stationnaires aux points opposés de leur orbite, parce qu'elles
marchent alors dans la direction du lieu que nous occupons nous-mêmes. En réalité, il n'y a pas plus de *stations* que de rétrogradation. *Voyez* ce mot.

STELLAIRE.

L'astronomie stellaire embrasse tous les astres et tous
les phénomènes au delà de notre système solaire ; c'est
aujourd'hui la partie la plus intéressante de la science,
celle vers laquelle sont spécialement dirigées les études
et les observations d'un grand nombre d'astronomes
modernes, pourvus d'instruments dont la puissance
pénètre de plus en plus dans les profondeurs de l'espace.

La distance des étoiles, l'intensité de leur lumière,
leur nombre, leurs couleurs, leur disposition, leur
mouvement propre ou combiné avec d'autres, la résolution des nébuleuses, les changements qui s'y
manifestent, la matière cosmique elle-même, tous les
sujets enfin qui semblaient offrir des difficultés insur-
montables aux anciens observateurs, ont déjà des so-
lutions, ou promettent des résultats d'une grande importance.

L'astronomie stellaire se propose surtout de reconnaître si le mouvement de notre soleil est indépendant
de tous les autres, ou si, avec le groupe d'étoiles qui
forment la Voie lactée, il est emporté dans une circulation commune, autour d'un autre groupe de soleils
dont l'attraction serait plus puissante.

Les bolides, les étoiles filantes, quoique d'une autre

nature, rentrent aussi dans le domaine de l'astronomie stellaire, qui cherche à déterminer leur périodicité ainsi que leur nature.

STYLE.

On désigne ainsi la tige ou gnomon fixé sur le plan d'un cadran ou d'une surface quelconque, afin d'obtenir par l'ombre de ce style exposé au soleil, soit l'heure *vraie*, soit le moment où cette ombre, étant la plus courte ou la plus longue, indique les solstices d'été et d'hiver. *Voyez* GNOMON.

SURFACE DE LA TERRE.

Quelle que soit l'origine de notre planète, il est certain qu'elle a d'abord été fluide et incandescente. Sa surface totale est d'environ 12,000,000 de myriam. carrés, dont trois quarts sont submergés et le tiers de l'autre quart, à peine connu et exploré.

Pour expliquer les irrégularités, les excavations et les reliefs du sol actuel, deux opinions ont jusqu'à présent partagé les géologues, savoir : le système des soulèvements par une force sous-jacente à la croûte primitivement formée, et le système des affaissements par le retrait de la masse intérieure, dont le refroidissement aurait occasionné les cassures, les plis et la dislocation de l'écorce supérieure.

Le dernier système admet tout au plus le soulèvement de quelques masses au-dessus de leur niveau primitif, entre les parties brisées ; là, c'est la force centrifuge ; ici, c'est la force centripète qu'on met en action.

On reconnaît toutefois que la somme des affaissements est supérieure à celle des soulèvements, et, d'un autre

côté, la corrélation des systèmes de montagnes démon-
trerait plutôt la tendance de l'écorce terrestre à se con-
tracter et à s'affaisser sur elle-même, qu'à saillir par une
force sous-jacente.

La loi de *parallélisme*, dans les accidents d'un même
système de montagnes, ne pourrait d'ailleurs s'accorder
avec l'action d'un agent dont les efforts devraient con-
verger de plus en plus vers le point qui aurait cédé d'a-
bord, et non se diviser sur des lignes parallèles.

La *contraction* du noyau planétaire, et le *ridement*
de son enveloppe, sont les résultats nécessaires du *refroidissement inégal* de ces parties, et les conséquences
d'une loi scientifiquement reconnue.

L'hypothèse des soulèvements implique, entre autres
conséquences, l'élévation du niveau général des mers
et l'augmentation du volume de la terre ; *faits contraires
aux observations.*

La théorie des dislocations par suite du refroidissement implique les faits contraires, et qui paraissent *con-
formes à ceux observés.*

Les *causes actuelles* sont d'ailleurs généralement reconnues comme pouvant occasionner de grands changements à la surface du globe ; les vents, les marées,
les pluies, les grands courants d'eau, les déluges par-
tiels, les tremblements de terre, les éruptions volcaniques suffisent, *avec le temps*, pour modifier, augmenter
ou même produire les irrégularités de l'enveloppe ; et
ces causes ont pu agir bien plus énergiquement pendant les longues périodes qui ont précédé la nôtre.

SYNODIQUE.

Lorsqu'un corps céleste est revenu *au même nœud*,
c'est-à-dire au même point du ciel, sur la trace de l'é-

cliptique, ou à la même position relativement au soleil et à la terre, on dit qu'il a accompli sa *révolution synodique.*

La révolution synodique de la lune est de 29^j 1/2, ou de 2^j plus longue que la révolution sidérale, qui est de 27^j 1/3.

Comme les nœuds rétrogradent constamment contre l'ordre des signes, de manière à parcourir à peu près l'écliptique en dix-huit ans 1/2, soit 19° 1/3 chaque année, ou 1° 28′ par mois lunaire périodique, il en résulte que la révolution entière du même nœud est de 346^j 62, c'est-à-dire d'environ 24^j de moins que celle apparente du soleil.

Les attractions combinées de cet astre et de la terre occasionnent cette rétrogradation des nœuds soit au-dessus, soit au-dessous de l'écliptique.

Les révolutions *synodiques* des planètes sont aussi fort différentes de leurs révolutions *sidérales*. Pour Mercure, par exemple, la première est de 116^j, tandis que la dernière n'est que de 88^j. Pour Uranus, au contraire, celle-ci est de 370^j, lorsque l'autre est de 84 ans.

SYSTÈME PLANÉTAIRE.

Dans la conception qui a été pendant quinze siècles le guide des astronomes, Ptolémée s'était efforcé d'expliquer les mouvements des corps célestes d'après les apparences, en supposant un système compliqué de cercles, d'épicycles et de sphères, ingénieusement conçus pour laisser la terre au centre de l'univers.

Les philosophes grecs, initiés aux mystères religieux et scientifiques des prêtres égyptiens, annonçaient cependant, mais avec réserve, que le soleil seul était immobile, et que les planètes tournaient autour de lui.

En consultant les écrits de ces philosophes, Copernic reconnut et rétablit la véritable organisation du monde; et son système fut généralement adopté, aussitôt que l'Église permit de l'enseigner *comme une ingénieuse hypothèse.*

Tycho-Brahé, qui, avant l'invention des lunettes, fit de si nombreuses et de si admirables observations, tenta malheureusement de rétablir, dans le système connu sous son nom, les erreurs de celui de Ptolémée, en les compliquant encore.

Aujourd'hui que l'œuvre de la création nous est dévoilé dans toute sa grandeur, on conçoit difficilement que l'esprit humain ait été trompé ou se soit égaré si longtemps, après avoir été tant de fois si près de la vérité.

Notre monde solaire n'est qu'une fraction imperceptible de l'univers, où sont répandus dans toutes les directions, à des distances inimaginables, des soleils sans nombre, et probablement d'autres mondes autour de chacun de ces astres lumineux.

Des nébuleuses formées comme celles où nos plus forts miroirs font distinguer des millions d'étoiles, ne nous offrent encore que des lueurs diffuses à peine entrevues; d'autres, plus rapprochées, laissent apercevoir leurs formes variées, selon les faces qu'elles offrent à notre vue, mais disposées sans doute suivant des lois générales de condensation ou de concentration. La Voie lactée, dont notre système particulier fait partie, est l'un de ces amas d'étoiles, tellement séparées entre elles cependant, que la lumière de la plus voisine ne peut nous atteindre en moins de trois années.

C'est autour de l'une de ces étoiles que nous circulons, avec plus de quarante-cinq autres corps déjà reconnus. Ces globes soumis à son attraction, éclairés de sa lumière, échauffés de ses feux, tournent sur eux-mêmes et se meuvent dans le même sens. Des milliers de comètes, dont une grande partie échappe à nos investigations, sont soumises à la même puissance, mais semblent graviter vers elle comme au hasard, arrivant de tous les points et dans toutes les directions.

Si maintenant nous examinons particulièrement le système dans lequel nous occupons un rang si modeste, nous apercevrons aux dernières limites de notre vue télescopique :

Neptune avec deux satellites, circulant à onze cents millions de lieues du soleil ;

Uranus, accompagné de six petits corps dont quatre seulement ont été revus depuis Herschel, et qui, par exception, paraissent animés d'un mouvement rétrograde ;

Saturne, planète la plus éloignée pour les anciens observateurs, qui pouvaient difficilement la distinguer à l'œil nu, ou à l'aide d'artifices optiques très-imparfaits ; aussi ne connaissaient-ils pas les huit compagnons qui la suivent.

Un peu plus près de nous, cette brillante planète, 1400 fois plus grosse que la nôtre, est *Jupiter* avec ses quatre lunes ; puis *Mars*, bien moins volumineux que la terre.

Entre Mars et Jupiter on peut suivre déjà la trace de *seize astéroïdes*, que d'autres encore croisent sans doute de leurs orbites, et que nous connaîtrons plus tard.

Notre globe n'a qu'un satellite ; et *Vénus*, plus près

que nous du soleil, en est dépourvue, ainsi que *Mercure*, difficile à apercevoir à la vue simple.

Tel est le vrai système planétaire établi sur des faits incontestables et des preuves mathématiques que rien ne peut détruire.

SYSTÈMES DES FORMATIONS.

Un grand nombre d'illustrations scientifiques, telles que Descartes, Leibniz, Bailly, Buffon et Laplace, ont émis des théories hypothétiques sur les causes physiques qui ont produit les différents corps de notre monde solaire, dont notre globe n'est qu'une fraction presque imperceptible.

Dans un tel sujet, les preuves mathématiques étant hors de portée, le degré de vraisemblance peut seul faire adopter ou rejeter les opinions proposées.

La communauté des mouvements, une espèce d'enchaînement dans les positions relatives des planètes principales ; des rapports approximatifs de vitesse, de volume et de densité, ont fait généralement admettre une même cause originaire, une même impulsion, un même état de fluidité primitive.

Les idées cosmogoniques de Laplace les plus généralement adoptées par l'astronomie moderne sont encore loin de la satisfaire. On ne peut, en effet, s'empêcher de convenir que le milieu originaire qu'elles supposent n'est pas suffisamment justifié ; que l'état régulier qu'elles exigeraient n'existe pas, et que les causes de perturbation qu'elles indiquent sont aujourd'hui reconnues comme insuffisantes ou improbables.

En fixant la base des formations là où les observations modernes la surprennent presque sur le fait ; en faisant intervenir des forces de projection que la nature semble partout employer dans ses œuvres, nous avons peut-être ajouté d'heureuses modifications aux conjectures du savant illustre, qui hésitait à les présenter.

Quand la base manque aux calculs, quand les ob-servations directes sont impossibles, il faut bien recourir aux hypothèses ; car, si toutes pouvaient se présenter, *la vérité serait nécessairement l'une d'elles*.

Dans tous les cas, elles servent à réunir les faits, à les coordonner, à les éclairer, à aplanir la voie pour de plus profonds ou de plus heureux penseurs. *Voyez* l'Introduction, deuxième partie.

SYZYGIES.

Ce sont les points où la lune se trouve, soit en conjonction avec le soleil, c'est-à-dire du même côté ; soit en opposition, c'est-à-dire de l'autre côté relativement à la terre.

Ces positions donnent les nouvelles et les pleines lunes, et lorsqu'elles sont exactement en ligne droite il y a nécessairement éclipse de l'un des astres pour la terre.

T

TABLES.

Pour éviter aux marins et aux astronomes de longs calculs très-difficiles à faire dans certaines positions, on a depuis longtemps établi des tables où l'on trouve à l'instant la position actuelle des corps célestes; ces tables, revues et rectifiées chaque année, sont contenues dans *la Connaissance des temps* publiée par le Bureau des longitudes.

TACHES.

Le soleil est souvent parsemé de taches se mouvant dans une direction constante, qui a fait reconnaître la rotation de cet astre; elles disparaissent en s'approchant du bord occidental, et reviennent parfois, après quatorze jours environ, au bord opposé; parfois aussi elles se dissipent en quelques heures ou en quelques jours; puis il en revient d'autres, soit ailleurs, soit à la même place sous un aspect différent. On a vu des taches noires se briser en rayonnant dans tous les sens, d'autres revenir et disparaître à plusieurs reprises, au centre d'une pénombre très-brillante, à l'instar des ouragans, qui sur la terre se reproduisent plus fréquemment dans certaines localités.

Ces taches ont quelquefois occupé sur le disque solaire des espaces vingt fois aussi vastes que notre planète. En 1769, Wilson a mesuré dans l'une de ces taches un abaissement de 600 myriamètres.

En 807, au temps de Charlemagne, Aldémus aperçut un corps opaque qui mit plusieurs jours à traverser le disque du soleil.

Pic de la Mirandole cite un fait semblable observé par Aven-Rodan dans le même siècle; des taches ainsi visibles sans le secours des lunettes devaient être prodigieusement étendues.

Sous Justinien, le soleil fut obscurci pendant quatorze mois, ainsi que sous Héraclius, en 626, pendant huit mois.

En 1719, une grande tache a persisté six mois; lorsqu'elle parvenait au bord du soleil, elle y faisait l'effet d'une forte échancrure.

Il se passe aussi des mois et même des années pendant lesquels le soleil paraît exempt de taches; alors sa photosphère est égale, et partout aussi lumineuse.

En 1849, la moyenne des taches observées a été de dix à onze, et en 1850 de sept à huit. La figure ci-contre représente, à peu près, de nombreuses taches observées par Jⁿ Herschel.

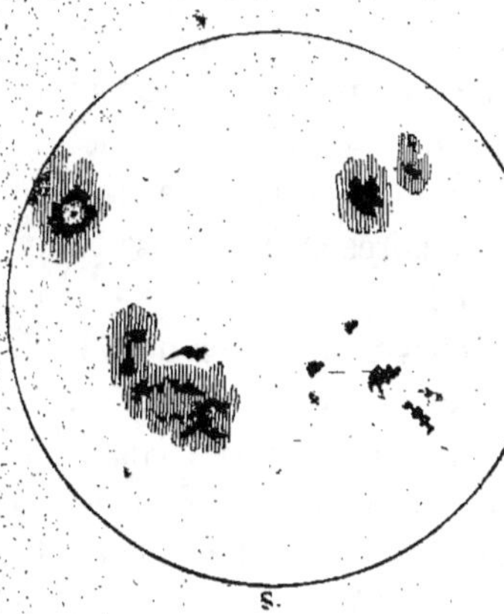

Lors de la dernière éclipse totale du 28 juillet 1851, on a vu très-distinctement des taches s'immerger sous les bords de la lune, et s'émerger de même à l'autre bord.

Généralement le soleil paraît pointillé, pommelé, inégal comme la peau d'une orange; des rides plus brillantes semblent parcourir rapidement sa surface dans tous les sens. L'intermittence de ces phénomènes fait supposer que des éléments gazeux accumulés à l'intérieur soulèvent enfin les atmosphères du soleil, en y produisant des écarts et des agitations dont l'intensité et l'étendue sont différentes.

Ce fut en 1611 que Fabricius, observant les taches du soleil, en découvrit la rotation. A peu près dans le même temps, Scheiner, du collége d'Ingolstadt, vit aussi que des taches nombreuses se formaient et se dissipaient sur le disque du soleil.

Un peu plus tard, selon quelques documents ; un peu plus tôt, suivant d'autres témoignages, Galilée faisait observer ces taches au moyen des premières lunettes qu'il venait de construire, et démontrait ainsi le mouvement rotatif du soleil. Ses compatriotes ont persisté à lui faire honneur de cette belle découverte, comme de la révélation du mouvement de la terre.

Les taches permanentes de la lune proviennent de la nature de sa surface, qui réfléchit là, moins qu'ailleurs, les rayons du soleil ; ces placés plus obscures affectent d'une manière informe les traits d'un visage, et sont les mêmes dans toutes les phases ; tandis que les ombres des montagnes lunaires changent avec leur position relativement au soleil.

On aperçoit aussi des taches à la surface de Vénus, de Mars et de Jupiter ; les places plus obscures sur la première de ces planètes sont persistantes comme sur la lune, et paraissent tenir à la nature des régions qui les présentent. Les taches de Mars ne sont distinctes que vers les pôles, dont la teinte blanchâtre semble montrer des amas de neige, ainsi qu'il en existe aux mêmes régions du globe terrestre.

Jupiter, sur lequel on remarque des bandes plus

brillantes dans le plan de son équateur, présente aussi des parties obscures dont le mouvement paraît indépendant de la rotation de cette planète, et que des vents impétueux semblent emporter dans son atmosphère avec une vitesse de 40 myriamètres par heure.

Les régions polaires de Saturne ont, suivant Herschel, des teintes plus ou moins blanches, selon que le soleil les a éclairées plus ou moins longtemps.

TANGENTE.

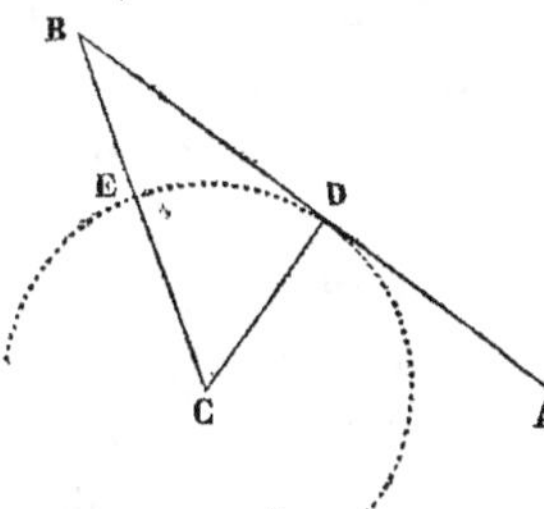

On appelle ainsi une ligne AB rasant une circonférence, c'est-à-dire qui la touche en un point D où cette ligne coupe perpendiculairement un rayon CD. Elle sert de mesure à l'arc DE ou à l'angle DCB sous-tendu par le rayon CD, et par un autre BC prolongé hors de la circonférence jusqu'à cette *tangente*.

Lorsqu'un corps, par l'effet d'une force perturbatrice, cesse d'obéir aux forces combinées qui le faisaient circuler autour d'un autre, on dit *qu'il s'échappe par la tangente*, pour indiquer qu'il reprend sa direction primitive, modifiée par l'attraction, ou qu'il obéit à une nouvelle impulsion.

TAUREAU (LÉ),

Constellation zodiacale entre le Bélier et les Gémeaux, comprenant : 1° les Hyades disposées en V oblique ayant sa branche inférieure terminée par *Aldébaran*, étoile primaire d'une teinte rougeâtre ; 2° les Pléiades, groupe de six petites étoiles, dont Alcyone, de troisième grandeur, est la principale. Ce groupe, très-serré à la vue simple, est situé au-dessus et à droite des Hyades ; β, étoile secondaire, au bas du pentagone de la constellation du Cocher, indique la corne boréale du Taureau, dans les cartes qui représentent cette figure de Jupiter enlevant Europe, selon les anciennes fables.

TÉLESCOPE.

Instrument d'observation, dont le nom est formé de deux mots grecs signifiant *voir de loin*.

L'invention en est attribuée à Jansen, au commencement du seizième siècle ; il diffère d'une lunette, en ce que les images y sont rendues visibles *par réflexion*, et que dans ce dernier instrument les objets sont vus *par réfraction*.

L'objectif en métal, placé au fond du tube des télescopes dits newtoniens, réfléchit les objets situés dans le champ que leur ouverture peut embrasser, *sur un petit miroir* où, amplifiés par une loupe, l'observateur va les examiner. Le télescope fait en 1671 par Newton n'avait que 23 centim. (9 pouc.) de long, avec un miroir de 5 à 6 centimètres (2 pouc. 4 lign.) d'ouverture ; il lui montrait cependant des objets fort éloignés, et une image très-distincte de la lune. Dans les télescopes dits *Front-view*, ou système Lemaire, le miroir plan est supprimé ; l'objectif, placé un peu obliquement, rejette latéralement les images, et l'observateur peut les voir par une ouverture, en tournant le dos aux objets.

C'est à ce perfectionnement, qui évite en grande partie la déperdition de la lumière, qu'Herschel dut ses principales découvertes.

Son grand télescope avait près de douze mètres de distance focale, un mètre et demi d'ouverture, et pouvait supporter des grossissements de six mille cinq cents fois. Cet astronome se servait habituellement de télescopes de 6 mètres 1/2, ayant des objectifs d'un mètre qui lui faisaient apercevoir des étoiles de 900me grandeur ; avec le premier il pénétrait dans l'espace jusqu'à la 1344me grandeur de ces astres.

Lord Rosse a récemment fait disposer, d'après le système Lemaire, le gigantesque télescope newtonien qu'il possède à Parsontown en Irlande. Le réflecteur, de 1^{m},83 d'ouverture et de 16^{m} de distance focale, aura près du double de la lumière qu'il avait auparavant ; son petit miroir plan a été récemment fait en argent, ce qui réduit encore beaucoup la perte de lumière occasionnée par la réflexion.

Sa puissance peut décomposer en étoiles des nébuleuses qu'Herschel considérait comme formées seulement de matière diffuse, dont la condensation devait plus tard former des astres.

La force de pénétration de cet instrument sera dix fois plus grande que celle du fameux télescope d'Herschel. On devra donc distinguer, avec un tel appareil, des étoiles *dix fois plus éloignées* que les astres classés dans la 2,016^{me} grandeur, dont la lumière ne peut parvenir à la terre en moins de vingt mille années, et des nébuleuses dont la lumière mettrait un million d'années à faire le même trajet.

M. Capocci, de Naples, a proposé un nouveau mode de télescope qui aurait une puissance momentanée encore plus considérable. Il s'agirait d'imprimer d'abord un mouvement circulatoire à une masse de mercure, convenablement retenue dans un bassin de forme ronde ; puis un oculaire placé à distance pourrait amplifier énormément, dans un miroir plan, les images réfléchies

au centre de *l'objectif fluide* ainsi produit. *Voyez* Lu-
NETTES.

TEMPÉRATURE.

La distance d'un pays relativement à l'équateur, ou
sa latitude, n'en détermine pas seule la température ;
le voisinage de la mer, des lacs, des grands cours d'eau,
l'étendue des forêts et la hauteur des montagnes, ont une
grande influence sur l'état habituel de l'air ; en sorte
que certaines contrées plus au midi sont plus froides
que d'autres situées plus au nord.

Les basses températures de l'hiver sont occasionnées
d'abord par la plus longue absence du soleil sur l'horizon ; ensuite par la direction de ses rayons, qui nous
arrivent de moins loin, mais frappent plus obliquement
la surface de la terre que nous occupons, ayant aussi traversé des vapeurs et des nuages épais plus fréquents
dans l'atmosphère, à cette époque.

Le volume de l'air augmente de $\frac{1}{266}$ par chaque degré
de chaleur ; celle-ci croît pour nous depuis le 5 janvier,
et commence à diminuer depuis le 5 juillet.

La température du globe ne paraît pas avoir *sensiblement* diminué depuis les temps historiques, puisque le mouvement de la lune est le même que lors des
plus anciennes observations. Si, en effet, la terre s'était
refroidie, son volume eût diminué, ainsi que la force de
son attraction sur notre satellite, dont la vitesse se serait affaiblie proportionnellement.

M. Dureau de la Malle, en consultant : 1° les indications données par Columelle à son régisseur de Gadès
vers l'an 35 de notre ère ; 2° celles relatives aux phénomènes climatériques de Cordoue, Cadix, etc., vers l'an
970, selon le calendrier latin de l'évêque astronome

Harib; 3° l'almanach d'Al-Scharki, fait en 1551 pour l'Andalousie, a récemment établi, par la culture du citronnier de Médie, que depuis dix-huit siècles le *thermomètre végétal*, et par conséquent la température de l'Italie et de l'Espagne, ne s'étaient pas modifiés.

Cette température du globe, maintenant consolidé, était certainement beaucoup plus haute aux époques des retraits et des affaissements successifs dont sa surface porte les traces évidentes; les plantes et les animaux qu'on retrouve à l'état fossile dans les différentes couches de son enveloppe attestent que la chaleur a été partout plus forte; mais ces périodes des grands cataclysmes ont sans doute précédé l'existence des hommes sur la terre, ou ne sont pas restées dans la mémoire de ses habitants.

Sous la permanence des rayons solaires, au sud de l'Afrique et dans l'Australie, la surface du sol paraît calcinée, et donne plus de 54° centigrades; la plus basse température observée a été de 60° centigrades le 21 janvier 1838, suivant Néveroff, sous le 62° 45' de latitude; on voit alors que l'équateur *thermal* n'est pas celui de l'équateur *terrestre*.

La température intérieure augmente généralement avec la profondeur des couches que l'on peut sonder, d'environ un degré par 32 mèt.; mais rien ne prouve que cette progression doive se continuer, et qu'à une certaine distance la chaleur ne soit pas partout la même dans la masse centrale.

En s'élevant dans l'atmosphère, on trouve sous nos latitudes que la température décroît d'un degré par 230 mèt. en hiver, et par 160 ᵐ en été. Cette différence explique comment la limite des neiges perpétuelles est

à une plus grande élévation dans les pays méridionaux
que dans le nord.

On s'est aussi beaucoup occupé de la température
de *l'espace* où circulent les corps célestes ; mais nos savants diffèrent tellement dans leurs évaluations, qu'on
ne peut avoir confiance dans aucune. Fourier l'indique
de 50 à 60° ; Arago, de 57° ; Pouillet, de 140° ; Poisson,
de 18° 7', et J^n Herschel la croit de 75°. Selon des observations thermométriques au mont Blanc, et dans l'ascension de MM. Biot et Gay-Lussac à plus de 7,000
mèt., elle serait de 70°. Cette question doit se résoudre
avec les problèmes relatifs à l'existence et à la nature
de l'éther, absorbant peut-être le calorique produit dans
l'espace par le rayonnement de tous les soleils ; elle dépend aussi de la transformation de la matière nébuleuse, si des étoiles se forment encore par sa condensation.

TEMPS VRAI ET MOYEN.

Bien des gens croient encore que le soleil est le
meilleur régulateur du temps, et qu'une montre doit
se régler sur un cadran solaire. C'est le contraire
qui est la vérité ; car une bonne montre ne doit s'accorder avec le midi marqué par cet astre que quatre
jours par année, savoir : les 15 avril, 15 juin, 1er septembre et 25 octobre, époques auxquelles le temps
moyen est le même que le temps *vrai*. Cette différence
provient en réalité du mouvement de la terre qui s'accélère ou se ralentit alternativement, en s'approchant
ou s'éloignant du soleil : il en résulte que le midi, c'est-à-
dire le moment où le soleil paraît chaque jour à son plus
haut point sur l'horizon de chaque lieu, n'est pas le milieu
du jour ; tandis qu'une horloge bien réglée marche ré-

gulièrement, et doit diviser l'année en fractions parfaitement égales.

On peut cependant user des cadrans solaires pour régler les pendules ; mais il faut savoir alors de combien le temps vrai retarde ou avance sur le temps moyen.

Le temps *sidéral* donné par les étoiles est régulier comme la rotation de la terre ; il se compte de 0 à 24 heures à partir du moment où le signe ♈, qui marque l'équinoxe du printemps, passe au méridien supérieur de chaque lieu.

Une durée sidérale se réduit en durée moyenne, si l'on retranche de celle-ci 3^m 55^s 901 par jour ; et réciproquement on convertit le temps moyen en temps sidéral, en ajoutant à celui-ci la même fraction de temps, quantité dont le soleil paraît retarder chaque jour sur les étoiles. Les degrés célestes s'évaluent chacun à quatre minutes approximativement, ou à une heure de temps pour 15 degrés ; ainsi une ville située à 10° de longitude d'un autre point, compte quarante minutes de plus ou de moins à ses horloges, selon qu'elle est à l'est ou à l'ouest du point de comparaison. Londres, par exemple, étant à 2° 25′ à l'ouest du méridien de Paris, la montre bien réglée d'un voyageur parti de la première ville doit être en avance d'environ dix minutes à son arrivée dans notre capitale. (*Voyez* HEURE, VRAI, MOYEN).

TERRE (LA), ♁.

Malgré les apparences contraires à la réalité, on sait généralement aujourd'hui que le soleil ne tourne pas autour de la terre. On dit bien encore, comme autrefois : Le soleil se lève ou se couche à telle heure ; le soleil entre dans le signe du Bélier à l'équinoxe du printemps ; le soleil parcourt l'écliptique, etc., etc. On ne doit voir dans ces locutions, dont peut-être le Bureau des longitudes a tort de donner l'exemple, qu'un moyen de faire mieux comprendre les phénomènes réels.

Les bornes de l'horizon, la courbure des eaux, la vue des mâts et des clochers avant qu'on puisse distinguer la masse des vaisseaux et des monuments, les voyages autour du monde, sont autant de preuves de la sphéricité de notre planète ; mais il était plus difficile de prouver sa rotation sur elle-même et sa translation dans l'espace.

Avant l'heureuse découverte qui démontre matériellement l'un de ces mouvements, dont l'autre, selon les lois de la mécanique, est la conséquence nécessaire, le simple bon sens suffisait pour comprendre qu'un astre quatorze cent mille fois plus grand, que des planètes quatorze cent fois plus considérables, ne pouvaient tourner en un seul jour, avec des vitesses inimaginables, autour d'un corps comparativement aussi faible que la terre.

Mais quand on a pu mesurer la vitesse de la lumière, et savoir que les rayons émis par les étoiles les plus voisines emploient *tout au moins* trois ans à nous parvenir, alors la raison s'est révoltée contre les anciennes croyances qui admettaient aveuglément la circulation impossible de tout l'univers autour de nous, et l'évidence scientifique a triomphé des illusions comme des préjugés.

D'un consentement unanime, on a laissé tourner la terre, comme Galilée, Copernic et, vingt-quatre siècles avant eux, les philosophes de la Grèce, de l'Égypte et des Indes le démontraient *à qui savait les comprendre*.

Si l'astronomie a replacé la terre au rang plus mo-

deste qu'elle occupe maintenant dans notre monde solaire, elle nous en a dédommagés par les découvertes
qui ont ajouté tant de merveilles au spectacle de l'u-
nivers.

Notre demeure, qu'on croyait une surface plate d'une
étendue bornée, se trouve un globe suspendu, où des
continents nouveaux et des mers immenses se succèdent sans aucunes lacunes, emportés avec une vitesse de
30,000 mèt. par seconde, en outre du mouvement rotatif
qui fait décrire à l'équateur la même courbe par minute.

En circulant ainsi autour du soleil en 365^{j}, 25,971,
notre planète conserve l'axe de sa rotation incliné de
66° 38' sur la trace de l'écliptique.

Le rayon moyen de la terre est d'environ 672 myriamètres (1,685 lieues). Sous l'équateur, ce rayon a près
de deux myriamètres de plus que sous les pôles, ce qui
répond à un aplatissement de $\frac{1}{309}$ de notre sphéroïde,
dont la surface a environ 12 millions de myriamètres
carrés.

La densité moyenne du globe, en supposant qu'elle
croisse proportionnellement de la surface au centre, serait cinq fois plus forte que celle de l'eau.

Le quatorzième pic de l'Himalaya, élevé de 8,580
mètres, ne représenterait qu'une tête d'épingle sur un
globe ayant sept mètres de rayon. Les plus grandes profondeurs connues ne font pénétrer dans l'intérieur de
la terre que jusqu'à 12,000 mètres.

Dans son mouvement de translation autour du soleil,
la terre décrit une orbite dont l'excentricité est de
$\frac{168}{10,000}$ (environ $\frac{1}{60}$); c'est-à-dire qu'à son aphélie sa distance
au soleil étant de 39 millions de lieues, au périhélie
cette distance est de 37,700,000 lieues, ou de 1,300,000
lieues de moins au solstice d'hiver qu'au solstice d'été;

la distance moyenne est donc de 38,300,000 lieues.

La parallaxe d'où l'on a déduit ces distances est de 8″,62, et de 8″,58 sous les pôles, en raison de l'aplatissement du globe. *Voyez* Mouvements, Obliquité, Rotation.

THALÈS.

Philosophe, né à Milet 641 ans avant notre ère, et chef de l'école ionienne, la première des trois qui fleurirent dans la Grèce.

Voyageant en Égypte pour s'instruire, ce fut lui cependant qui apprit aux prêtres de ce pays à mesurer la hauteur des Pyramides par la longueur des ombres qu'elles portaient au soleil.

A son retour, il enseignait que la terre était ronde, et que les étoiles étaient des planètes enflammées.

Il fit connaître, d'après la période sacrée des Chaldéens, nommée saros, qu'une éclipse de soleil aurait lieu dans l'année, mais sans en préciser l'instant. Il expliqua les causes de ces phénomènes, ainsi que l'obliquité de l'écliptique produisant les saisons.

On lui a attribué l'invention des cercles de la sphère céleste, ainsi qu'une représentation de l'état du ciel, reconnue depuis comme antérieure à son temps.

THÉODOLITE.

Instrument d'observation, dont le nom est dérivé de deux mots grecs qui signifient *voir* et *distance*. Il se compose de cercles gradués perpendiculaires entre eux; de lunettes qui y sont fixées; de niveaux à bulles d'air pour vérifier si l'axe de cet instrument est vertical, et si par conséquent le cercle horizontal lui est exactement perpendiculaire; et enfin d'un *vernier* indiquant les plus petites divisions de degré.

Le cercle horizontal sert à mesurer les azimuts.

Les résultats d'observations faites alternativement sur les deux cercles se corrigent en prenant leur moyenne, qui alors est très-exacte.

THÉORIE DE LA TERRE.

C'est à la science géologique à rechercher et à nous dire comment, de son état de fluidité primitive, notre globe est successivement parvenu à son état actuel.

L'astronomie cherche à pénétrer plus loin dans les mystères de la création, et dans les causes physiques qui ont pu lancer dans l'espace tous les corps de notre système solaire.

Descartes croyait la terre un soleil éteint et encroûté; les quarante planètes ou satellites connus aujourd'hui seraient donc aussi des astres successivement éteints : mais alors comment le hasard aurait-il pu mettre tous ces corps en mouvement dans le même sens et la même direction?

Les théories plus scientifiques de Buffon et de Laplace ont été exposées dans l'Introduction de cet ouvrage avec celles de l'auteur; à défaut des preuves mathématiques qu'on ne peut apporter dans un tel sujet, la vraisemblance et le caractère de probabilité doivent décider du mérite de ces conjectures, et marquer leur place dans la science. *Voyez* l'Introduction, deuxième partie.

THERMOMÈTRE.

Cet instrument, fort usité dans la vie civile, est aussi utile aux astronomes pour avoir la température des lieux d'observation, afin d'en rectifier la hauteur indiquée par celle du mercure.

On emploie aussi le thermomètre pour apprécier les phénomènes de réfraction, la densité de l'air dans le tube des lunettes, et faire ensuite les corrections nécessaires dans les résultats.

10° du thermomètre centigrade équivalent à 8° Réaumur et à 50° de celui anglais de Fahrenheit, dont 32° marquent le zéro de celui centigrade.

Le *thermomètre naturel* ou *végétal*, appliqué à la recherche de la température ancienne d'un pays ou de contrées différentes, résulte des indications conservées ou obtenues sur leurs cultures et leurs productions végétales, comparées à l'époque actuelle. *Voyez* TEMPÉRATURE.

THUBAN.

Étoile secondaire du Dragon, placée entre les gardes de la petite Ourse et l'étoile nommée *Mizar*, qui marque le milieu de la queue de la grande Ourse. *Voyez* DRAGON.

TRAMONTANE.

On donnait autrefois ce nom à l'étoile polaire, comme le meilleur point pour s'orienter la nuit; c'est pourquoi l'on dit de quelqu'un qui se fourvoie : qu'*il perd la tramontane.*

TRANSLATION.

Selon les lois de la mécanique, un corps frappé hors de son centre de gravité tourne sur lui-même, et acquiert de plus un mouvement dans une courbe proportionnelle à la force de projection, et dépendant aussi du point de la surface où l'impulsion a été produite.

Bernoulli, admettant qu'un choc a lancé la terre dans l'espace, a calculé qu'en raison de la vitesse rotative

et du mouvement de translation, le point d'impulsion a
dû être près du centre à environ la cent soixantième
partie de son rayon, c'est-à-dire à 4 myr. (10 lieues) du
centre de gravité.

Cette translation de 365ᶩ 1/4 autour du soleil, dans
un *plan oblique* et sur un *axe incliné*, produit les saisons.

La translation du soleil emportant dans l'espace tous
les corps qu'il retient dans son attraction, est maintenant
un fait reconnu ; la vitesse de ce mouvement est évaluée à 15,000 myr. par jour.

TRIANGLE.

Espace renfermé entre trois lignes, et dont les propriétés sont fort utiles en as-
tronomie.

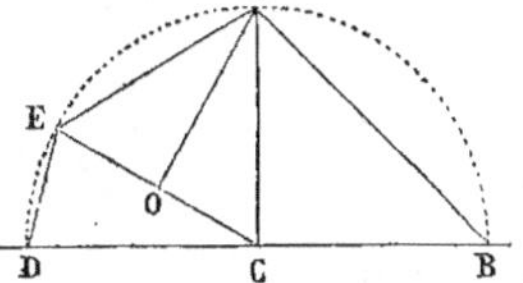

Le triangle AEC (figure ci-
contre), dont les côtés sont
égaux, est équilatéral ; celui
ECD, qui n'a que deux côtés
semblables, est dit *isoscèle ;* le triangle *scalène* AOC a
ses trois côtés inégaux.

Les trois angles de tout triangle rectiligne valent 180° ;
donc si l'on connaît la mesure de deux angles, on a la
valeur du troisième. Dans un triangle *rectangle*, ACB
étant un angle droit ou de 90°, si l'on a la mesure d'un
second, le troisième est connu, puisque sa mesure est
le complément de 90°.

Deux angles d'un triangle étant égaux, les côtés qui
leur sont opposés sont aussi égaux, et réciproquement.

De ces éléments géométriques, et de quelques autres
qui en sont les conséquences, on déduit les distances, la
position et le diamètre des corps les plus éloignés.

Le *triangle boréal* est une petite constellation située

au-dessus du Bélier ; son étoile la plus remarquable est une tertiaire α qui est double, et marque vers les Poissons le sommet de cette figure. *Voyez* ANGLE, PARALLAXE.

TROPIQUE.

On désigne ainsi deux situations de la terre aux points opposés de son orbite, les plus écartés du plan équatorial du soleil. Cet astre paraît alors décrire le cercle le plus grand dans la région supérieure du ciel indiquée par le *tropique du Cancer*, et six mois après le plus petit dans la partie inférieure, indiquée par le *tropique du Capricorne.*

La distance de ces tropiques à l'un ou l'autre pôle est de 66° 32′, et l'inclinaison à l'équateur de 23° 28′, complément de 90°.

TYCHO-BRAHÉ.

Astronome danois, né le 13 décembre 1546, et mort quelques années avant l'invention des lunettes.

On lui doit cependant de nombreuses observations faites pendant vingt et une années dans l'île de Huen, où il avait fait bâtir un observatoire sous la protection de Frédéric II. Ces observations, admirables d'exactitude, ont grandement aidé les découvertes de Kepler.

A l'occasion d'une étoile qui parut tout à coup dans Cassiopée, Tycho-Brahé, ainsi qu'Hipparque l'avait fait dans son temps, entreprit un catalogue de ces astres, dont il détermina la position de plus d'un millier avec une précision surprenante pour une époque antérieure à la vision télescopique.

Cet astronome, qui croyait fermement à l'astrologie, combattit malheureusement le système de Copernic et voulut en faire un autre, compliquant encore les erreurs de celui de Ptolémée, pour en faire accorder les mouvements avec les intervalles des sons musicaux.

Le ministre du successeur de Frédéric lui ayant fait défendre de continuer ses observations, il se retira à Prague, où il mourut à l'âge de cinquante-sept ans.

U

UNITÉ DE RAPPORT.

Afin d'éviter une longue suite de chiffres qui devraient exprimer les rapports de mesure entre les corps célestes, on emploie pour *unité comparative* une quantité généralement reconnue comme exacte.

C'est ainsi qu'on fait en physique lorsqu'on prend la pesanteur de l'air ou de l'eau distillée, pour la comparer aux gaz, aux vapeurs, aux liquides, et même à toutes substances simples ou composées.

Le diamètre, le rayon, le volume, la densité de la terre et la pesanteur à sa surface, servent d'unités pour apprécier les mêmes éléments dans les autres planètes, ainsi que ceux de notre soleil ; la masse de celui-ci est prise pour unité quand on lui compare tous les autres corps.

Le rayon moyen de l'orbite, c'est-à-dire la distance de la terre au soleil, est l'unité choisie pour rapporter les distances de toutes les planètes à ce foyer commun de lumière : ainsi 1 étant ce rayon de 15 millions 1/5 de myriam., 1,52 représenteront la distance de Mars au soleil, ou 23 millions de la même mesure ; 5,20 indiqueront 78 millions de myriam., ou 5 fois 1/2 la distance de Jupiter au soleil, etc.

Mais, pour exprimer la distance prodigieuse des étoiles, cette unité était encore trop petite, puisqu'elle exigeait au moins dix chiffres pour indiquer la distance de ces astres les plus rapprochés.

Jⁿ Herschel, considérant que les observations et les calculs des astronomes modernes ne donnaient à aucune étoile une seconde de degré de parallaxe, c'est-à-dire une distance que la lumière ne peut franchir *en moins de trois ans et demi*, a proposé de prendre cette mesure pour *unité parallactique*.

C'est l'étoile α du Centaure qui approche le plus de cette unité, sa parallaxe étant de 0″913, ou environ 10/11e de seconde. Une telle fraction exprime que sa lumière emploie 3 ans 1/2, plus 1/11e, c'est-à-dire quarante-cinq mois à nous parvenir.

Sirius ayant 0″230 pour parallaxe (moins d'un quart de seconde), sa distance est ainsi représentée par une fraction de l'unité parallactique exprimant plus de quatre fois 3 ans 1/2, c'est-à-dire quatorze ans, durée nécessaire pour que la lumière émise par cette étoile puisse arriver jusqu'à la terre.

L'*étoile polaire*, dont la parallaxe est 0″067 ou 1/15e de seconde, a pour mesure 15 unités conventionnelles de 3 ans 1/2 ou 52 ans 1/2, temps employé par ses rayons pour nous parvenir.

On voit par ces exemples que les distances ainsi représentées augmentent proportionnellement, à mesuré que diminue la fraction de l'*unité parallactique*. Donc, si des étoiles pouvaient supporter des parallaxes de 2 et de 3″, elles seraient alors à une distance deux et trois fois moins grande que celle indiquée par 1; en d'autres termes : leur lumière ne mettrait que 22 mois 1/2 et 15 mois à nous parvenir.

URANOGRAPHIE.

C'est particulièrement la science ou la description des cieux. L'astronomie, dans un sens plus général, s'occupe d'objets ayant des rapports plus ou moins directs avec les mouvements, la nature et les dimensions des corps répandus dans l'univers.

Une *machine uranographique* est un appareil qui représente matériellement la sphère céleste, la rotation du soleil, le mouvement des planètes, des satellites, et même des corps cométaires.

URANUS, ♅.

W. Herschel ayant découvert cette planète en 1781, l'avait annoncée d'abord comme une comète ; mais Saron, géomètre français, prouva la nature de ce nouvel astre en donnant les vrais éléments de son orbite, qui ne pouvaient se rapporter à la marche d'un corps cométaire.

Plusieurs astronomes l'ayant observé en 1690, 1715, 1753 et 1769, avec des lunettes trop faibles pour en faire ressortir le disque, l'avaient noté comme une étoile de neuvième grandeur.

Le volume de cette planète est quatre-vingt-deux fois celui de la terre ; mais sa densité est quatre fois moins grande.

Uranus décrit en 83 ans environ, autour du foyer commun, un orbe elliptique dont le rayon moyen est 19 fois 1/5 la distance de la terre au soleil, soit 288 millions de myr. (730 millions de lieues), donnant une vitesse de translation de 6,800^{m} par seconde.

L'axe de rotation de cette planète étant incliné de 79° sur l'écliptique, ses pôles sont toujours tournés vers nous, et l'on n'en peut observer l'aplatissement, qui doit être proportionnel à la vitesse de la rotation, encore inconnue.

Herschel, au moyen de son grand télescope, a pu observer six satellites à cette planète ; mais depuis on n'avait revu que ceux indiqués comme les deuxième et quatrième, dont le mouvement presque perpendiculaire paraît en sens inverse de la direction des autres corps célestes.

La durée des révolutions indiquées par W. Herschel était 5 $^{\text{j.}}$ 21 $^{\text{h.}}$ 3/4 environ pour le premier, 8 $^{\text{j.}}$ 17 $^{\text{h.}}$ pour le deuxième, 10 $^{\text{j.}}$ 23 $^{\text{h.}}$ pour le troisième, 13 $^{\text{j.}}$ 11 $^{\text{h.}}$ pour le quatrième, 32 $^{\text{j.}}$ pour le cinquième, et 107 $^{\text{j.}}$ 16 $^{\text{h.}}$ pour le dernier.

Uranus a été pendant plus de trente ans dans une position très-défavorable pour l'observation, de sorte qu'on n'a pu constater convenablement les déclarations d'Herschel sur son système de satellites ; mais la révolution sidérale de cette planète la ramènera, dans quelques années, à peu près dans les mêmes circonstances que lors de sa découverte ; et tous les astronomes du monde pourront alors éclaircir les doutes existant encore sur les deux satellites reconnus à notre observatoire, ainsi que sur deux autres aperçus par MM. Lassell et Struve en 1847 et 1850, sans qu'il ait été possible de reconnaître le sens de leur circulation.

V

VARIATIONS.

On appelle ainsi les inégalités qui peuvent s'observer dans le mouvement de tous les corps célestes.

La *variation annuelle* s'entend du mouvement de précession qui fait rétrograder continuellement sur la ligne de l'écliptique le point des équinoxes, et qui semble faire parcourir aux étoiles le cercle entier du ciel en 26,000 années environ, soit à peu près 50″ de degrés par année.

Par l'effet de ce mouvement apparent, les constellations s'éloignent ou se rapprochent insensiblement des pôles ; des étoiles invisibles auparavant sous une latitude viennent y apparaître, tandis que les étoiles opposées cessent de s'y montrer.

Ce déplacement n'est pas de la même quantité pour toutes les étoiles, et dépend de leur position relativement à l'équateur, c'est-à-dire de leur ascension droite et de leur déclinaison. L'étoile polaire se rapproche du point central de 19″ 47 par année, ou d'une minute de degré en trois ans. Comme elle en est aujourd'hui à 1° 30′, il lui faut encore 270 ans pour être exactement au pôle, puis elle s'en éloignera de plus en plus ; β de la même constellation s'en écarte déjà de 14″8 par année.

La *variation lunaire* se compose d'une série de perturbations occasionnées par l'attraction combinée de la terre et du soleil dans l'orbite épicycloïdale que la lune décrit autour de nous, à des distances qui varient sans cesse.

25.

Aboul-Wefa, l'un des astronomes arabes du dixième siècle, avait découvert cette troisième inégalité lunaire, que Tycho-Brahé fit connaître six cents ans plus tard.

VENTS.

Une multitude de causes locales et particulières produisent, sous nos latitudes moyennes, les agitations et le déplacement de l'air qui nous environne ; mais les vents plus habituels et ceux des équinoxes dépendent de causes plus éloignées.

Sous les tropiques, que le soleil n'abandonne jamais, l'air, constamment dilaté, s'élève sans cesse dans les hautes régions, attiré de là vers celui des deux pôles *exposé aux rayons solaires ;* constamment aussi les couches inférieures des régions tempérées se précipitent, pour remplacer à la surface les couches équatoriales qui s'élèvent. Ainsi s'établissent des courants réguliers, des *vents alizés,* des *moussons,* qui soufflent *six mois* d'un côté et *six mois* du côté opposé.

On conçoit alors que des lieux élevés, tels que le pic de Ténériffe, soient toujours frappés à leur sommet de vents très-forts, quand le calme, ou des brises contraires, règnent à leur base.

En se portant vers les pôles, les courants supérieurs dégagent le calorique dont ils sont chargés, ce qui donne lieu sans doute aux phénomènes des aurores boréales.

Sur les côtes de la mer, les vents du soir ou du matin proviennent de l'inégalité avec laquelle s'échauffent et se refroidissent les surfaces terrestres et la masse des eaux.

Les couches d'air pesant sur les plages se raréfient, la nuit, plus que celles au-dessus de la mer ; elles se portent donc le matin vers celles-ci, qui sont *plus dilatées*.

Le soir c'est le contraire, parce que la terre sous les rayons solaires s'échauffe davantage que la mer pendant le jour, et que la dilatation de l'air y étant aussi plus forte, attire alors les couches *plus raréfiées* qui reposaient sur les eaux.

Un effet analogue a lieu pour les grandes surfaces sablonneuses de l'Afrique et de l'intérieur des continents brûlés par la présence continuelle du soleil.

La vitesse ordinaire du vent est d'environ 2 mèt. 1/2 par seconde ; mais dans les ouragans elle devient quelquefois dix-huit fois plus grande, c'est-à-dire de 25 lieues par heure.

VÉNUS, ♀.

On disait à Copernic que si les planètes tournaient autour du soleil, Vénus devait avoir des phases comme la lune. Cette objection fut détruite par les lunettes, au moyen desquelles Galilée put montrer ce phénomène aux incrédules.

Le volume, la masse et la densité de Vénus sont moins considérables que ces éléments de notre globe ; il en est sans doute ainsi de la vitesse de rotation, qu'on ne peut déterminer avec exactitude, parce que son atmosphère ne permet pas d'apercevoir les taches qui servent à reconnaître la durée de ce mouvement pour d'autres corps célestes.

Cette planète circule autour du soleil en 224 $^{j.}$ 16 $^{h.}$ 49 $^{m.}$, à une distance moyenne de 11 millions de myr. (27 millions 1/2 de lieues), dans une orbite inclinée de 3° 23′ 29″ sur l'écliptique ; son équateur est incliné de 15° sur cette ligne, et ses plus grandes élongations, c'est-à-dire ses plus grandes distances au soleil, vont à 47°.

La chaleur et la lumière y doivent être deux fois plus intenses que sur la terre; Vénus est quelquefois si brillante, qu'on la voit en plein jour; alors son éclat égale vingt fois celui d'une étoile de première grandeur, et projette sur un fond blanc l'ombre d'un corps interposé.

Les inégalités de sa surface sont bien plus grandes que les nôtres, puisqu'on lui reconnaît des montagnes de 30,000 mètres.

Le diamètre apparent de cette planète est de 61″ à son point le plus rapproché de la terre, et sa parallaxe de 30″ 4 environ. Cette mesure a été obtenue par ses passages sur le soleil en 1761 et surtout en 1769, époque à laquelle ce phénomène a été observé, de vingt-trois stations différentes. Le plus prochain aura lieu le 8 décembre 1874; puis le 6 décembre 1882, avec une périodicité de 105 ans 1/2 et de huit années.

Ces passages ont lieu *de gauche à droite*, sous l'aspect d'une petite tache noire employant 7^h 52 à 54^m à traverser le disque solaire, lorsqu'elle passe par le centre.

Comme Vénus paraît suivre le soleil sous l'horizon, et le précéder le matin, on a cru longtemps que c'était deux étoiles différentes qu'on nommait : Vesper, étoile du soir ou du berger; Lucifer, ou étoile du matin. L'identité de cette planète était l'un des mystères astronomiques que les prêtres égyptiens révélaient à leurs initiés.

La lumière de Vénus est plus blanche que celle de tous les autres corps célestes; ce qui fait penser qu'elle est phosphorescente, ou que des feux brûlent encore à sa surface. Mais on n'a pu déterminer encore si, en outre de la lumière *polarisée* qu'elle nous réfléchit, cette planète n'a pas une lumière qui lui soit *propre*.

VERNIER.

Appareil au moyen duquel on peut distinguer les fractions les plus minimes d'un cercle gradué, en le divisant d'abord en 10 et en 100 parties ; puis en divisant la même étendue, un peu plus bas, par 9 et 99 ; on a ainsi des *centièmes* et des *millièmes* de millimètre, visibles avec une loupe fixée à l'extrémité des alidades usitées dans les observations exigeant une grande exactitude.

VERSEAU (LE), ♒.

Cette constellation zodiacale annonçait aux Égyptiens l'inondation du Nil. Elle se compose d'une ligne oblique parallèle à l'écliptique, et indiquée par cinq étoiles, dont les deux supérieures font avec une belle tertiaire un triangle aplati ; une autre file de petites étoiles forme des sinuosités en partant de ce triangle, et se dirige vers le poisson austral.

VERTICAL (POINT).

Le fil à plomb prolongé vers le ciel marque ce point, qui est aussi le zénith de l'observateur ; la direction verticale est donc perpendiculaire à l'horizon, c'est-à-dire à la surface des eaux tranquilles.

VESTA, ⚶.

Petite planète trouvée le 29 mars 1807 par Olbers. Comme tous les autres astéroïdes, elle circule entre Mars et Jupiter, à la distance de 36 millions de myriamètres (90,000,000 de lieues) du soleil, en 1325 $^{j.}$ 12 ^{h}, dans une orbite inclinée de 7° 8′ sur l'écliptique.

VICTORIA.

Petite planète circulant entre Flore, et Vesta, et déjà indiquée sous le nom de Clio. *Voyez* ce mot.

VIERGE (LA), ♍.

Cette constellation désignait l'époque des moissons, qui se faisaient en mars sous le climat de l'Égypte.

Elle est figurée sur les cartes par une femme tenant une gerbe de blé qu'indique une belle primaire nommée *l'Épi*, située près de l'écliptique, sur le prolongement de la grande diagonale du carré de la grande Ourse. Cette étoile forme un triangle équilatéral avec Arcturus et l'étoile secondaire indiquant l'angle oriental et inférieur du trapèze du Lion.

Une grande ogive dessinée par cinq tertiaires, dont l'étoile du milieu est sur l'écliptique, s'ouvre vers la constellation du Lion, et fait partie de la Vierge.

VISION, VISIBILITÉ.

La vision naturelle a donné les premières notions astronomiques; les anciens peuples ont ensuite trouvé différents moyens artificiels pour l'étendre et la faciliter.

Ils se servaient de longs tubes, de conduits, de diaphragmes à étroites ouvertures; d'armilles, d'astrolabes et même d'artifices optiques, si on en juge par quelques passages de Strabon, d'Aristote et de Pline.

Quoi qu'il en soit, il est certain que dès le temps d'Hipparque on connaissait les planètes dont le mouvement ne peut s'observer à la vue simple, les principales inégalités de la lune, et la position exacte d'un grand nombre d'étoiles.

Avant l'invention des lunettes, Tycho-Brahé avait

fait de nombreuses et justes observations; Copernic avait publié le véritable système du monde; Kepler avait enfin trouvé les lois universelles qui le régissent.

En général, on distingue à l'œil nu jusqu'aux étoiles de *sixième grandeur*, et il paraît qu'il en était ainsi dans les temps anciens; mais certaines personnes jouissent d'une vue bien plus étendue et même fort extraordinaire.

Par exemple, dans la constellation des Pléiades, où communément l'on ne voit que *six* étoiles, quelques observateurs en comptent *sept*, pouvant distinguer dans ce groupe l'étoile nommée *Séléno*, qui est de septième grandeur.

L'étoile secondaire ζ, au milieu de la queue de la grande Ourse, a près d'elle *Alcor*, étoile de cinquième grandeur, appelée par les Arabes *le Témoin*, parce qu'elle peut servir d'épreuve à la vision naturelle : il faut, en effet, avoir une très-bonne vue pour la distinguer de sa voisine *Mizar*, à cause de l'éclat de celle-ci.

Il a été constaté que certains individus distinguaient à la vue simple les satellites de Jupiter, ainsi que des nébuleuses dont la perception exige ordinairement de bonnes lunettes.

Quelques personnes disent avoir aperçu des étoiles en plein jour, soit du sommet des plus hautes montagnes, soit en regardant le ciel par l'orifice d'un puits, d'une mine, ou d'une cheminée. Un tel phénomène ne peut avoir eu lieu que par la réunion de causes atmosphériques tout à fait extraordinaires.

Des expériences ont démontré que, pour distinguer la forme des objets terrestres placés à distance, par exemple un cercle d'un carré, il fallait que le diamètre angulaire de ces figures fût au moins de 2′ de

degré pour les objets brillants, et de 5' pour les objets
d'une couleur terne : une tache noire sur un papier
blanc doit avoir 30' de valeur angulaire pour être sensible à l'œil, tandis qu'une ligne blanche sur un fond
noir s'aperçoit lorsqu'elle sous-tend un angle de 1″
2/16 seulement, et des fils métalliques bien éclairés,
lorsqu'ils ont 2/10ᵉ de seconde.

Ainsi, à égale distance, les lignes se distinguent
mieux que des points isolés, et des objets blancs sont
plus visibles que des objets noirs du même diamètre ; les
corps en mouvement se voient aussi de beaucoup plus
loin que lorsqu'ils sont en repos.

La lumière totale du corps observé détermine l'é-
tendue de la vision, soit naturelle, soit télescopique, et
cette dernière est proportionnelle à la puissance des
instruments ; en d'autres termes, l'intensité de l'image
d'une seule étoile vue au télescope est à celle de cette
image vue à l'œil nu comme la surface de l'objectif
est à celle de la pupille de l'œil de l'observateur.

Avec un télescope de 6 mètres, Herschel pénétrait
dans l'espace 75 fois plus loin qu'à l'œil nu ; 96 fois
plus, avec un télescope de 7 mèt. 60, et 192 fois avec
celui de 12 mètres.

Les dernières étoiles visibles naturellement étant de
sixième grandeur, il résulte, de ces déterminations, que
ce dernier télescope faisait apercevoir des astres que
leur lumière classait dans la treize cent quarante-quatrième grandeur.

Si l'on admet que la visibilité soit proportionnelle à
l'intensité totale des corps lumineux, un groupe très-
resserré, comprenant 25,000 étoiles de cette dernière
grandeur, s'apercevrait encore à une distance 158 fois
plus grande, c'est-à-dire à un éloignement tel que la

lumière de cette nébuleuse mettrait au moins *cinq cent
mille années à nous parvenir.*

Les lunettes, en augmentant l'intensité des rayons
lumineux, amplifient de même la distance qui existe
entre les particules aériformes : le champ de la vue
étant ainsi obscurci, l'image des étoiles est rendue plus
vive, et l'on aperçoit alors celles qui échappent à la
vue simple par l'effet de la diffusion de la lumière dans
l'espace.

C'est donc la *différence* produite dans la masse de
l'air et l'objet observé qui le rend visible, pourvu que
cette différence soit au moins d'*un soixantième.*

La vision télescopique est plus nette par un temps
humide et même brumeux que par un temps sec ou
subitement variable, surtout si l'on emploie de fortes
amplifications ; les instruments doivent aussi être à la
même température que l'air extérieur, au moment des
observations ; autrement, les images réfléchies sont allongées et déformées.

Il convient aussi de se préparer aux observations en
restant quelques minutes dans l'obscurité, et même pour
distinguer des objets très-minimes, d'y procéder par
degrés, en portant successivement la vision sur des
objets de plus en plus difficiles à percevoir.

Depuis deux cent quarante-trois ans que Galilée put
tourner vers les cieux sa première lunette ne grossissant
que quatre fois, l'optique unie à la géométrie a sans
cesse reculé les bornes de la vision, soit au moyen
de puissants *réflecteurs* ou de télescopes, tels que celui
de lord Rosse, pouvant supporter des grossissements de
10,000 fois ; soit par le système des *réfracteurs* ou des
lunettes comme celles de Dorpat, de Cambridge et de
Pulkova, dont les dimensions moins colossales donnent

cependant des résultats presque aussi satisfaisants pour certaines observations.

La lunette parallactique qu'on dispose maintenant à notre observatoire aura, tout au moins, la même étendue et les mêmes avantages que les réfracteurs ci-dessus indiqués.

VITESSE.

C'est une loi générale de notre système, que la vitesse de translation des planètes autour du soleil augmente proportionnellement à leur proximité du foyer commun.

En d'autres termes, et selon la troisième loi de Kepler, les carrés des temps des révolutions sont entre eux comme les cubes des grands axes des orbites.

Ainsi Mercure fait 254 myriamètres en une minute, tandis que la terre n'en fait que 180, et Uranus seulement 38, dans la même durée.

Quant aux vitesses de rotation, aucun rapport proportionnel n'existe entre les corps célestes ; Mercure emploie le même temps que la terre à tourner sur son axe ; Saturne, dont le volume est moitié de celui de Jupiter, ne met que 35^m de plus à accomplir sa révolution ; le soleil, 1,400,000 fois plus gros que la terre, ne tourne sur lui-même que 25 fois moins vite.

La vitesse de la lumière est d'à peu près 31,000 myr. par seconde (78,000 lieues) dans l'espace ; mais elle dépend de la nature des milieux qu'elle traverse. *Voyez* le nom de chaque planète, LUMIÈRE, ÉTOILES, etc.

VOIE LACTÉE (GALAXIE).

Cette trace irrégulière et d'un blanc laiteux qui semble partager le ciel en coupant l'écliptique vers les solstices, se divise vers le nord, pour former une autre bande se réunissant plus loin à la tranche principale, vers la région que notre soleil paraît occuper au centre de cette ceinture étoilée.

Démocrite, et Manilius avant lui, disaient que l'éclat de cette partie du ciel provenait d'étoiles si pressées et si prodigieusement éloignées, que leurs images se confondaient.

Galilée avec ses premières lunettes aperçut en effet trente-six étoiles dans les Pléiades, au lieu de six ou sept visibles à l'œil nu; les autres constellations et les lueurs les plus intenses de la voûte céleste lui offrirent le même accroissement.

Suivant Herschel, la Voie lactée se compose d'étoiles également espacées, et dont l'ensemble est disposé en couche, ou state mince et profonde. Notre monde solaire étant placé à peu près au milieu de cette espèce de meule lumineuse, *son grand diamètre* nous cache ce qui est au delà, tandis qu'à droite et à gauche l'étendue comparativement très-faible de cet amas d'étoiles nous laisse apercevoir l'espace infini, parsemé d'étoiles différentes en éclat, soit par leur grandeur, soit par leurs distances relatives.

On comprendra mieux cet effet de perspective en se supposant placé dans un bois très-long, coupé à quelque distance, soit vers la droite, soit vers la gauche, sauf quelques arbres réservés çà et là.

En jetant les yeux devant ou derrière soi, on ne verrait qu'un massif de plus en plus épais, à travers lequel le ciel même ne serait plus visible; tandis que, de chaque côté, le bois peu étendu laisserait distinguer dans l'espace les arbres réservés.

Ainsi la Voie lactée, dont le grand diamètre a plus de

mille fois la distance de Sirius à notre soleil, nous offre à la vue simple une masse confuse et au télescope une fourmilière d'étoiles, quand l'espace latéral nous montre les soleils isolés qui y sont répandus.

Herschel ayant *jaugé les cieux* avec ses puissants télescopes par cercles de 15' de degré, a reconnu que la branche principale de la Voie lactée est au moins cinq cents fois plus étendue en longueur qu'en largeur ; et il estimait à plus de 18 millions les étoiles qu'on peut y distinguer. L'autre couche qui s'en sépare vers Cassiopée et s'y rattache vers le Sagittaire, présente aussi des millions de ces astres agglomérés, ayant un éclat très-faible.

Disséminés dans cette zone, 157 groupes distincts par leur teinte particulière ont pris place dans les catalogues de nébuleuses, ainsi que 18 autres situés sur les bords de cette rivière céleste.

Entre le Sagittaire et Persée on peut compter, à l'œil nu, plus de quinze places d'un éclat différent.

Sur une largeur d'environ 5° (à peu près dix fois le diamètre de la lune), Herschel a compté, entre deux étoiles de la constellation du Cygne, 360 étoiles dont la moitié paraît marcher d'un côté et l'autre moitié dans une direction opposée, paraissant obéir à une force de concentration observée par lui dans plusieurs autres nébuleuses, et devant, selon lui, en amener au jour la dislocation.

Le même astronome croyait qu'une matière diffuse, *non résoluble en étoiles,* était mêlée, dans une certaine proportion, aux astres qu'on peut distinguer dans tous ces groupes, et même devait former seule des amas nébuleux irréductibles en étoiles ; mais des instruments plus forts que ceux d'Herschel ont déjà opéré cette résolution sur quelques-uns des groupes notés comme tels.

Il est donc maintenant très-probable que tous sont de la même nature, et que ceux qui résistent à montrer leurs étoiles aux miroirs actuels les laisseront distinguer un jour, si l'on parvient à en établir d'une plus grande puissance de pénétration.

VOLCANS LUNAIRES.

On a remarqué quelquefois sur la lune des points plus brillants, qu'Herschel lui-même a pris pour des volcans en activité.

Il paraît maintenant prouvé que ces apparences n'étaient que des effets de contraste entre des parties diversement éclairées par les rayons du soleil.

Des volcans semblables aux nôtres ne pourraient brûler sans atmosphère ; il faudrait donc supposer que ceux de la lune dégagent par eux-mêmes assez d'oxygène pour suffire à leur ignition, ou qu'ils sont d'une nature particulière pouvant, comme certains corps connus, produire une lumière très-vive sans dégagement d'oxygène.

Ce qui est plus certain, c'est que de très-nombreux et d'immenses volcans ont été autrefois en ignition sur notre satellite ; au télescope de lord Rosse, d'énormes cratères présentent des écoulements de lave dans toutes les directions : un de cette nature est figuré au bord inférieur de la figure II, pl. 2. — Albategnius, l'un de ces cratères, est jonché au fond de blocs distincts ; un autre est haché tout à l'entour par des brèches profondes rayonnant vers le centre : ces cratères sont, en général, deux ou trois fois plus profonds au-dessous du niveau du disque lunaire qu'élevés au-dessus.

Laplace attribuait aux volcans de la lune les aérolithes qui tombent parfois sur la terre ; mais, d'après ce qui a été dit précédemment, ils doivent être le résultat d'anciennes projections circulant autour de notre globe jusqu'à ce qu'un choc fortuit les projette à sa surface.

VOLUME.

Toutes les planètes prises ensemble, en y ajoutant même deux cent cinquante corps aussi gros que notre globe, ne seraient pas encore la 550ᵉ partie du volume du soleil, évalué à 1,407,000 fois celui de la terre. *Voyez* le nom de chaque planète.

VRAI (TEMPS).

C'est l'heure marquée par le soleil, et qui est tantôt en avance, tantôt en retard sur l'heure moyenne que donne une horloge bien réglée, marchant toujours avec la même vitesse. *Voyez* TEMPS, HEURE, MOYEN.

W

WÉGA (VÉGA).

Étoile primaire de la Lyre, située au sommet d'un triangle rectangle dont Arcturus et l'étoile polaire marquent les deux autres angles.

Cette belle étoile est à environ 45° du pôle, ainsi que la Chèvre, située de l'autre côté ; en sorte que si l'une est au zénith, l'autre est à l'horizon. Dans 12,000 années, elle sera devenue *l'étoile polaire !*

Z

ZÉNITH.

La ligne du fil à plomb prolongée verticalement va marquer dans le ciel le *zénith* de chaque lieu ; l'extrémité opposée en traversant la terre dans la même direction indique *le nadir*, ou les antipodes de l'observateur.

Si chaque jour à la même heure une étoile marquait le zénith d'un observateur, on doit comprendre que s'il venait à s'avancer vers le nord, l'étoile lui paraîtrait s'abaisser vers le midi ; il en serait de même à l'opposé, quel que soit le point vers lequel cet observateur se dirigerait.

Cette remarque peut donner à chacun le moyen de mesurer *approximativement* la circonférence de la terre, et par conséquent son épaisseur et son rayon.

Ainsi, par exemple, si l'on s'est éloigné de 11 myr. 1119$^{m.}$ (27 lieues 775, mesure d'un degré terrestre), et que, tenant compte de l'avance journalière des étoiles (environ 4$^{m.}$), on reconnaisse que celle marquant le zénith *au lieu du départ* s'est abaissée d'*un degré* relativement au point zénithal de l'endroit où l'on est arrivé, il est évident qu'en multipliant la distance parcourue, ou 11 myr. 1119 par 360°, on aura pour le tour de la terre 4,000 myr. 2,840 ou 10,000 lieues de 4,000 mètres.

Le rapport 113 à 355 du diamètre à la circonférence donnera alors 1,273 myr. (3,200 lieues) pour l'é-

paisseur de la terre ; et 636 myr. 1/2 (1,600 lieues)
pour le rayon ou pour mesure de la surface au centre
du globe.

A Paris le zénith fait avec le pôle un angle de 40° 9′
46″. Une étoile qui aurait cette déclinaison pourrait donc
être utilisée pour une telle expérience.

ZODIAQUE.

Les anciens peuples, pour régler leurs travaux ou
prévoir les inondations qui venaient les interrompre,
avaient appris à reconnaître les étoiles alors sur l'horizon.

Remarquant ensuite que le soleil répondait chaque
mois à d'autres étoiles ou d'autres groupes d'étoiles, ils
en firent *les demeures* successives de cet astre dans le
ciel, en les indiquant par des *signes* ou des figures allégoriques rappelant les saisons et les époques de l'a-
griculture.

C'est ainsi que le zodiaque a été inventé, soit chez
les Égyptiens, soit chez les Indiens, et qu'il a été plus
tard modifié par les Grecs.

On avait donné à cette ceinture céleste une largeur
de 9° au-dessus comme au-dessous de l'écliptique, parce
que telle était la limite dans laquelle Vénus, celle des
planètes qui s'écartait le plus du soleil, renfermait son
mouvement. Aujourd'hui cette zone n'est plus assez
large pour contenir l'orbite de quelques-unes des nouvelles planètes; elle n'a d'ailleurs qu'un intérêt historique, depuis que les astronomes ont déterminé la
position de toutes les étoiles en distinguant chacune par
un nom, une lettre ou un numéro.

Les signes du zodiaque sont, par ordre et en procédant de droite à gauche : le Bélier, le Taureau, les Gé-

meaux, le Cancer, le Lion, la Vierge, la Balance, le Scorpion, le Sagittaire, le Capricorne, le Verseau et les Poissons.

Chaque signe de 30° se divisait encore chez les Égyptiens par 10° ou décans, à chacun desquels présidait une divinité.

Le zodiaque des Grecs n'avait que onze signes, d'une étendue différente.

On a beaucoup discuté sur l'antiquité des zodiaques de Dendérah, d'Esné, de Salcette, etc., parce que, selon les interprétations différentes, ces monuments astronomiques faisaient remonter l'histoire à quinze mille années, ou seulement à quarante-six siècles depuis leur édification.

La précession des équinoxes amenant, en effet, un nouveau signe en 2156 ans, si l'on admet par exemple que *la Balance*, figurant l'équinoxe d'automne, était indiquée par les étoiles de cette constellation lorsqu'elles se voyaient *le soir à l'horizon*, c'est-à-dire par leur lever *héliaque*, on trouvera par la rétrogradation de *sept signes*, que l'édification du zodiaque représentant un tel état du ciel remonte au moins à cent quinze siècles ; mais si, comme Fourier et d'autres commentateurs le soutiennent, cette même disposition doit s'entendre du lever *cosmique*, c'est-à-dire quand les étoiles de la Balance au jour de l'équinoxe étaient sur l'horizon avant le lever du soleil, alors le zodiaque ainsi expliqué n'aura pas 4,600 ans d'existence, puisque aujourd'hui la rétrogradation ne serait pas encore de deux signes.

Le zodiaque de Salcette, qui représente la Vierge au *solstice d'été*, aurait dans tous les cas au moins cinq mille années.

Si l'on ajoute à cette durée les siècles nécessaires pour amener les hommes de l'état de nature à celui de civilisation que font supposer de telles connaissances astronomiques, ainsi que la construction des monuments et des sculptures destinés à en perpétuer la mémoire, on conviendra que si les traditions juives sont authentiques, le législateur des Hébreux aurait pu se rapprocher davantage des vérités connues de son temps par les corporations religieuses de l'Inde, de l'Égypte et de Babylone.

Quoi qu'il en soit de ces interprétations, aucun document n'indique que les zodiaques trouvés dans les temples ruinés de l'Orient aient été connus d'Hipparque et de Ptolémée.

Aujourd'hui le *signe du Bélier* indique toujours l'équinoxe du printemps et le *signe de la Balance* l'équinoxe de l'automne; mais le premier arrive dans les Poissons très-près du Verseau, et le second dans la Vierge près du Lion. *Voyez* Age du monde, Signes.

ZONE.

Pour indiquer la température habituelle de chaque lieu de la terre, on a partagé sa surface en trois parties ou zones, soit au-dessus, soit au-dessous de la ligne de l'équateur.

La zone torride ou tropicale s'étend de chaque côté à 23° 28′, et comprend la trace de l'écliptique que le soleil n'abandonne jamais. Cet astre y est au zénith deux jours de l'année; les jours et les nuits y sont à peu près de la même durée, et comme le soleil s'y élève ou descend presque perpendiculairement, l'aurore et le crépuscule y sont très-courts.

Les zones tempérées s'étendent des tropiques jusqu'à

23° 28′ des pôles : elles ont ainsi 43° 4′ ; les arcs diurnes s'y allongent chaque jour en été et diminuent de la
même quantité pendant l'hiver, c'est-à-dire d'un équinoxe à l'autre.

Les *zones glaciales* s'étendent des zones tempérées
jusqu'aux pôles ; sous ces latitudes extrêmes les habitants voient continuellement le soleil pendant six mois
et en sont privés pendant la même durée ; mais en raison de l'obliquité qui maintient cet astre très-longtemps
à moins de 18° sous l'horizon, les aurores comme les
crépuscules y durent près de trois mois ; ce qui réduit
à la même durée les nuits de ces régions.

Les zones glaciales sont d'ailleurs presque périodiquement illuminées par les aurores boréales ou australes ; en outre, des clairs de lune très-éclatants qui
viennent encore diminuer la longueur des nuits.

On comprend que, soit pour les zones tempérées,
soit pour les zones glaciales, les résultats annoncés dépendent de la situation ou de la latitude de chaque
lieu, selon qu'il se trouve plus ou moins rapproché des
pôles.

ZOROASTRE.

Ce législateur de la Perse avait recueilli, dans ses
voyages au nord de l'Asie, des notions astronomiques,
qu'il communiqua à ses disciples, et qui prouvent leur
origine : ainsi, en disant que le plus long jour de l'été
est le double du jour le plus court de l'hiver, il indique
la latitude de la Tartarie, qui est de 49° (à peu près celle
de Paris), où effectivement le plus grand jour est d'environ 16 [h], et le plus court d'à peu près 8 [h], tandis que la
latitude de la Perse étant beaucoup moins haute, cette
indication ne peut s'y appliquer. Les annales in-

diennes conservent la trace de son séjour auprès des
Brahmes, dont les successeurs, dégénérés, montrent en-
-core la place où habitait ce philosophe, mais ne savent
plus rien des sciences renfermées dans les livres qu'il
était venu y étudier.

FIN.

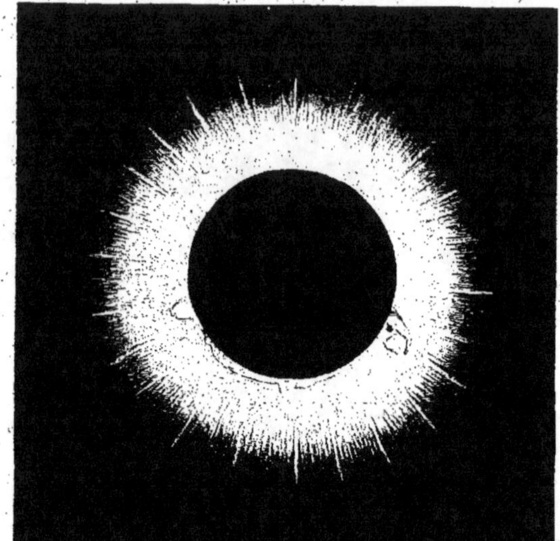

1.

2.

Pl. II.
3.
1.
4.
2.
5.

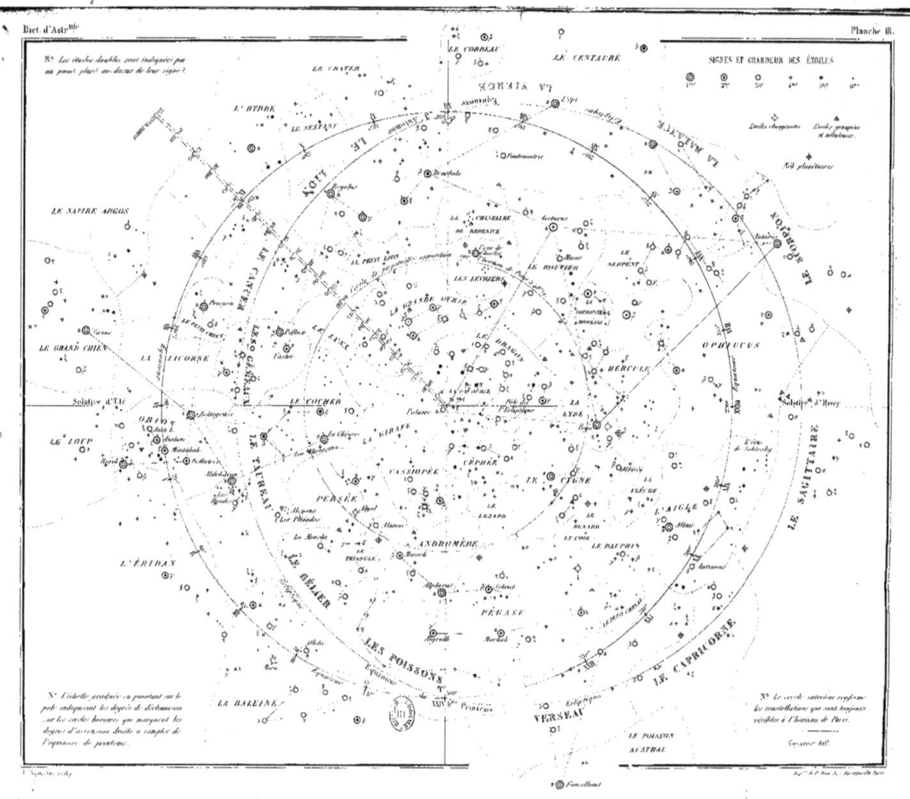

SIGNES ET GRANDEUR DES ÉTOILES
LE CORBEAU
LE CENTAURE
LA VIERGE
LE CRATÈRE
L'HYDRE
LE SEXTANT
LA BALANCE
LE NAVIRE ARGOS
LA CHEVELURE DE BÉRÉNICE
LE SCORPION
LE PETIT LION
LE BOUVIER
LE SERPENT
LES LÉVRIERS
LA GRANDE OURSE
OPHIUCUS
LE GRAND CHIEN
LA LICORNE
LE LYNX
LE DRAGON
HERCULE
Solstice d'Été
LE COCHER
LA LYRE
Solstice d'Hiver
ORION
LA GIRAFE
CÉPHÉE
LE CYGNE
LE LOUP
LE SAGITTAIRE
CASSIOPÉE
PERSÉE
L'AIGLE
LE LÉZARD
LA FLÈCHE
LE DAUPHIN
L'ÉRIDAN
ANDROMÈDE
LE TAUREAU
LE BÉLIER
PÉGASE
LE CAPRICORNE
LES POISSONS
LA BALEINE
VERSEAU
LE POISSON AUSTRAL

N°. Les étoiles doubles sont indiquées par un point placé au-dessus de leur signe.
N°. L'échelle graduée en partant du pôle indiquant les degrés de distances sur les cercles horaires qui marquent les degrés d'ascension droite à compter de l'équinoxe de printemps.
N°. Le cercle extérieur renferme les constellations qui sont toujours visibles à l'horizon de Paris.